གཞིས་ཀ་རྩེ་གྲོང་ཁྱེར།

日喀则市

གཟན་རྩྭ་ཚན་རིག་དང་མཐུན་པའི་སྐྲུན་ནས་ཐོན་སྐྱེད་བེད་སྤྱོད་བྱེད་པའི་ལག་རྩལ།

饲草科学生产实用技术

黑龙江省第六批援藏工作队　组编

U0324595

中国农业科学技术出版社

图书在版编目（CIP）数据

日喀则市饲草科学生产实用技术 / 刘昭明等主编 . —北京：
中国农业科学技术出版社，2019.6
ISBN 978-7-5116-4255-4

Ⅰ.①日… Ⅱ.①刘… Ⅲ.①人工牧草—生产技术—日喀则
Ⅳ.① S54

中国版本图书馆 CIP 数据核字（2019）第 117870 号

责任编辑　于建慧
责任校对　贾海霞

出　版　者　中国农业科学技术出版社
　　　　　　北京市中关村南大街 12 号　邮编：100081
电　　　话　（010）82109708（编辑室）（010）82109702（发行部）
　　　　　　（010）82109709（读者服务部）
传　　　真　（010）82106629
网　　　址　http://www.castp.cn
经　销　者　各地新华书店
印　刷　者　北京富泰印刷有限责任公司
开　　　本　710mm×1 000mm　1 /16
印　　　张　17.25　彩插　6
字　　　数　286 千字
版　　　次　2019 年 6 月第 1 版　2019 年 6 月第 1 次印刷
定　　　价　46.80 元

编委会成员单位

主持单位：

    黑龙江省第六批援藏工作队

参加单位：

    日喀则市草原工作站

    康马县农业农村局

    全国畜牧总站草业处

    黑龙江省草原站

编写人员：（按姓氏笔画排序）

王桂霞	扎旺	扎西平措	扎西央宗	扎西罗布
仓央加措	尹晓飞	平措	平措多吉	旦增顿珠
旦增桑布	白玛曲珍	白玛卓玛	宁英林	宁院成
尼玛卓嘎	尼玛普尺	边巴卓嘎	达娃卓嘎	曲尼
刘万昱	次仁德吉（大）		次仁德吉（小）	
次旦旺姆	闫栋	江村旦达	孙蕊	孙作举
李原	李娟	李万宝	李沛桢	李英龙
吴松涛	何立珠	肖丽珍	林立民	宗巴
周天林	尚佳林	赵云鹏	侯忠艳	班洁
格桑罗布	贾莳垚	高海娟	韩阳	谢亚双
赖可	德央	德吉		

草牧业发展与西藏自治区（全书简称西藏）建设生态安全屏障、高原特色农产品基地和全面建成小康社会的三大需求直接相关，是"牵一发而动全身的牛鼻子和主要矛盾"。日喀则市作为西藏重要的农牧业生产区，草地生态环境变化对高原地区人类和家畜的生存与发展有着很大的影响。近年来，气候异常变化和人类逆向行为致使本来就十分脆弱且极不稳定的草地生态环境呈现出逐步恶化的趋势，严重制约着当地草地畜牧业的可持续发展。合理利用天然草地，建设高产人工草地，实施饲草科学生产是增强草地畜牧业的物质和科技投入、实行集约化经营，以及种草养畜、置换天然草地的载畜压力、恢复重建草地植被的重要措施，已成为日喀则市草地畜牧业可持续发展、转型发展和高原生态环境保护的必由之路。

为推进全市天然草地合理利用和人工饲草科学生产，落实《日喀则市'十三五'时期农牧业发展规划（2016—2020 年）》《日喀则市草牧业发展总体规划（2016—2020 年）》；加快推进日喀则市"百万亩人工草地"和"百万吨饲草生产"的"双百万"发展目标，早日实现草地畜牧业转型升级，黑龙江省第六批援藏工作队、日喀则市草原工作站和康马县农牧局在进行全市草业生产调研，开展试验示范工作的基础上，综合各项成果组织编写了《日喀则市饲草科学生产实用技术》一书，用以总结和宣传牧草良种选择、高产栽培技术、天然草地植被恢复措施、合理放牧利用等专业知识，使广大种植户、养殖户、基层饲草生产技术推广工作者等与饲草生产相关的人员了解当地的饲草生产情况，掌握科学生产技术措施。为全市畜牧养殖业稳步发展提供充足的饲草供应，实现畜牧业和草业良性循环发展，缓解日益突出的草畜矛盾，拓展日喀则市农牧区经济新的增长点，也为青藏高原高寒人工草地的高效生产和持续管理提供理论依据和技术支撑。

本书在编写过程中得到了多个省份草业专家的大力支持与帮助，并参阅了许多专家、学者的著作和科技论文，在此成书之际，一并表示衷心的感谢。

由于时间仓促加之编者水平有限，书中难免出现遗漏、偏差甚至错误之处，敬请读者谅解并提出批评和建议。

编者

2019 年 5 月

第一章

日喀则市自然状况

日喀则市位于西藏自治区西南部，北纬 27° 13′ ~31° 49′，东经 82° 01′ ~90° 20′。南与尼泊尔、不丹、印度三国接壤，西衔阿里，北靠那曲，东邻拉萨和山南。全市东西长约 800 km，南北宽约 220 km，土地面积 18.2 万 km²，约占西藏自治区土地总面积的 4.2%，边境线长 1 753 km。

日喀则市地处喜马拉雅山系中段与冈底斯念青唐古拉山系中段之间，南北地势较高，其间为藏南高原和雅鲁藏布江流域。全市地形复杂多样，基本上由高山、宽谷和湖盆组成，平均海拔在 4 000 m 以上。横亘全境南部的喜马拉雅山脉是世界上最年轻最高大的山系，平均海拔在 6 000 m 以上，高峰林立，万山丛生。全市 8 000 m 以上的高峰有 5 座，即珠穆朗玛峰、洛子峰、马卡鲁峰、卓奥友峰、希夏邦马峰。其中，位于日喀则市与尼泊尔边界之间的珠穆朗玛峰是世界第一高峰，海拔 8 848.13 m，雄居世界之巅。海拔 7 000 m 以上的山峰 14 座。这些山峰绵延逶迤，终年积雪，冰川悬垂，神秘莫测。除喜马拉雅山脉外，日喀则市境内还有卡如拉、加措拉、马拉、仲拉、拉吉、马热拉等众多高山雄峙其间，山势陡峭，峰峦叠嶂，沟壑纵横，谷底幽深。这些突兀峻立的山脉和高峰构成了日喀则市最壮丽的自然景观，是旅游、探险、登山、科学考察的理想去处。

一、日喀则土地

清道光十年（1830 年），西藏地方政府根据清朝中央政府的指示，在卫、藏地区进行广泛的土地资源清查。西藏和平解放和民主改革后，日喀则市一直沿用历史遗留的习惯，土地总面积 17.6 万 km²，其中天然草地面积 1 200 万 hm²，占总面积的 68.18%；耕地面积 7.67 万 hm²，占土地总面积的 0.44%，林地、交通、村庄、水域等占土地总面积的 31.38%。

1980—1990 年，日喀则市进行"两土一草一评"工作，应用航空遥感技术测定计算得出，全市土地总面积为 18.13 万 km²，约合 1 813.45 万 hm²，居西藏自治区第三位。

其中，耕地面积 13.55 万 hm²，占土地总面积的 0.75%；园地面积 62.34 hm²；林地面积 21.99 万 hm²，占土地总面积 1.21%；草地面积 1261.71 万 hm²，占土地总面积的 69.58%；居民及工矿用地面积 9 240.94 hm²，占土地总面积的 0.05%，交通用地面积 6 300.40 hm²，占土地总面积的 0.03%；水域面积 93.74 万 hm²，占土地总面积的 5.17%；未利用土地面积 420.85 万 hm²，占土地总面积的 23.21%。

二、日喀则气候条件

（一）气候特征

日喀则市大部分地区基本没有夏季，除喜马拉雅山南麓外，均为长冬无夏、春秋相连类型区。海拔在 5 000 m 以上的高寒山区属"全年皆冬"类型区；海拔 4 500 m 以下的主要农区和半农半牧区，年平均气温为 0~6.6℃，最热月（6、7 月）平均气温为 12.1℃，最冷月（1 月）平均气温为 -5.1℃，极端最高气温为 28.7℃，极端最低气温为 -46.4℃，年平均降水量在 270.5~645.3 mm，年日照时数为 2 582.0~3 354.5 h，年辐射总量为 7 796.2 MJ/m²，基本能满足喜凉作物的需求。

日喀则市主要的林、牧、农业生产区位于三个气候区内。喜马拉雅山主脊线以南的亚东谷地、朋曲下游、珠穆朗玛峰与希夏邦马峰之间的高山峡谷以及吉隆属于高原温带半湿润气候区，地势普遍较低，气温较高。由于地处迎风坡、降水较多、强度较大，是日喀则市的林业生产区。

仲巴、萨嘎两县大部分区域属于高原亚寒带干旱气候区，海拔在 4 500 m 以上，湖泊密布，有较大面积的固沙草、三角草，年降水量少于 200 mm，长冬无夏，春秋相连，冬春多大风，冬季受干冷的西北气流控制，气候严寒干燥，系纯牧区。

喜马拉雅山以北、冈底斯山以南，以雅鲁藏布江流域为主的沿江河谷的狭长地带均属高原温带半干旱气候区。该区域地势西高东低，中部有拉轨岗日山脉，为两大山脉之间的凹形谷地，干湿季节分明，日照时间长，辐射强度大，气温较高，年降水量在 250~430 mm，降水集中在 5—9 月，6—8 月降水量占年降水总量的 80% 左右，夜雨率高达 70%~80%。该区域为日喀则市的主要农牧业生产区。

日喀则市气象灾害频繁而且严重，初夏干旱，盛夏多冰雹、霜冻、洪涝、雷电灾害，秋春多雪灾、风害，气候灾害在不同季节交替出现或数灾并现，对农牧业生产造成很大威胁。

（二）气候区划

日喀则市划分为高原温带、高原亚寒带及高原寒带三个气候带，气候区分高原温和温凉湿润半湿润峡谷林业气候区、高原温和半干旱河谷农业气候区、高原温凉半干旱河谷半农半牧气候区、高原亚寒半湿润半干旱山原半农半牧气候区、高原亚寒半干旱河谷湖盆半农半牧气候区、高原亚寒半干旱河谷湖盆牧业气候区、高原亚寒干旱湖盆牧业气候区、高原寒冷荒漠气候区等 8 个。

1. 高原温和温凉湿润半湿润峡谷林业气候区

包括亚东、定结、聂拉木、吉隆四县，位于喜马拉雅山南麓，海拔低于 3 700 m 的峡谷区域。该区海拔高差大，随海拔的升高热量逐渐下降，水汽在峡谷内由南向北输送导致在迎风坡的降水，低海拔处降水多，高海拔处降水少。气候有明显的垂直分布特征。该区呈森林自然景观，是日喀则市林业生产区，基本没有干旱、霜冻、冰雹气象灾害，遇到雨水多的年份常出现山洪、泥石流等自然灾害。冬春大暴雪是最严重的灾害，对牧业生产影响较大。

2. 高原温和半干旱河谷农业气候区

包括拉孜、谢通门、南木林、桑珠孜、白朗、江孜、仁布、萨迦各县（区）等海拔 4 100 m 以下区域，是日喀则市的主要产粮区。干旱、冰雹对农业生产影响很大，春季多大风，少数降水多的年份常出现洪涝灾害。

3. 高原温凉半干旱河谷半农半牧气候区

主要包括雅鲁藏布江及其各支流河谷两边海拔在 4 100~4 400 m 的山麓缓坡地带。该区由于海拔较高，大部分农田为山坡旱地，灌溉条件极差，干旱危害很大。多雨年份常出现山洪冲毁农田的灾害。

4. 高原亚寒半湿润半干旱山原半农半牧气候区

主要位于喜马拉雅山南麓，海拔 3 700~5 000 m 的地带。海拔 4 300 m 以下的地带，热量能满足春青稞、油菜、豌豆的生长需要；海拔 4 300 m 以上的地带则以牧业生产为主。该区基本没有干旱、大风、冰雹的危害，但冬春雪灾对牧业生产危害很大。海拔 4 200 m 以下的地带，霜冻对农作物有严重影响。

5. 高原亚寒半干旱河谷湖盆半农半牧气候区

主要指定日、定结、岗巴三县位于喜马拉雅山与拉轨岗日山之间的河谷和湖盆区域。该区因处于喜马拉雅山北侧，降水较少，但气温与同海拔的地区相比偏高。冬春多大风，干旱十分严重。个别年份有严重雪灾，旱、霜、雪、雹等气象灾害频繁。

6. 高原亚寒半干旱河谷湖盆牧业气候区

位于日喀则市西部，喜马拉雅山与冈底斯山之间，海拔 4 500~5 000 m，包括仲巴、萨嘎两县的河谷地带及吉隆县北部的佩枯错和聂拉木县西北部的浪强错等湖盆区域。该区降水偏少，基本上属于纯牧区。干旱、大风、雪灾是主要的气象灾害。

7. 高原亚寒干旱湖盆牧业气候区

位于冈底斯山以北，海拔 4 400~5 000 m，主要包括仲巴县北部的塔若错等湖泊和宽谷地带及昂仁县北部的许如错和姆错丙尼等湖泊区域。该区属于纯牧区，冬春季的大风是主要的气象灾害。

8. 高原寒冷荒漠气候区

主要指喜马拉雅山、冈底斯山和拉轨岗日山海拔在 5 000 m 以上的区域。该区山地面积大，具有高山冰原植被，除个别地方可作牦牛的夏季高山牧场外，没有农牧业生产活动。海拔 5 500 m 以上的地区则终年积雪。

三、日喀则土壤条件

日喀则市地域广阔，地形复杂，土壤资源丰富，有 17 个土类，44 个亚类，49 个土属，85 个土种。

（一）分布

1. 水平分布

日喀则市南北跨 4° 36′ 19″，东西逾 8° 14′ 40″，从东南到西北，气候水热状况和植被条件发生有规则的变化和分异，进而导致土壤类型也从东南到西北呈相应的递变和分异，大致趋势为黄棕壤—棕壤—暗棕壤—灌丛草原土—亚高山草甸土（高山草甸土）—亚高山草原土（高山草原土）—高山寒漠土。

2.垂直分布

日喀则市地形复杂，既有喜马拉雅南坡大倾斜面上的山地，又有在腹地高原面上发育起来的高山极高山地和河谷平原。随着海拔高度、坡面形态、坡向以及气候、植被的演变而呈有规律的排列并组合成一定的垂直带谱。从海拔 1 459 m 的樟木口岸国界线处至海拔 8 848 m 的珠穆朗玛峰，相对高差 7 389 m，其间分布着全国最为完整的土壤垂直带谱。

3.区域分布

日喀则市地貌区域差异十分明显，对于土壤的形成与分布有着重要影响。特别明显的是由于喜马拉雅山的屏障作用，南坡与北坡在生物气候方面有着很大差异，致使两侧土壤类型迥然不同。

（二）类型

1.高山寒漠土

高山寒漠土是寒冻期长、脱离冰川影响最晚、成土年龄最短的一类土壤，一般见于雪线以下至海拔 5 200 m 处的高山地带，下接高山草甸土或高山草原土。日喀则市各高山带中上部均有分布，珠峰地区和西北部的仲巴、萨嘎、昂仁一带分布最多。全市共有该类土壤 5 626.85 万 hm^2。

2.高山草甸土

高山草甸土作为一种地带性土壤，主要分布在海拔 4500~5200 m 的阴坡或半阴坡地段，最高可出现在海拔 5 500 m 左右，上接高山寒漠土（或冰川雪线），下连亚高山草甸土或亚高山草原土。该类土壤见于全市各处，以东部和东南部分布最多。全市共有该类土壤 455.87 万 hm^2。

3.高山草原土

高山草原土是指在高山草原植被下发育形成的一类地带性土壤，广泛分布于日喀则市各高山带的中上部阳坡或半阳坡，海拔高度一般在 4 300~5 200 m，最高可达 5 400 m，上连高山寒漠土或高山草甸土，下接高山草原土。全市共有该类土壤 475.25 万 hm^2。

4.亚高山草甸土

亚高山草甸土主要分布在海拔 4 500~4 050 m 范围内的阴坡或半阴坡，上连高山草甸土，下连灌丛草原土或亚高山草原土。在喜马拉雅山南坡，如亚东县、吉隆县、聂拉木等地则与暗棕壤相邻。其带幅全市从东南到西北逐渐变窄，直至在带谱中消失。全市共有该类土壤 9.41 万 hm²。

5. 亚高山草原土

亚高山草原土主要分布于喜马拉雅山分水岭以北，众多山地中下部的阳坡或半阳坡，海拔高度一般在 4 000~4 600 m，上接高山草原土或高山草甸土，下连山地灌丛草原土，在吉隆则与灰褐土相接。其带幅在境内的中部地区，从东到西逐渐变窄，至萨嘎县以西，从带谱中消失。全市共有该类土壤 160.85 万 hm²。

6. 山地灌丛草原土

山地灌丛草原土作为发育为灌丛草原植被下的一类地带性土壤，一般上接亚高山草原土或亚高山草甸土，下则与非地带性土壤，如潮土或河谷草甸土构成复区分布。大都呈条带状分布于拉孜县以东、雅鲁藏布江及其支流年楚河两岸地区。全市共有该类土壤 32.14 万 hm²。

7. 暗棕壤

暗棕壤是山地温带针阔叶混交林或云冷杉与高山栎混交林下发育的地带性土壤，主要分布于喜马拉雅山南坡，上接亚高山灌丛草甸土，下连棕壤，海拔 3 600~3 900 m，局部地段可上升到海拔 4 050 m，是森林土壤系列中分布位置最高的一个亚类，集中分布于亚东县、樟木口岸、绒辖镇、陈塘镇、吉隆县等地。全市共有该类土壤 5.93 万 hm²。

8. 棕壤

棕壤是发育于山地暖温带半湿润—湿润气候区、亮针叶林下的地带性土壤，上接暗棕壤，下连黄棕壤，集中分布于喜马拉雅南坡的亚东县、樟木镇、绒辖乡、陈塘镇、吉隆县等地，海拔 2 700~3 800 m 的高山带下部或峡谷两侧谷坡。该类土壤全市共有 5.37 万 hm²。

9. 黄棕壤

黄棕壤是日喀则市土壤垂直分布最低的地带性土壤，集中分布于亚东县、定日县、聂拉木县、吉隆县等地，即喜马拉雅山南坡最低处。该类土壤全市共有 7 999.33 hm²。

10. 寒原盐土

寒原盐土在日喀则市分布范围不广，集中分布在仲巴、吉隆两县，以仲巴县为最多。全市共有该类土壤 1.18 万 hm²。

11. 草甸土

草甸土是日喀则市主要的半水成土类，在雅鲁藏布江、年楚河、多雄藏布、朋曲河等河流两岸的低阶地高河漫滩以及大小湖泊环湖带多有发育，散布于各地带性土类范围内，与沼泽土（主要在湿润、半湿润地区）和盐土（半干旱、干旱地区）等共同组成复区分布。在各县均有分布，以仲巴、昂仁两县最多。全市共有该类土壤 70.93 万 hm^2。

12. 沼泽土

沼泽土是一种受地表水和地下水浸润的土壤。在山地，多见于分水岭上的洼地、封闭的沟谷地或湖盆地以及冲积扇前沿地或扇间洼地；在河谷地区，多见于洪泛洼地、干支流汇合处等。全市大部分县（区）均有分布，总计面积 5.27 万 hm^2。

13. 潮土

潮土在日喀则市分布较为集中，主要见于年楚河干流中下游的江孜、白朗、桑珠孜等地，雅鲁藏布江中游两岸的拉孜、南木林等地也有少量分布。全市共有该类土壤 2.77 万 hm^2。

14. 新积土

新积土是指在外力作用下经过新近搬运堆积而成的一类土壤，通常表现为地表无植被、剖面无发生层次、只显示粗细颗粒物质的自然堆积层次。在日喀则境内主要分布于河流两侧及洪积扇地区，母质为冲积、洪积和湖积物。该类土壤全市共有 10.12 万 hm^2。

15. 风砂土

风砂土主要分布于河谷的滩地及某些山坡迎风面，日喀则市大部分县（区）均有分布，以仲巴县为最多，类型也最全。全市共有该类土壤 14.37 万 hm^2。

16. 石质土

石质土是指不同海拔高度上的石质山地，在无植被覆盖或仅生长稀疏植被处于新始发育阶段的一种薄层山地土壤，一般处于高山草原土、亚高山草原土分布地带内。石质土在日喀则市所占比例不大，但分布范围十分广泛，在喜马拉雅山南坡的亚东、吉隆等地以及冈底斯山山地和雅鲁藏布江河谷均有分布。全市共有该类土壤 11.57 万 hm^2。

17. 粗骨土

粗骨土与石质土一样，也为非地带性土壤，土壤细粒物质大都被风蚀或水蚀，留下粗骨骼与岩石碎屑，极富粗骨性，砾石含量很高，土层极薄，土壤发育微弱。一般来说，粗骨土多分布在地形陡峭、植被极为稀疏、生态环境十分脆弱的条件下，由亚高山草原土或高山草原土等退化而成。全市共有该类土壤 8.29 万 hm²。

四、日喀则水文条件

（一）地表水

1. 河流

日喀则市境内河流众多，有大小河流 100 多条，除少数内流河外，均属印度洋水系。河流水源主要靠地下水和冰雪融化补给，径流季节分配不均，年际变化小。全市境域内河流主要分为三大水系：北部的内流河水系、中部的雅鲁藏布江水系和南部的朋曲水系。境内主要河流有雅鲁藏布江、多雄藏布河、年楚河、仲曲河、马泉河、朋曲河、波曲河、香曲河、荣河、柴河等。

2. 湖泊

日喀则地区境内大小湖泊 70 多个，主要分布在喜马拉雅山脉北坡和冈底斯山脉北坡，以西部的仲巴、昂仁两县为最多。

境内面积大于 200 km² 的湖泊有 4 个，分别是塔若错（520 km²）、佩枯错（300 km²）、扎布耶茶卡（235 km²）、许如错（208 km²）。

湖泊多为内陆湖，大多是咸水湖或盐水湖，湖水含盐、硼、钙、钠等矿物质成分，不宜饮用和灌溉。在喜马拉雅山脉的雪峰冰川区，还分布有众多大小不等的冰川湖、冰碛湖，多为淡水湖，其中长芝冰川附近有一小湖，海拔 6 116 m，被列为世界悬湖之最。

3. 冰川

日喀则市境内冰川皆为大陆型冰川，主要分为三个冰川带：喜马拉雅山脉中段冰川带、拉轨岗日山脉冰川带和冈底斯山脉中段冰川带。

喜马拉雅山脉中段冰川带，平均海拔在 6 000 m 以上，冰川发育良好，共有冰川 9 449 条，冰川面积为 20 214.54 km²。该冰川带主要有杰玛央宗冰川群、希夏邦马峰冰川群、珠穆朗玛峰冰川群、岗巴南山冰川群、泡洪里山区冰川群等 5 个冰川群。

拉轨岗日山脉冰川带，主要分布在拉轨岗日山脉中西段高度超过 6 000 m 高峰周围，其中，大部分冰川分布在主峰乃钦康桑峰（7 194 m）周围，其他山峰周围冰川规模均很小，皆为"X"形冰川。该冰川带共有冰川 98 条，总面积 144.60 km^2，较大的冰川有卡惹拉冰川、康布冰川、轮夏冰川等。

冈底斯山脉中段冰川带，数量众多但规模很小，以冰斗冰川和悬冰川为主，少见山谷冰川，主要有丁拉日居冰川群、郭董岗日冰川群和冷布岗日冰川群等 3 个冰川群。

（二）地下水

日喀则市境内地下水受季节性影响较重。在较大河流的宽谷河段，分布有第四纪沉积层潜水，一般埋藏不深。山丘区降水和冰雪水的一部分下渗形成基岩裂隙水，水量丰富。

日喀则市境内温泉较多，利用航片解译与十万分之一航测地形图查对的温泉有 26 处，大多都具有独特的医疗保健功能，西藏许多史书、医典对温泉功效都有记载。较为出名的温泉有康布温泉，位于亚东县康布乡；锡钦温泉，位于拉孜县锡钦乡；芒普温泉，位于拉孜县芒普乡；卡嘎温泉，位于谢通门县卡嘎乡；塔格架温泉，位于昂仁县切热乡。

五、日喀则草地资源状况

日喀则市草原大都位于年降水量小于 400 mm 的干旱、半干旱区域。草原总面积为 1 261.71 万 hm^2，可利用草原面积为 1 242.13 万 hm^2，鲜草单产 1 152.45 kg/hm^2，鲜草总产 1 431.54 万 t，干草单产 438 kg/hm^2，干草总产 543.99 万 t，暖季载畜量 674.57 万羊单位，冷季载畜量 560.28 万绵羊，全年载畜量 623.46 万绵羊。全市草原主要类型共 8 种：① 温性草甸草原类，面积 1.59 万 hm^2，可利用面积 1.46 万 hm^2，鲜草单产 2 099.1 kg/hm^2，鲜草总产 3.07 万 t，暖季载畜量 1.5 万羊单位，冷季载畜量 1.24 万羊单位，全年载畜量 1.38 万羊单位，该类草原主要植物有丝颖针茅、细裂叶莲蒿、禾草；② 温性草原类，草原面积 62.49 万 hm^2，可利用面积 57.66 万 hm^2，鲜草单产 1 425.75 kg/hm²，鲜草总产 82.21 万 t，暖季载畜量 33.18 万羊单位，冷季载畜量 30.73 万羊单位，全年载畜量 32.11 万羊单位。该类草原主要植物有白草、固沙草、草沙蚕、日喀则蒿、毛莲蒿、砂生槐、蒿、禾草；③ 高寒草甸草原类，草原面积 95.79 万 hm²，可利用面积 92.68 万 hm²，鲜草单产 1 036.5 kg/hm²，鲜草总产 96.07 万 t，暖季载畜量 44.84 万羊单位，冷季载畜量 38.72 万羊单位，全年载畜量 42.15 万羊单位。该类草原主要植物有丝颖针茅、紫花针茅、高山嵩草、金露梅；④ 高寒草原类，草原面积 445.97 万 hm²，可利用面积 415.34 万 hm²，鲜草单产 867.45 kg/hm²，鲜草总产 360.29 万 t，暖季载畜量 149.45 万羊单位，冷季载畜量 128.91 万羊单位，全年载畜量 140.50 万羊单位。该类草原主要植物有紫花针茅、青藏苔草、杂类草、昆仑针茅、黑穗画眉草、羽柱针茅、固沙草、藏沙蒿、青藏苔草、藏白蒿、禾草、冻原白蒿、变色锦鸡儿、鬼箭锦鸡儿、小叶金露梅、香柏；⑤ 低地草甸类（分低湿地草甸亚类和低地盐化草甸亚类），草原面积 16.63 万 hm²，可利用面积 15.77 万 hm²，鲜草单产 961.05 kg/hm²，鲜草总产 15.16 万 t，暖季载畜量 7.08 万羊单位，冷季载畜量 6.16 万羊单位，全年载畜量 6.67 万羊单位。该类草原主要植物有无脉苔草、蕨麻委陵菜、芦苇、赖草；⑥ 山地草甸类（分山地草甸亚类和亚高山草甸亚类），草原面积 1.24 万 hm²，可利用面积 1.16 万 hm²，鲜草单产 2 375.25 kg/hm²，鲜草总产 2.74 万 t，暖季载畜量 1.38 万羊单位，冷季载畜量 1.11 万羊单位，全年载畜量 1.26 万羊单位。该类草原主要植物有中亚早熟禾、苔草、矮生嵩草、杂类草；⑦ 高寒草甸类（分高寒草甸亚类和高寒盐化草甸亚类、高寒沼泽化草甸亚类），草原面积 682.41 万 hm²，可利用面积 657.71 万公顷，鲜草单产 1 324.8 kg/hm²，鲜草总产 871.38 万 t，暖季载畜量 436.91 万羊单位，冷季载畜量 353.20 万羊单位，全年载畜量 399.16 万羊单位。该类草原主要植物有高山嵩草、青藏苔草、杂类草、矮生嵩草、异针茅、金露梅、香柏、尼泊尔嵩草、三角草、藏北嵩草、川滇嵩草、华扁穗草；⑧ 沼泽类，草原面积 0.69 万 hm²，可利用面积 0.34 万 hm²，鲜草单产 1 836.35 kg/hm²，鲜草总产 0.62 万 t，暖季载畜量 0.24 万羊单位，冷季载畜量 0.21 万羊单位，全年载畜量 0.23 万羊单位。该类草原主要植物有水麦冬。

（一）植被特征

日喀则大部分地区平均海拔在 4 000 m 以上，气候严寒干燥。高寒的生态环境决定了境内植被以耐寒的高山型植被为主，兼具耐旱和抗风性。在植被的分布上，从东南到西北呈现一定的水平地带性，从低到高则呈现出明显的垂直地带性。

（二）植被类型

1. 高山稀疏垫状植被

广泛见于高山带上部，海拔一般在 5 500~5 700 m。因气候严寒，土质瘠薄，故植物种属贫乏，植株矮小，器官多已垫状化绒毛发育，主要有凤毛菊、垫状点地梅和苔状蚤缀等垫状植物。覆盖度极低，绝大部分地面裸露。

2. 高山草甸植被

紧接高山垫状植被带之下，分布上限在海拔 5 200 m 左右，下限接近海拔 4 300 m 或更低些。以多年生中生植物种类为主体，组成低矮密集丛生为特征的植被层，一般外观呈草毯状常见群种有高山嵩草、矮生嵩草、喜马拉雅嵩草，半生种有苔草、矮火绒草、委陵菜、报春花和龙胆等。覆盖度一般在 70% 以上。

3. 高山草原植被

以多年生旱生植物为主，是日喀则市分布范围最广的优势植被，分布海拔在 4 000~5 200 m，常见群种有紫花针茅、羽柱针茅、羊茅矮火绒草等，覆盖度为 40%~60%。

4. 山地灌丛草原植被

主要分布在海拔 4 200 m 以下较干燥温和山地与宽谷地带，常见群种有以中温型禾草为主的草类植物，例如三刺草、白草、长芒草、固沙草、西藏紫云英、铁线莲等，灌木类有西藏狼牙刺、锦鸡儿、绢毛蔷薇等，伴生植物有黄芪狼毒、棘豆等。覆盖度为 50% 左右。

5. 高山灌丛草甸植被

在森林郁闭线（海拔 4 050~4 300 m）附近地段，大多分布着由杜鹃属、高山柳、金露梅或香柏等灌木为主体组成的灌木草甸。草类层内中生植物种类较多，许多种类同于高山草甸，如嵩草、苔草、委陵菜、龙胆、红景天等。该类植被带常跟位于其上的高山草甸植被相衔接，在亚东、聂拉木等县喜马拉雅山南坡表现十分明显。覆盖度为70%~90%。

6.暗针叶林植被

暗针叶林植被带分布高度一般在海拔3 100~4 000 m，以喜马拉雅山南坡出露面积最广，通常由冷杉、云杉等种属组成。其林相表现为浓郁阴暗，林内较潮湿，下木主要由杜鹃、花秋、忍冬等组成。此外，还有苔草、委陵菜、草莓、蕨类、苔藓、地衣等组成的草被层。

7.亮针叶林植被

该类喜温针叶林在喜马拉雅山山地内垂直分布带幅较宽，一般在海拔1 800~3 600 m均有分布，主要树种有乔松、高山松等，大都呈纯林景观。下木层常有毛叶南竹、薄皮木、小蘖、忍冬等种属，较常见的草类植物有蕨菜、野茅、川芒等。

8.针阔叶混交林植被

在亮针叶林分布范围内，通常在海拔3 100 m以下地段常出现一个由云杉、西藏落叶松、乔松、云南铁杉等针叶树和粗皮桦、杨树、漆树等阔叶树组成的混交林带。

9.常绿阔叶林植被

主要分布在喜马拉雅山南麓，海拔2 600 m以下的低山区，常绿树种以壳斗科的栎属、栲属、石栎属和樟科的樟属、桢南属、楠属、木姜子属等为主体。整个林内阴湿，层次分化明显，乔木、灌木、藤本、草本和苔藓地衣等错落杂处，呈现出片原始林状态。

10.草甸和沼泽植被

两类植被在日喀则市境内分布面积虽不大，但分布范围却极广，主要见于浅水位或易储水的局部低地，植物种类变化不大，主要为喜马拉雅嵩草、藏北嵩草和某些小型嵩草、苔草等中生植物，以及松叶、眼子菜、水毛茛等沼生植物。覆盖度多在80%以上。

第二章
日喀则市草业生产基本情况

第一节　全市草业生产现状

一、天然草原发展状况

日喀则市草原总面积为 1 261.71 万 hm^2，其中，可利用面积为 1 242.13 万 hm^2，冷季天数平均 145d，暖季天数平均 220d，冷季天数占全年比例 40%，暖季天数占全年比例 60%。暖季载畜量为 674.57 万羊单位、冷季载畜量为 560.28 万羊单位，全年载畜量为 623.46 万羊单位。全市退化草原面积为 435.86 万 hm^2，其中轻度退化、中度退化、重度退化草原面积分别为 288.02 万 hm^2、121.87 万 hm^2、25.97 万 hm^2；沙化草原面积为 98.62 万 hm^2，其中轻度沙化、中度沙化、重度沙化草原面积分别为 45.29 万 hm^2、30.32 万 hm^2、23.01 万 hm^2；盐渍化面积为 23.18 万 hm^2，其中轻度盐渍化、中度盐渍化、重度盐渍化面积分别为 10.24 万 hm^2、7.66 万 hm^2、5.31 万 hm^2。另外，全市受特殊地理气候条件的影响，年均降水量只有 400 mm，年均蒸发量却有 2 000 mm，造成气候干燥，荒漠化石漠化面积逐年增加，是全区防沙治沙的重点区域。据 2015 年西藏自治区第五次荒漠化监测，全市沙化土地 336.15 万 hm^2，占土地面积的 18.5%，而每年集中治理面积不到 1 300 hm^2，与日喀则市防沙治沙现状需求差距巨大，与国家生态安全屏障的要求差距巨大。

天然草原的生产能力，与放牧强度有着显著的相关性，即放牧过重、过轻都能使草原牧草产量严重下降，进而造成草场退化。日喀则市自 2005 年开展退牧还草网围栏建设工程以来，有效地控制了放牧强度和放牧频度。据 2015—2017 年对退牧还草工程效益的监测表明，退牧还草工程区内植被逐步恢复，生态环境明显改善。仅对 2017 年监测结果分析得出，工程区内与工程区外相比，植被覆盖度由 61.47% 提高到 67.31%，平均提高 5.84 个百分点；植被高度由 4.17 cm 增加到 6.59 cm，提高了 2.42 cm，产草量提高 295.23 kg/hm^2。

为进一步加大草原保护建设力度，实现草原科学利用，使草原禁牧休牧轮牧和草畜平衡制度全面推行，草原生态总体恶化趋势得以遏制；加快转变牧区畜牧业发展方式，使牧区经济可持续发展能力稳步增强；不断拓宽牧民增收渠道，稳步提高牧民收入水平；初步建立草原生态安全屏障，基本形成牧区人与自然和谐发展的局面。日喀则市在 2005—2011 年全面完成草场承包到户或联户的基础上，自 2011 年全面实施了"草原生态保护补助奖励机制"政策，2016 年，又实施了新一轮草原生态保护补助奖励政策，进一步提高了补奖标准。自 2010 年以来，日喀则市各县（区）积极推进减畜任务，2014 年末比 2010 年末减少了 222.09 万只羊单位，对实现草畜平衡的牧户按照政策予以奖励，与此同时，实施 93.33 万 hm^2 的禁牧作为退化草原生态系统自然恢复的重要举措。

根据遥感监测，2010—2017 年日喀则市植被覆盖度总体上呈极不显著的下降趋势，8 年内全市平均植被覆盖度为 37.76%，高于 18 年平均值 0.3%（2000—2017 年平均值为 37.46%）。近 8 年内植被覆盖度最低值为 2015 年的 32.07%，最高值为 2017 年，达到 40.24%。自 2010 年开始，植被覆盖度连续 2 年呈增长状态，2011—2014 年变化不大，呈稳定状态，2015 年植被覆盖度达到最低值，之后两年显著上升。经分析：在此期间虽受雪灾、干旱等自然因素影响造成植被覆盖度间断性下降，但总体而言，日喀则市植被改善区域面积要大于退化区域面积，呈改善趋势的面积占全市总面积的 27.22%，植被覆盖度总体上处于恢复状态。这与日喀则市实施长达 8 年的草原生态保护补助奖励机制政策密切相关。

二、人工草地建设状况

发展高产优质的人工草地，解决放牧家畜的饲料季节不平衡，是提高日喀则市牧区和半牧区草地畜牧业生产水平和生产效率的有效措施之一。优质高产人工草地单位面积产草量比一般天然草地高 40%~50%，将为农牧民发展畜牧业、提高出栏率提供饲草饲料保障，极大提高牧民群众的经济收入和生活水平，促进农区、半农半牧区人工草地建设，加快草业产业化进程。"十二五"期间，日喀则市通过实施人工饲草地建设、退牧还草工程、人工种草与天然草地改良工程等项目，新建灌溉人工草地 0.97 万 hm^2、旱作人工草地 0.33 万 hm^2，实施草地补播 4.53 万 hm^2，建设多年生集中连片人工饲草地 0.18 万 hm^2，人工饲草基地 0.13 万 hm^2。"十三五"规划中提出"种植百万亩人工草地"和"生产百万吨饲草",以期通过发展草产业来优化日喀则市农牧业结构、提高畜牧业防抗灾能力、加大畜产品供给,实现农民增收,推进生态文明建设、打赢脱贫攻坚战。在桑珠孜区、江孜县、康马县、亚东县、仁布县、谢通门县、萨迦县、萨嘎县、拉孜县、吉隆县、南木林县、定结县、聂拉木县、岗巴县14县(区)共实施人工种草面积1.76万 hm^2(其中灌溉人工种草1.18万 hm^2,旱作人工种草0.58万 hm^2)。目前,全市已逐步形成了以南木林为核心,康马—亚东、聂拉木县为两翼,覆盖全市18县(区)的草业发展格局,截至2018年年底全市人工种草面积达到3.58万 hm^2。但从实地了解的情况来看,土壤质地、水资源、整地水平、施肥、种植管理技术措施等多种因素影响,绝大多数地块实际平均产量只能达到品种适应性的20%~60%。

1. 人工草地建设方式

目前,日喀则市人工种草大多以项目建设、合作社自主经营、企业自主经营和群众自种的方式来开展。项目建设:一是实现人工种草与牛羊养殖业相配套的产业化发展;二是以贮备防抗灾饲草和为农牧民供应补饲饲草而实施的人工种草项目;三是通过政策扶持引导群众在低产田开展退耕还草项目。合作社自主经营:在政策引导下,各县通过土地流转、牲畜入股、社员参与等形式积极探索适宜本县实际的股份制合作社经营模式。企业自主经营:政府出台优惠政策,吸引企业通过流转土地发展集中连片机械化人工种草作业。群众自种:引导有家畜的群众通过自愿种植饲草来对家畜进行补饲喂养。

2. 人工草地建设经营管理模式

一是引进第三方企业自主经营,自种自收自售;二是县农牧局以调动群众种草积极性的方式进行统一经营,即由县农牧局负责种、肥、机械设施的供应以及饲草的销售渠道,群众自行种植牧草并进行田间管理,年终群众按所收获的饲草亩产进行收益;三是县农牧局联合合作社进行统一经营,即由县农牧局负责种、肥、机械设施的供应,以解决剩余劳动力的形式吸纳群众参与牧草种植和田间管理,饲草以供应合作社的养殖基地或做贮备抗灾饲草为主,群众年底可优先按出工劳力分得抗灾饲草,留茬草可作为合作社社民的冬季放牧地利用;四是企业联合合作社进行统一经营,即第一年由第三方企业种植管理，次年交由当地合作社来运营，大都按照"三三三制"经营管理模式，即：产生的效益三分之一由入股合作社的群众受益，三分之一由政府主导通过防抗灾储备金等消化，剩余的三分之一流向市场销售回笼资金作为滚动发展资金；五是由农牧局通过提供种、肥、机械设施的方式引导群众自主经营牧草种植管理。

3. 限制人工草地生产的主要问题

（1）科技支撑乏力，科技队伍薄弱　草业科技推广服务体系尚不健全，试验示范基地、品种引进筛选、技术推广培训等科技支撑保障能力不足。从品种适应性和实际生产数据比较来看，各地种植管理关键技术指导不到位，没有因地制宜地制定具体种植品种和技术规范。此外，基层草业科技队伍力量薄弱，科技人员培育力度小，全市技术人员没有参加过国内草业方面的专业培训或会议，对其他省（区）的先进经验了解不足，以至于对全市、全区乃至全国草业发展形势不了解，对新技术、新品种、新机器的认识程度跟不上发展需求，导致专业技术人员没有真正发挥作用，未能起到为草业发展出谋划策和保驾护航的作用。调研中能把县域饲草种植情况介绍清楚的人少之又少。

同时，科学研究没有跟上全市草业发展的步伐，科研基地、种子驯化基地、示范区建设和大田推广没有有效衔接，牧草引种驯化、种子生产、技术推广等关键技术的制定和普及推广各环节衔接不够紧密。各地对本地的经验也没有及时进行整理、深入研究和推广应用，康马县最初试验种植时产鲜草 3.75 万 kg/hm^2 的成功做法没有被深入研究和推广，导致目前平均产量不足 1.5 万 kg/hm^2。地方支持科研机构的试验示范工作积极性也不高，康马的试验工作因无法按照科学管理要求进行导致收效甚微。很多地方仍处于闭门造车、坐在家里听外来和尚念经的被动状态，与现行的"走出去、引进来"的做法格格不入。

（2）种植品种不详、缺乏科学依据　目前，各县（区）引进种植的绿麦、燕麦、披碱草、苜蓿等种类较多，引进渠道较多，但不知道具体牧草品种。调研过程中发现，只有少数县（区）知道极少的品种，萨嘎县能说出种植的饲用青稞品种是藏青 320 和喜马拉雅 19 号，岗巴县孔玛乡种植的是甜燕麦，桑珠孜区种植的是加燕 2 号。绝大多数地方只知道是燕麦或是黑麦，具体是青引 1 号还是甜燕麦一概不知，而且包装袋上没有标签，无论这个品种在当地适应能力好与坏都无法指导第二年的种子选择。最为突出的问题是种植管理部门没有弄清品种的意识或者根本不知道还有品种之分。且各县（区）种植牧草没有形成对种植牧草的品种、面积、播量、基肥、追肥、灌水、收获、产量这一种植过程的记录册，无法在翌年有数据支持的前提下有针对性地做出种植调整，存在凭经验种植的现象。各别县区存在引进种植的新品种没有进行小面积试种而直接进行大面积推广的做法有一定风险性。

（3）地块选择盲目，配套设施缺位　调研过程中发现，有的县（区）在实施人工种草项目时，对土壤条件、水源能否满足灌溉、鼠害防治等方面的考虑尚有欠缺，存在盲目跟风种植的现象。土质较差不适于开垦的：有些沙性特别大的地块过度依赖于客土的作用，而进行客土的土壤本身质地差，达不到种植的土壤标准，或者客土土层厚度未达标就开始种植，最终导致牧草种植失败，例如吉隆县哲巴乡恰门巴村，2018 年的地块选择不理想，2019年又重新选择一片砂土地，产量依旧无法保障。水源无法保障的：有的县（区）对水资源考察不够充分，虽有配套渠系，因季节性水源变化问题致使水源枯竭，实际仅靠天降水灌溉，无法根据牧草生长需求进行灌溉，导致牧草未获得高产，如萨迦县扯休乡、南木林县艾玛乡等；有些因土质和缺水等综合因素影响收获的饲草不够收获成本，只能做放牧草地用，如昂仁县桑桑镇等，有些因无水出现零星出苗，甚至绝收的现象，如亚东县堆纳乡、吉隆县折巴乡等；在个别县草田争水问题突出，在用水旺季只能优先灌溉农田，再灌溉饲草地，如聂拉木县琐作乡、岗巴县孔玛乡等。鼠害严重：在调研过程中发现岗巴县直克乡、岗巴镇、孔玛乡人工种草地的鼠害最为严重，尤其是地块与地块之间的隔离带处，急需灭鼠。

调研中还发现，田间基础设施参差不齐。渠系建设不健全，土渠跑冒渗漏等现象严重影响饲草产量，提高了生产成本，浪费了原本稀缺的水资源；仓储设施不配套，对于种植苜蓿的县区，第一茬草收获后缺乏贮草棚、库等防雨基础设施。

（4）田间指导缺失，种植管理粗放　此次调研发现，基层草业科技队伍力量薄弱，科技队伍青黄不接，部分县（区）只有一个草业专职技术人员，根本忙不过来。导致种植前规划设计不到位，整地播种、播后田间管理和收获都不能及时到位进行现场指导。

一是播前整地不精细。有些地块耕翻深度或者客土厚度不够，影响植株正常生长；种草地块翻耙次数和角度不科学，有些地块播种机无法将种子播入土中，人工撒播覆土深浅不一；地块平整度差，灌水后形成低洼涝高干旱的现象；致使牧草出苗率差、长势不均，同时高低不平的地块以及田间的石块对机械化作业造成了很大的影响。

二是播种量缺乏科学依据。为保证出苗率，个别县一味加大播种量，如江孜县江热乡黑麦播量达到 322.5 kg/hm^2，南木林县艾玛乡采用的是撒肥机撒播，黑麦播种量高达 525 kg/hm^2，种子浪费严重。

三是覆土镇压不到位。多数县（区）播后覆土工具和方法不科学，刮土板式覆土用具或圆盘耙覆土措施均容易将石子、土块汇集到垄沟内，影响出苗率。有些地方覆土厚度不够，如亚东县堆纳乡的种子和农家肥浮于土表，严重影响出苗。且绝大部分县在种植环节中普遍存在没有覆土镇压的意识，对镇压能压碎土块、沉实土壤、促进土壤提墒、使种子和土壤紧密接触、苗齐苗壮等作用不了解，这也是造成出苗率低、出苗不整齐的一个重要因素。

四是肥料使用不够合理。各县（区）在人工草地建植过程中存在有什么肥就用什么肥的现象，有的只施农家肥或商品有机肥，有的只施尿素或磷酸二铵，没有进行科学的测土施肥，肥料用量随意性很大，加之人工撒肥不均匀，致使肥力发挥有限。

五是缺乏科学灌溉。有的地块是没有水源，有的地块水量不够，有的地块是大水漫灌四处跑水；还有的地块因为退耕还草项目，只打算种一年草，怕燕麦种子成熟落地影响明年继续种庄稼，有水不灌溉，严重影响产量。多数地块达不到按作物生长需水规律进行灌溉的标准。

六是种植和收获时间不够合理。存在种植时间过晚的现象，一年生牧草种植时间有的拖到 6 月底种植，有些地块测产时仅达到初花期，缩短了作物生长有效时间，影响了饲草产量。苜蓿第一茬收获时间比较晚，既影响第一茬草的质量，也影响第二茬产量。

七是收获加工措施不够科学。田间捡拾打捆不干净，残留较多需人工捡拾采用小型打捆机二次作业；草捆过于松散，极易散包且不利于长途运输；覆膜地块地膜处理不到位，草捆成品中夹杂进很多地膜，直接影响了草捆的品质和售价，给后期饲喂带来极大的不便利，甚至会危及家畜生命。

八是没有建立科学有效的轮作制度。连续种植一种牧草品种牧草产量会自然递减，病害发生几率增加。岗巴县岗巴镇门德村种植的燕麦就发生了严重的黑穗病，对饲草产量和质量影响较大，后期必须进行科学轮作。

（5）机械配备不够协调，管护和保养不到位　牧草规模化种植需要配备从种到收整套专业化作业机械，全市牧草种植中整地、割草和捡拾打捆机械现代化程度较高，但播种、镇压、喷药和高密度草棚加工机械设备配套不合理，未得到有效重视，目前，全市种草面积较大的地区还存在人工撒播和施肥的现象，苜蓿地杂草没有得到有效控制。捡拾打捆机械数量少和型号单一，与牧草生产发展规模不匹配，收获过程中存在捡拾不干净，干草圆捆不够紧实易散捆等现象。此外，在牧草生产机械使用、维修和保养等方面技术水平低，易损件储备不足，因机器故障导致耽误生产进程的现象时有发生。多数机器常年露天摆放，老化严重，影响正常的使用寿命，有"来的容易就不够珍惜"的态势，集体机械没有群众机械保管的好。

（6）产业发展定位不够明确，缺乏长远发展目标　各县（区）未能以《日喀则市草牧业发展总体规划（2016—2020年）》为指导，以推进"百万亩"饲草基地建设和岗巴羊产业发展战略为目标，按照"一园三区"草牧业发展构想结合区位优势突出发展重点，也没有把"两只羊"发展结合到草业发展规划，甚至引导群众"冬圈夏牧"的模式也没有形成，一些地方是为了项目种草，造成牧草产业化发展不均衡、组织化程度低、小而散的现象，难以形成规模化种植和产业化发展。退耕还草项目也是在试探性进行，有政策种草、没政策马上继续种粮，并没有根据畜牧业发展需求制定合理的规划发展目标。并且各县（区）在种植人工草地时，未能有效进行对人工种草的风险预判，部分人工草地因主客观多种因素影响，种植效益未能达到预期目标，投入产出比失衡，影响了整个后期的畜牧养殖业、防抗灾饲草等的供应链。

（7）政府参与市场经济管理，生产主体自主经营能力不高　调研过程中了解到，2018 年政府定价过低，致使种植企业和合作社赔本经营，行政部门在合作社经营管理方面干预过多，而在指导、引导和培养增强自主经营能力方面捉襟见肘，尤其在机械、种子、肥料购置方面限制干预太多，影响合作社工作的时效性和积极主动性。在抗灾饲草发放过程中不能按要求提供，不愿要青贮包的也不能更换，因地方没有专用装卸设备，装卸过程中青贮包破损发生霉烂变质造成不必要的浪费。此外，部分县（区）存在重项目争取、轻项目建设和科学运营的现象，政府招标第三方种植管理的地块长势明显不如政府提供种子、肥料和机械交由群众自己种植管理的地块，与第三方签订的合同中对产量要求不明确，同时监管不到位。合作社经营管理模式存在吃大锅饭的现象，没有激励机制，造成管理不到位，影响整体收益。如康马县涅如堆牧草合作社负责田间种植管理的人员只开固定工资，与生产效益不挂钩，很难调动工作人员积极性。

（8）产品种类单一，与市场需求不同步　全市草产品主要有草捆和青贮两种形式，零散经营户还停留在收割、晾晒、打垛阶段。没有针对市场需求开发便于运输的高密度草捆和草颗粒等深加工产品。目前生产的大圆捆裹包青贮不利于远距离运输，并且由于缺少装卸专用的夹包机械，装卸过程中造成塑料膜破损严重，饲草霉烂变质现象严重。同时，青贮饲料对于规模化奶牛养殖场较为实用，对于其他畜种养殖效果不明显。产品和市场需求之间没有联通，相互脱节。

三、草畜平衡状况

根据 2018 年草原监测情况，按照中华人民共和国农业行业标准《天然草地合理载畜量的计算》NY/T 635—2015 计算放牧草原载畜量，加上人工草地饲草产量和农副产品转化饲料情况折算的载畜量，全市合理载畜量 467.37 万羊单位，按照 2018 年家畜存量减去合理载畜量计算，全市超载 146.61 万羊单位，合计缺少饲草 77.06 万 t，目前虽然在草地放牧上没有超载过牧，但实质上是家畜平均只能吃到 7.6 分饱，没有达到吃饱吃好的水平，夏壮、秋肥、冬瘦、春（死）乏的状况依然存在，尤其是在遭受雪灾的时候，抗灾饲草只能是维持生命，减肉掉膘造成的隐形损失非常严重（表 2-1）。

表 2-1　草畜平衡情况分析表

县（区）	天然草原面积（万hm²）	放牧利用面积（万hm²）	草原监测平均干草产量（kg/hm²）	草原可利用标准干草总量（万t）	放牧草原载畜量（万羊单位）	人工草地及农副产品载畜量（万羊单位）	合理载畜量（万羊单位）	2018年末牲畜存栏数（万羊单位）	按存栏数计算超载（万羊单位）	饲草缺口（万t）
桑珠孜区	26.57	25.30	477.45	4.59	8.73	29.37	38.10	34.32	-3.79	-1.99
南木林县	52.68	50.72	690.90	13.32	25.34	9.87	35.21	67.06	31.86	16.74
江孜县	32.05	30.39	729.15	8.42	16.02	24.21	40.23	45.45	5.22	2.74
定日县	88.50	85.79	337.65	11.01	20.94	10.76	31.70	40.89	9.19	4.83
萨迦县	45.97	43.66	483.75	8.03	15.27	12.25	27.52	34.16	6.64	3.49
拉孜县	35.18	33.47	479.10	6.09	11.59	15.98	27.57	39.92	12.35	6.49
昂仁县	190.91	164.22	336.90	21.02	40.00	7.98	47.98	60.78	12.80	6.73
谢通门县	8.56	75.57	465.45	13.37	25.43	5.89	31.32	50.19	18.87	9.92
白朗县	23.34	22.07	408.45	3.43	6.52	16.74	23.26	29.21	5.95	3.13
仁布县	17.12	16.57	860.10	5.42	10.31	4.57	14.88	18.10	3.22	1.69
康马县	45.08	39.29	376.80	5.63	10.70	7.14	17.84	19.69	1.84	0.97
定结县	35.41	31.72	459.90	5.54	10.55	4.30	14.85	21.22	6.37	3.35
仲巴县	332.36	263.92	298.35	29.92	56.93	0.00	56.93	59.82	2.90	1.52
亚东县	26.91	23.42	580.20	5.16	9.83	1.24	11.07	15.73	4.66	2.45
吉隆县	49.59	46.88	318.00	5.66	10.78	3.15	13.93	19.50	5.57	2.93
聂拉木县	49.14	47.20	309.90	5.56	10.58	3.33	13.91	17.48	3.58	1.88
萨嘎县	86.52	70.50	360.90	9.67	18.40	1.14	19.54	26.70	7.16	3.76
岗巴县	37.24	35.80	277.50	3.77	7.18	3.71	10.89	13.77	2.88	1.52
合计	1 258.44	1 100.84	384.15	160.70	305.74	161.63	467.37	613.98	146.61	77.06

第二节　产生效益

一、经济效益

日喀则市是全区第二大牧业地区，属于半农半牧业地区。自 2011 年实施草奖机制政策以来，全市实施草畜平衡面积 0.11 亿 hm²，仲巴、萨嘎、昂仁、亚东、康马、岗巴、谢通门等 7 县实施禁牧面积 93.33 万 hm²。全市扣除禁牧面积以外的可利用草原、人工草地及农副产品草畜平衡载畜量为 742.56 万羊单位（可利用草原 580.93 万羊单位，人工草地及农副产品

161.63万羊单位）。近年来，在国家大力倡导、支持草产业发展的政策条件和机遇下，日喀则市认真贯彻落实草场承包经营责任制、草原生态保护补助奖励机制、基本草原划定、草原确权试点等政策工作，并按照"立草为业、草业先行"的发展思路，大力实施人工种草推进畜牧业的发展。

通过实施农区、半农半牧区的人工种草项目，大幅度提高了草地生产力，有效缓解了畜牧业发展中的草畜矛盾与草原生态压力，从而实现农区、半农半牧区的畜牧业可持续发展。并能有效地开发荒地和严重退化草地，有效遏制了草场退化。按全市目前人工种草实际情况测算数据，平均每公顷人工种草地可生产干草2 625 kg左右，目前已有人工种草地3.59万hm²，全市年产干草达到9.41万t，可饲养牲畜12.97万个羊单位，从而减轻了天然草场的载畜压力。按2 600元/t计，每年可创收2.45亿元。

通过引进和繁育高产优质饲草品种，大力发展人工种草，推广种植、管理、加工技术，提升单位面积产量，以"公司＋基地＋农户"为载体的合作社作为试点经营模式，探索草畜联动机制，实施牧繁农育、农牧结合、南草北调区域协调战略，大力发展全市畜牧业特色产业和"拳头"产业，实现"生态、生产、生活"三生共赢目标。另外，通过人工种草可带动饲草加工产业，通过饲草加工，生产出的草捆、草块、青贮裹包等成型饲草料，为现代畜牧业的集约化发展提供了便利，实现了资源的有效配置，加快了市场周转，提高经济效益，推动当地经济社会的可持续发展。

二、生态效益

日喀则市草原生态环境受高、寒等地理气候条件的影响，加之一些不合理的开发建设活动和放牧因素，全市冷季草地超载过牧，草地退化严重。草地具有调节气候、吸收二氧化碳、释放氧气、涵养水源、保持水土、防风固沙、改良土壤、培育肥力、土地复垦、美化环境的功能。人工草地在群落的盖度、密度、高度和生物量等方面一般优于天然草地，因此，它保护环境的能力，尤其在快速恢复水土流失区、严重退化的草地、撂荒地、矿业废弃地和矿渣地的植被方面具有特别优异的能力。种植人工草地可以防治水土流失，减少风沙侵蚀，土壤由于得到覆盖在表面上正在生长的或已经死亡的植被的保护，从而免受侵蚀。种植人工草地可增加土壤的有机质和团粒结构、透气性、保水保肥性能。通过种植优质高产牧草,将大幅度提高牧草产量,切实有效加快全市草地生态工程建设,有效缓解草地超载的严峻问题,有效遏制草地退化沙化,改善天然草地生态环境,保障西藏生态安全。

近年来,日喀则市通过多点布局新建集中连片人工饲草地、实施人工种草项目种植优质高产牧草,认真落实草奖机制政策,遵循经济建设与生态建设相统一的原则,将资源开发与利用和环境保护有机结合起来,目前全市草原植被覆盖度已达40.24%,鲜草产量已突破9 000万t。同时,通过种植大面积的人工饲草,一是提高草地的生产能力,降低放牧家畜对天然草地的采食,缓解天然草地载畜压力,有效保护天然草地资源,改善地表植被条件,遏制草地退化,促进全市草地生态平衡,实现草地资源的可持续利用。二是有助于退化草地生态环境的自然恢复,使草地资源、环境、发展之间相互协调、相互促进,推动草原生态系统恢复良性循环,巩固草原生态保护实施成效。三是减少水土流失,增强土壤蓄水保水能力,土壤中有机质含量提高、理化性质和结构得到改善,有效减少地面水分的蒸发和地表径流,提高土壤的抗蚀性。四是大面积的人工种草不但绿化了环境,减少了草场沙化现象,而且使草原得到了休养生息,增强天然草地水源涵养、净化空气、调节气候、保持生物多样性等功能,有利于保护国家生态安全。

近年来,草原地面实地监测和气象遥感监测数据显示,2010—2014年,日喀则市草原植被覆盖度总体呈平稳上升趋势,2010年草原植被覆盖度为36%,2014年草原植被覆盖度为41%,2011—2014年变化不大,4年内平均植被覆盖度为41%;2015年因受干旱降水量较少因素影响,植被覆盖度出现近9年来的最低值,全市平均植被覆盖度为32.07%;2016—2017年,草原植被覆盖度显著上升,2017年达到40.24%。2011—2017年,全区天然草原鲜草产量连续7年超过8 000万t,2016年超过9 000万t,2017年达到9 705.6万t,天然草原植被逐步恢复向好。2017年,通过全区退牧还草工程效益监测分析显示,全区退牧还草工程区内植被逐步恢复,生态环境明显改善。退牧还草项目工程区内与工程区外相比,植被覆盖度由61.47%提高到67.31%,平均提高5.84个百分点;植被高度由4.17 cm增加到6.59 cm,提高了2.42 cm,产草量提高295.23 kg/hm^2。

三、社会效益

种植优质高产牧草是发展畜牧业生产的物质基础，草地畜牧业的健康发展，将会调整全市粮食、经济作物、饲草料三元种植结构协调发展，促进畜牧业提质增效和转型升级，同时对其他相关产业产生积极影响，促进一二三产业的融合发展和有机畜产品的开发建设。大力实施人工种草，种植优质高产牧草更是实施乡村振兴战略、打赢脱贫攻坚战、实现全面小康社会的重要产业基础。以牧草及其产品为基础的现代草业生产，可以显著提高草食畜产品的数量、质量，替代人们食物结构中的粮食，减少对谷物的过度依赖，有助于提高粮食安全。除此以外，还能改善人们摄入的蛋白质量，提高人民的食物营养水平和健康水平。

近年来，日喀则市通过实施农区、半农半牧区人工种草基地建设和人工种草项目，大幅度提高了草地生产力，有效缓解了畜牧业发展中的草畜矛盾与草原生态压力，从而实现农区、半农半牧区畜牧业的可持续发展。一是通过人工种草基地建设，进一步增强牲畜对抵御自然灾害的能力，稳步提高家畜的繁殖成活率，减少牲畜冬春季节掉膘率和死亡率，增强畜牧业发展后劲，为提高农牧民的收入奠定基础。二是通过实施人工种草促进草地的集约经营，进一步转变当地牧民群众单家独户单打独斗的传统经营生产方式和生产观念，广泛存在的靠天养畜、只索取不投入的牧业生产方式得到极大改观，从而有利于广大牧民群众树立种草养畜、科学种草养畜的信心和决心。三是通过种草养畜结合，大力开发牲畜改良及短期育肥技术，对控制牲畜总增和均衡出栏，不断提高生产性能，缩短饲养周期，提高品质，缓解草畜矛盾，实现维持高产、持续发展的畜牧业生产体系和生态体系具有重大意义。四是通过因地制宜、合理有序推进规模化人工饲草基地建设，日喀则市实现了种草养畜、种草养地、改善生态环境的目的，并不断探索出了一条生态保护建设和畜牧业高效可持续发展的双赢模式。五是通过实施种草养畜，促进牧民定居和牧区生产的分化、劳动力的分流，培养造就一批基层种草养畜专业技术人才和专业养殖能手，增强农牧民科技意识，增加当地农牧民的就业机会，增进农牧区健康发展，拓宽增收渠道，增加农牧民收入，推动牧区社会经济进步。六是通过发展"企业＋基地＋合作社＋农户"经营发展模式，大力发展全市草牧业，改善了农、经、饲三元结构，推动了全市"两羊一牛"特色产业的提质增效和转型升级，促进了一二三产业的融合发展和畜牧业特色产业的品牌建设，改善了广大农牧民的生产、生活条件，提高了牧民生活质量；为保持社会稳定、促进民族团结、全面建设小康社会创造了重大的社会效益。

党的十八大以来，日喀则市认真贯彻落实习近平总书记"三农"思想及"加强民族团结、建设美丽西藏"的重要指示精神，牢固树立"创新、协调、绿色、开放、共享"发展理念，致力于"国家生态安全屏障""高原特色农产品基地"建设，以优化供给、提质增效、农牧民增收为目标，以绿色发展为导向，坚持"立草为业、草业先行"，始终坚持问题导向，立足资源禀赋，围绕供给侧结构性改革，坚持把饲草种植与脱贫攻坚、乡村振兴紧密结合起来，提高种草效益，加快补齐饲草料发展这一短板，引导农牧民参与草产业发展，做到群众不离家、不离土就能融入草产业发展，真正让草产业带动一方发展，富裕一方群众。目前，草产业在部分县（区）和乡镇已成为农牧民致富增收的新业态，成为拉动农牧区农牧业发展的新动能。

第三节　草业产业发展目标

一、总体发展思路

以桑珠孜、南木林、萨迦、拉孜、康马、聂拉木等县（区）为主构建"两园三区四基地"产业布局。重点围绕拉洛灌区、湘河灌区等各类水利工程建设，开发整治土地进行百万亩人工饲草基地建设。在年河流域农区以种植多年生优质紫花苜蓿为主，适当种植青贮玉米及其他一年生优质牧草；在农牧交错区的退化草地和新开垦荒地以种植一年生优质燕麦、饲用黑麦、小黑麦、箭筈豌豆等牧草为主，适当种植多年生披碱草、垂穗披碱草等牧草种类。

1. 两园

一是以桑珠孜区为核心，建立牧草产品交易物流园区，依托该区作为日喀则市通往藏西、藏南和藏北的交通枢纽中心，打造网上交易信息公开与线下产品物流配送相结合的草产品交易平台。二是以南木林县为核心，建成藏西草牧业科技示范园区，充分发挥日喀则市草原工作站的专业技术力量，加强与区内外草业科研单位的交流和沟通，以草业企业为主体，创新集成草牧业种、加、养、销、游为一体的产业链，使其成为藏西草牧业科技创新基地、成果转化基地，品种、资源和技术的展示平台、农牧民专业合作社、村办企业孵化中心，草牧业科技教育的培训基地，以及现代草牧业经营和管理模式样板。

2. 三区

一是东北部和北部优质商品草高产区域：以桑珠孜区为核心，涵盖仁布、南木林、江孜、白朗、萨迦、拉孜、昂仁、谢通门等9县（区），建设面积2万 hm^2 优质苜蓿和2.33万 hm^2 的其他优质人工饲草基地，总计新增4.33万 hm^2 优质高产饲草基地，主要覆盖全市4 000 m以下水肥条件好的区域，采取"集中连片"建设模式，重点开发建设9个县（区）中集中连片面积达到千公顷和万公顷以上的乡镇，集中连片建植优质紫花苜蓿、青贮玉米、燕麦、饲用黑麦和小黑麦等高产基地。二是南部及西部的抗灾饲草保障区域：以聂拉木、康马和萨嘎为核心，涵盖定日、定结、仲巴、吉隆、岗巴、亚东等9个县（区）为主，建立优质高产防抗灾饲草基地。优质人工饲草基地主要以一年生饲草为主，披碱草等多年生为辅，建设面积2.33万 hm^2 左右，大部分区域位于海拔4 000 m以上，采取"集中连片＋散户种植"建设模式，重点开发康马县、聂拉木县、定日县、定结县等千亩和万亩以上连片优质人工饲草基地建设。三是国家和自治区级生态功能区内的草原生态保护区域：以仲巴、萨嘎和岗巴为核心，涵盖昂仁、谢通门、康马、亚东7个县为主，根据草原生态类型及其退化程度，合理布局草原生态保护示范区建设内容和规模，开展禁牧休牧、围栏封育、划区轮牧、合理放牧、严重鼠虫草害草地治理等天然草地恢复研究与示范。退化草地治理以多年生牧草免耕补播治理为主。优质人工放牧草地建设和退化草地治理以多年生牧草混播为主。

3. 四基地

一是萨迦县草牧业综合生产基地：该基地主要定位于草产品加工和优质奶业发展。新建0.87万 hm^2 优质人工饲草基地，其中，苜蓿0.53万 hm^2、其他优质饲草0.33万 hm^2，提升牧草科学种植技术和田间管理水平，建立饲草加工基地，配套牧草机械设备，生产加工饲草 6.5 万 t/ 年，为草产品交易市场供应优质饲草产品。大力发展奶牛养殖业，引进草牧业和奶业龙头企业，建立"龙头企业 + 农牧民专业合作社 + 农户"的利益共享、风险共担紧密合作机制。二是康马县草牧业综合生产基地。该基地主要定位于草产品加工和岗巴羊产业发展。新建 0.33 万 hm² 优质人工饲草基地，提升牧草科学种植技术和田间管理水平，建立饲草加工基地，配套牧草机械设备，加工生产饲草 3 万 ~5 万 t/ 年，生产岗巴羊专用饲草产品，大力发展岗巴羊养殖业，引进草牧业和养殖企业，建立"企业 + 农牧民专业合作社 + 农户"的利益共享、风险共担的紧密合作机制。三是聂拉木县草牧业综合生产基地。该基地主要定位于抗灾饲草产品生产和加工。新建 0.33 万 hm² 优质人工饲草基地，提升牧草科学种植技术和田间管理水平，建立饲草加工基地，配套牧草机械设备，加工生产饲草 3 万 ~5 万 t/ 年，生产抗灾专用饲草产品为主。此外，借助"一带一路"建设，大力发展肉羊的对外贸易，肉牛的进口销售。引进草牧业和养殖企业，建立"企业 + 农牧民专业合作社 + 农户"的利益共享、风险共担紧密合作机制。四是吉隆县草牧业综合生产基地。该基地主要定位于草产品加工和肉牛、肉羊产业发展。新建 0.33 万 hm² 优质人工饲草基地，提升牧草科学种植技术和田间管理水平，建立饲草加工基地，配套牧草机械设备，加工生产饲草 3 万 ~5 万 t/ 年，生产肉牛和肉羊专用饲草产品，大力发展肉牛和肉羊养殖业，借助"一带一路"建设，大力发展肉羊的对外贸易，肉牛的进口销售。引进草牧业和养殖企业，建立"企业 + 农牧民专业合作社 + 农户"的利益共享、风险共担紧密合作机制。

二、规划目标

1. 总体目标

以推进草牧业生产方式转型升级、草产品提质增效、市场化生产经营制度创新、乡村振兴草牧业兴旺、农牧区繁荣稳定、农牧民增收致富为主线，做大做强草业，以创新驱动为基础，以机械化、规模化、专业化、集约化的生产方式为核心，以健全社会化配套服务为保障，以企业带动合作社和农牧民为主要形式，以市场经济为运作原则，以草业科技示范园区和草牧业综合生产基地建设为载体，把日喀则市建成全区优质牧草种子繁育，优质牧草种植、优质多样化饲草产品加工、分类储备、物流集散、自治区级草业科研试验六大基地，形成价格信息、科技培训、质量检验三大中心，构建现代草业产业链，促进全市的生态和经济协同可持续发展。

2. 具体目标

围绕草牧业大市、畜牧强市建设，利用3~5年时间，完成六大建设内容，形成三大中心的总体目标：

——人工饲草基地建设：到2025年，新增优质人工饲草基地6.67万 hm^2，改良更新2万 hm^2，其中，一年生牧草基地每年新增0.67万~1万 hm^2，多年生牧草基地每年新增0.4万 hm^2，累计新增2万 hm^2。人工饲草基地总面积达到6.67万 hm^2 以上。

——优良草种繁育基地建设：建立集中连片的优质牧草种子原种基地200 hm^2、种子繁育基地2 000 hm^2。

——草牧业产业园区建设：建立1个草牧业科技示范园区和4个草牧业综合生产基地，培育草业龙头企业2~3家，形成完善的种植、收割、收购、储藏、加工、销售等产业化体系。配套建立种肥药机一体化技术服务、技术就业培训、科研示范推广、质量检测监督、信息营销等服务体系建设。

——草产品加工储运能力建设：到2020年，扶持发展年加工能力达5万t以上的草产品加工企业或合作社1~3家，5万t以下3~5家，总加工能力达到40万t以上。建立饲草加工、储备的基础设施和物流配套体系。

——草产品网上交易平台建设：建立草产品网上信息发布、咨询和交易平台，配套建立草产品溯源追踪系统，发布草产品质量检验检测报告制度。

——天然草原保育和改良：到2020年，完成休牧轮牧17.07万 hm^2，治理严重鼠害草地57.73万 hm^2、虫害20.33万 hm^2、毒害草1.47万 hm^2。对中度、轻度退化草地开展修复复壮综合治理17.60万 hm^2。在仲巴县、萨嘎县和岗巴县完成天然草地植被恢复技术示范区400 hm^2。

——经济效益目标：增加草牧业直接创收，转变草地畜牧业发展方式，推进草畜一体化协调发展。到2020年，草牧业产值达到10亿元/年以上。

三、园区产业项目规划

1.牧草产品交易物流园区

产业园区从建设进度上划分为启动区、配套商务区、后备拓展区三个区域，一期主要建设启动区和配套商务区，积极争取国家、援藏等方面的项目和投资，完善产业园区内的基础设施条件，以产业园区为载体，制定优惠的招商引资政策，吸引企业落户，逐步培育产业集群，从政策上引导、资金上保障、服务上落实，把启动区作为整个产业园区的重点进行建设，通过启动区的发展壮大带动整个产业园区的发展。二是配套商务区，根据产业园区的发展速度和规模，作为产业园区升级的重要板块进行打造，实现产业园区内的一站式服务，打造商务配套与孵化功能为一体的商务平台。三是后备拓展区，着眼产业园区的长远发展，与全区草业发展规划、周边地市草牧业预期需求和特色农畜产品营销网络相衔接，作为藏西农牧业交易配送的拓展区。

（1）质量检验中心　依托西藏自治区农牧科学院农业质量标准与检测研究所和日喀则市草原工作站，建立日喀则草产品质量检测中心，全面开展质量跟踪监管、产品质量监管检测。

根据日喀则市实际，完成草产品安全质量检测办公室、化验室、实验室及附属工程建设，制定草产品质量标准，开展原产地认定、绿色草产品认证，认真开展草产品安全质量检测。

（2）仓储物流配送　建立铁路和公路联运网络。在全区牧草需求量大的地区建立直销点，在产草大县设立收购点和储藏仓库，不断完善购销网络体系、壮大营销主体、扩大市场份额，提升品牌和市场营销能力，使草产品价格进入农业部全国农产品价格行情采集系统。

在桑珠孜区建立占地 33.33 hm^2 的草产品交易市场，建设饲草储备库 150 万 m^3，最大饲草储量可达 20 万 t。建设 3 000 m^2 现代化交易大厅和商铺，配套建立草产品仓储物流服务中心。

2.藏西草牧业科技示范园区

在南木林县艾玛乡建设藏西草牧业科技示范园区，建立特色突出、优势明显、持续高效的集种、加、养、销为一体的产业链，将其建成为藏西草牧业科技创新高地、成果转化基地，品种、资源及技术的展示平台、农牧民专业合作社、村办企业孵化中心，草牧业科技教育的培训基地以及现代草牧业经营和管理模式样板。

该园区按草牧业产业链条分区，相对集中管理，科学规划设计，总面积为 0.67 万 hm^2。根据产业功能和发展重点划分为建设优质牧草种子繁育、优质牧草种植、标准饲草加工、饲草分类储备、商品饲草物流集散、自治区级草牧业科研试验六大基地。

（1）草牧业试验示范　以市草原工作站、西藏高原草业工程技术研究中心和草业企业为平台，积极与国内外草业领域科研院所合作，围绕优良饲草品种引进选育、高产栽培、草产品加工储藏、草牧业经济研究等开展技术创新集成，研究开发、吸收引进、试验示范、推广扩散各种先进的牧草品种、草牧业技术、机械设备和产品，加强自身创新能力建设，为日喀则市草牧业发展提供源源不断的支撑动力。同时，面向周边农牧民及专业合作社，提供技术咨询和市场信息，开展人才培训与教育。

（2）产业示范基地　人工牧草种植面积 0.67 万 hm^2，其中，苜蓿 4 000 hm^2，其他优质饲草 2 666.67 hm^2。饲草加工能力达到 5 万 t。饲草种植、收割、晾晒、打捆、装载和储运实现全程机械化，配套机械 20 台（套）。以日喀则市草原工作站艾玛乡优质牧草种子繁育基地为核心，建立 200 hm^2 优质牧草原种繁育基地，2 000 hm^2 优质牧草良种繁育基地。同时，建设草种加工厂，完成加工车间、包衣车间、种子库、种子质量检测中心等基础设施建设，购置收获、加工等机械设备，年繁育加工优质牧草种子 600 万 kg。

（3）科技培训中心　坚持草业种植科技面向农牧区、面向农牧民、面向精准脱贫主战场，以解决农牧民面临的技术难题和饲草生产中的技术瓶颈为方向，推动草产业增产增效和农牧民增收致富；坚持"做给农牧民看、教会农牧民干、帮助农牧民赚"的科技服务思路，让广大农牧民成为科技的最大受惠者。依托日喀则市草原工作站，建立草牧业技术培训基地，围绕牧草种植、中低产草地改良、病虫害防治、刈割时间、留茬高度、晾晒打捆、加工标准、质量要求、储备贮藏、商标注册、质量认证、开拓市场、产品营销等方面，对技术人员、乡镇干部、农民专业合作组织成员、草产品龙头企业从业人员、农民开展技术培训。着力解决牧草种植的共性技术难题和需求，编制通俗易懂、易于操作的实用共性技术手册。

以企业、农户和各收草点为服务对象，以草牧业技术推广部门的技术人员为主体，广泛吸纳行业专家组建草牧业培训队伍，创新培训机制，从基地种植、田间管理、刈割晾晒、加工储藏等各个环节开展全方位的产业技术培训工作。

四、重点工程

1. 优质牧草种子繁育基地建设

（1）目标　建设产学研结合，育繁推一体化的草种繁育基地，为人工饲草基地和草原生态建设提供良种保障，保证2020年，实现优质一年生牧草种子的本地供应量达到90%以上。建立草种加工、储藏、质量检测等完善配套体系，逐步建立种子生产认证制度。

具体目标：在日喀则市南木林县建立200hm^{2}的牧草原种繁育基地，2 000hm^{2}良种繁育基地，繁育燕麦、小黑麦和黑麦等一年生优质牧草品种。同时，建设草种加工厂，包括加工车间、包衣车间、种子库、种子质量检测中心等基础设施，购置收获、加工等机械设备，年繁育加工优质牧草种子600万kg。从2016年起扶持一家草业科技型企业，保障牧草良种繁育、加工生产。

（2）建设内容

——牧草种子原原种繁育基地建设：在南木林县艾玛乡建设20hm^{2}的牧草种子原原种繁育基地。开展牧草新品种引进和繁育，加快新品种繁育和推广应用速度。

——高产优质草种生产基地建设：在现有的日喀则草原站艾玛岗牧草种子生产基地的基础上，选择土壤肥力良好，灌溉条件的优质土地建20 hm^{2}原种繁育基地和200 hm^{2}良种繁育生产基地，分别建立燕麦、饲用黑麦和小黑麦原种繁育基地66.67 hm^2，良种繁育基地各666.67 hm^2。并且配套建设种子晒场、加工厂、种子包衣车间、综合储藏库等配套设施和设备。构建牧草种子生产、加工、营销一体化产业体系。制定牧草良种生产技术操作规程。

（3）发展布局和年度目标　根据草种业工程的建设内容与规模对草种业

基础建设工程、对高产优质草种生产进行了年度建设安排，并明确了年度目标，详见表2-2。

表 2-2　草种业工程规划进度及年度目标

建设内容	规划进度及年度目标				
	2016 年	2017 年	2018 年	2019 年	2020 年
基础建设	建设 66.67 hm² 原种生产基地，133.33 hm² 良种生产基地。配套种子晾晒场和贮藏库建设。	建设 66.67 hm² 原种生产基地，200 hm² 良种生产基地。配套种子加工车间建设。	建设 66.67 hm² 原种生产基地，666.67 hm² 良种生产基地。配套种子包衣车间建设。	建设 666.67 hm² 良种生产基地。	建设 333.33 hm² 良种生产基地。
优良牧草引种	引进优良种质资源 50 份；开展小区种植试验。	引进和筛选优良种质资源 30 份，开展品比试验。	引进和筛选优良种质资源 30 份，开展品比试验。	继续进行区域试验。	进行区域试验示范。
优质草种生产	种子清选、分级和包装，生产 400 t 种子。	种子清选、分级和包装，生产 100 t 种子。	种子清选、分级和包装，生产 300 t 种子。其中 500 t 进行包衣。	种子清选、分级和包装，生产 5 000 t 种子。其中 1 000 t 进行包衣。	种子清选、分级和包装，生产 6 000 t 种子。其中 200 t 进行包衣。

2．人工饲草基地建设

（1）目标　依托全市 18 县（区）条件较好、适宜开发的草地，通过土地平整、客土改良、渠系配套、机耕道等建设内容，建设集中连片、旱能灌、涝能排，具备机械化作业的高标准人工饲草基地。以点带面，点面结合，重点打造"千亩和万亩集中连片人工饲草基地"，大力发展苜蓿、青贮玉米、饲用燕麦、黑麦和小黑麦等饲草作物。采用良种良法、高产高效的栽培技术，配套种植、收获和加工的草牧业机械设备、饲草储备仓库等实现牧草高产稳产和适时收储。扶持草牧业龙头企业、专业合作社和牧草种植大户，全面开展优质牧草种植和草产品加工。积极探索土地经营权合理流转模式，强化企业（实体）与合作社、农牧民的利益共享、风险共担的紧密利益联结。切实加强规模化、标准化、专业化、机械化和组织化程度高的优质饲草基地建设，全面提升饲草产业科技水平和经济效益。

具体目标：

——建设优质商品草高产基地：在桑珠孜区、南木林、仁布、江孜、白朗、萨迦、拉孜等7县（区），采取"集中连片"建设总计1.6万 hm² 的饲草高产基地，重点开发集中连片面积达到千亩和万亩以上的乡镇，建植优质紫花苜蓿、青贮玉米、燕麦、饲用黑麦和小黑麦高产基地。

——建设岗巴羊产业和抗灾饲草保障基地：以康马县、聂拉木县、吉隆县为重点，涵盖定日、定结、萨嘎、岗巴、亚东、仲巴、昂仁、谢通门等11个县（区）为主，建立优质高产防抗灾饲草基地，优质人工饲草基地主要以一年生饲草为主，披碱草等多年生为辅，采取"集中连片"方式建设2.93万 hm² 饲草基地。重点集中连片的千亩和万亩以上优质人工饲草基地。

（2）建设内容与规模

——土地平整和改良：以灌溉便利、土层深厚、土壤肥沃的宜草地开发为主，进行土地平整和改良。采用分地块平整，局部挖高填低，整体挖填平衡。需开展土壤综合改良的土地，采用客土改良。

——灌溉工程建设：在优质商品草丰产基地，必须建设灌溉水利设施，完善灌渠配套。有条件的生产基地建设喷灌或滴灌等节水灌溉设施。在抗灾饲草保障基地，配套建设水利设施、完善灌渠配套工程。

——电力和道路工程建设：在千亩和万亩集中连片人工饲草基地，配套建立电力设施和道路，满足灌溉用电、草产品粗加工用电等需求；道路建设标准满足各类机械通行和饲草运输等需求。

——种肥机一体化高产栽培技术应用：

Ⅰ.品种选择。海拔4 300 m 以上的具有灌溉条件的区域主要种植一年生禾本科牧草饲用黑麦、小黑麦、燕麦、饲用青稞，灌溉条件较差的区域种植披碱草；海拔4 300 m 以下灌溉条件较好的区域可种植苜蓿、青贮玉米和其他优质高产饲草品种。采用经过当地引种栽培的优良品种，进行推广种植。对于播量少、质量要求高、价格高的种子、尽量采用包衣种子。避免盲目地直接引种推广、杜绝劣质种质，防范有毒有害物种入侵。

Ⅱ.有机肥培肥地力。针对土壤肥力较低的新垦宜草地，采用牛羊粪腐熟后施肥，培肥地力，提高土壤质量，实现稳产和增产。

Ⅲ．高产技术应用。因地制宜，采取不同的节水灌溉措施，大力推广节水技术。采用测土配方和平衡施肥技术，实现增产稳产。实施全程机械化，从饲草播种到收获，配套全套的机械设备，特别是按照不同类型饲草收获窗口期，配套完善的收获、晾晒、打捆、运输等全套机械设备，以保障牧草适时收获和储藏。

（3）发展布局与年度目标

——优质商品草高产基地建设：

建设桑珠孜区、南木林县、萨迦县、拉孜县、白朗县、仁布县和江孜县等7个县的千亩和万亩优质牧草高产种植基地，总面积达到1.6万 hm²。主要饲草品种选择苜蓿、青贮玉米、燕麦、饲用黑麦、小黑麦和箭筈豌豆等，一年生饲草除玉米外，均采用豆禾混播方式种植。

重点建设桑珠孜区江当乡、曲美乡、东嘎乡；萨迦县雄玛乡、木拉乡、雄麦乡、麻布加乡和扯休乡等；南木林县艾玛乡和多曲乡；拉孜县锡钦乡和查务乡等；仁布县帕当乡、普松乡、然巴乡、康雄乡、查巴乡、德吉林乡、仁布乡、切娃乡和姆乡等；江孜县卡堆乡、康卓乡、热龙乡、紫金乡、加克西乡、江热乡和卡卓乡等千亩和万亩优质高产饲草基地；结合水利枢纽工程，配套灌溉设施和渠系，配套道路和电力设施。在降水量达到400 mm以上的地区，可以进行一定面积的旱作（表2-3，表2-4）。

表2-3 优质人工饲草高产基地布局

县（区）	已有人工草地面积 （hm²）	新增人工草地面积 （hm²）
桑珠孜区	6 200	2 900
萨迦县	2 100	3 000
南木林县	3 000	3 800
拉孜县	1 200	100
白朗县	800	300
仁布县	400	2 900
江孜县	1 100	3 000
小计	14 700	16 000

表 2-4　新增优质人工饲草基地建设规划及进度　　　（单位：hm²）

县区	2016 年	2017 年	2018 年	2019 年	2020 年
桑珠孜区	500	400	400	900	700
萨迦县	200	200	900	500	1 200
南木林县	700	1 000	1 000	700	500
拉孜县	0	100	0	0	0
白朗县	100	100	100	100	100
仁布县	300	700	1 000	700	300
江孜县	300	500	700	1 000	400
小计	2 100	3 000	4 100	3 700	3 100

——岗巴羊产业和抗灾饲草保障基地建设：

以康马县、聂拉木县、吉隆县为重点，涵盖定日、定结、萨嘎、岗巴、亚东、仲巴、昂仁、谢通门等 11 个县（区）为主，以一年生优质饲草为主，采取"集中连片 + 散户种植"方式建设 2.93 万 hm² 饲草基地。种植饲草品种主要是燕麦、饲用黑麦、小黑麦和箭筈豌豆混播。

重点开发康马县涅如堆乡、涅如麦乡、嘎啦乡、萨玛达乡和雄章乡等；聂拉木县门布乡、亚来乡、波绒乡、琐作乡、乃龙乡等；吉隆县折巴乡、差那乡、宗嘎乡、贡当乡、吉隆镇等；定日县扎果乡、协噶尔乡、长所乡、尼辖乡、克玛乡、岗嘎乡等；定结县多布扎乡、扎西岗乡、琼孜乡、萨尔乡、江嘎乡、郭加乡、日屋乡等，亚东县帕里镇、堆纳乡、吉汝乡、下司马乡等千亩和万亩以上连片优质人工饲草基地（表 2-5，表 2-6）。

表 2-5　岗巴羊产业和抗灾饲草保障基地布局　　　（单位：hm²）

地（市）	县（区）	已有人工草地面积	新增人工草地面积
日喀则市	康马县	2 000	12 300
	亚东县	2 200	5 900
	聂拉木县	900	1 900
	定日县	1 800	1 600—
	定结县	1 900	1 400
	吉隆县	1 900	1 400
	萨嘎县	0	900
	岗巴县	1 600	700

（续表）

地（市）	县（区）	已有人工草地面积	新增人工草地面积
日喀则市	仲巴县	0	300
	昂仁县	800	2 600
	谢通门县	1 100	400
	小计	15 100	29 300

表2-6　新增岗巴羊产业和抗灾饲草保障基地建设规划及进度　（单位：hm²）

县区	2016 年	2017 年	2018 年	2019 年	2020 年
康马县	1 300	2 000	2 700	3 300	3 000
亚东县	300	700	1 300	1 700	1 900
聂拉木县	300	300	500	300	500
定日县	300	300	400	300	300
定结县	200	300	300	300	300
吉隆县	200	300	300	300	100
萨嘎县	200	200	200	200	200
岗巴县	100	100	100	100	100
仲巴县	200	100	100	0	0
昂仁县	500	500	500	500	500
谢通门县	100	300	0	0	0
小计	3 700	5 100	6 500	7 100	6 700

3. 草牧业机械化服务工程

（1）目标　全程机械化是草牧业现代化的主要特征。饲草种植、收获时间短、技术性较强，机械设备是决定饲草产量、品质的重要因素。目前日喀则市饲草种植、收获加工机械设备严重不足，社会化服务体系不健全，播种与收贮不及时造成的损失非常严重。加大草牧业机械设备购置补贴力度和资金扶持力度，出台相关优惠政策，扶持企业和农牧民专业合作社组建草牧业机械化服务队，每个队至少服务万亩以上的饲草基地，为生产者提供及时有效地牧草播种、收获、加工服务，为草产业的快速发展提供机械服务保障。

具体目标：草牧业农机补贴实现全覆盖，种植机械化覆盖度达到80%，培育农机专业合作组织10个，机械化服务队18个，建成草牧业机械化服务中心5个。初步建立饲草料加工体系，开发饲草料产品3~5个，扶持发展年加工能力达5万t以上的草产品加工企业1~3家，5万t以下的3~5家，实现加工调制优质牧草 40 万 t/ 年的生产能力，制定相关检测技术标准 2~4 项，饲料产品合格率达到 95% 以上，违禁药物及非法添加物检出率控制在 0.1% 以下。

（2）建设内容和规模

——实施农机购置补贴政策：严格按照《西藏自治区 2014 年农业机械购置补贴实施方案》，根据西藏草牧业机械化发展的需要，在抓好机械选型的基础上，实施农机购置补贴政策，确保农机补贴全覆盖。逐步配套牧草种植、收获、饲草加工机械，机械化覆盖度达到 80%。

——草牧业机械化服务平台建设：扶持和培育农机专业合作组织、机械化服务小组，促进草牧业机械作业产业化、社会化，探索和完善农业机械化发展的新机制。建立合作社 10 个，建立服务队 18 个。建设机械化服务中心 5 个，大力推广先进适用、技术成熟、安全可靠、节能环保、服务到位的农业机械，提高草牧业机械装备水平，为饲草种植和加工基地提供机型选择、价格咨询、配件供应、信息咨询等方面服务。

——饲草加工基地建设：在南木林县、康马县、亚东县等分别建立 5 万 t 以上的加工基地；在桑珠孜区、萨迦县、仁布县、江孜县分别建立 3 万~5 万 t 生产能力的加工基地；在定日县、定结县、昂仁县、吉隆县、萨嘎县、岗巴县、聂拉木县等分别 1 万~2 万 t 生产能力的加工基地。每个基地建设加工厂房、产品贮存库、农机具简易库房、硬化场地等。配套生产加工设备，打捆机、牧草粉碎机、牧草匀质箱、压块机、制粒机、干燥机；或青贮窖和青贮相关设备。力争年加工生产能力达到 40 万 t。

扶持 3 家饲料加工企业。基于现有设施、设备及产品，进行巩固、提高和完善；力争每个企业年饲草生产能力达到 5 万 t 以上，为全市提供优质的饲草产品。

——专用饲草产品生产：针对本市饲草产品种类少、产量低，研制新型饲草产品配方、提高饲料产量、加大秸秆的加工处理比例、推广优质牧草的调制与加工技术，提高饲草料的质量。针对岗巴羊产业开发和生产专用全价饲草产品；针对奶牛养殖产业开发和生产混合青贮饲草产品。建立优质草产品（青干草、草粉、草颗粒和青贮草产品等）的生产规范和标准。建立质量安全监测指标体系、监测检测规范和制度。

（3）发展布局与年度目标　根据草牧业机械化服务平台建设工程的建设

内容与规模对农机补贴政策、农机专业合作组织、机械化服务平台进行了布局和年度建设安排，按照 266.67hm^2 人工饲草为单元配置牧草种植、收获、晾晒、搂草、打捆、装载和运输等草牧业机械设备。明确了年度目标，详见表 2-7 和 2-8。

表 2-7　草牧业机械化服务平台建设工程布局

县（区）名	配套农机具（套）	县名	配套农机具（套）
桑珠孜区	11	仲巴县	1
萨迦县	11	萨嘎县	3
南木林县	14	吉隆县	5
拉孜县	1	聂拉木县	7
白朗县	1	定日县	6
仁布县	11	定结县	5
江孜县	11	岗巴县	3
昂仁县	10	康马县	46
谢通门县	1	亚东县	22
合计	71	合计	98
总计			169

表 2-8　草牧业机械化服务平台建设工程规划进度及年度目标

序号	建设内容	规划进度及年度目标				
		2016 年	2017 年	2018 年	2019 年	2020 年
1	草牧业机械化服务平台建设工程	扶持配备饲草种植、收获、加工机械20套。培育农机专业合作社1个，机械化服务队3个。建成机械化服务中心1个。对机械操作人员进行操作、维修等。	扶持配备饲草种植、收获、加工机械36套。培育农机专业合作社2个，机械化服务队4个。建成机械化服务中心1个。对机械操作人员进行操作、维修等。	扶持配备饲草种植、收获、加工机械41套。培育农机专业合作社3个，机械化服务队4个。建成机械化服务中心1个。对机械操作人员进行操作、维修等。	扶持配备饲草种植、收获、加工机械40套。培育农机专业合作社3个，机械化服务队4个。建成机械化服务中心1个。对机械操作人员进行操作、维修等。	扶持配备饲草种植、收获、加工机械32套。培育农机专业合作社1个，机械化服务队3个。建成机械化服务中心1个。对机械操作人员进行操作、维修等。

（续表）

序号	建设内容	规划进度及年度目标				
		2016 年	2017 年	2018 年	2019 年	2020 年
2	饲草加工基地建设	建立南木林县 5 万 t、聂拉木县 1 万 t~2 万 t，扶持 1~2 家草产品加工企业。	建立康马县 5 万 t 以上和岗巴县 1 万~2 万 t 加工基地各 1 个，扶持 1~2 家草产品加工企业。	建立亚东县 5 万 t 以上，萨迦县 3 万~5 万 t 加工基地各 1 个，扶持 1~3 家草产品加工企业。	建立桑珠孜区、仁布县、3 万~5 万 t 和定日、定结 1 万~2 万 t 加工基地各 1 个，扶持 1~3 家草产品加工企业。	建立江孜县 3 万~5 万 t 加工基地 1 个；昂仁县、萨嘎县等 1 万~2 万 t 加工基地各 1 个。
3	专用饲草产品生产	加工、调制饲草产品生产能力达到 8 万 t。开发和生产秸秆、麸皮和优质饲草混合青贮产品。	调制饲草产品生产能力达到 9 万 t。开发和生产针对岗巴羊的专用饲草料产品。	加工、调制饲草产品生产能力达到 12 万 t。开发和生产针对奶牛养殖的混合青贮专用饲草产品。	加工、调制饲草产品生产能力达到 12 万 t。	加工、调制饲草产品生产能力达到 9 万 t。

4. 草原保护与建设工程

（1）建设内容与规模

——草原生态保护示范区建设：

Ⅰ. 草原休牧轮牧

选择国家级生态功能区和自治区级生态功能区内的 7 个典型县开展休牧轮牧示范，根据示范区草地恢复程度，在中轻度退化草地上实施轮牧、休牧和补饲示范。

Ⅱ. 草原三害可持续控制

选择国家级生态功能区和自治区级生态功能区内的 7 个典型县开展草原三害可持续控制示范，根据草地类型、草原鼠害、虫害、毒害草（草原'三害'）的严重程度，在以高寒荒漠草原为主的萨嘎县、仲巴县及相似区域建立草原蝗虫等虫害可持续控制体系和毒害草可持续控制体系。

Ⅲ. 草原生态建设

选择国家级生态功能区和自治区级生态功能区内的 7 个典型县，根据草地恢复程度，在中轻度退化草地内建立以生态友好型低扰动松耙、施肥、灌溉和低扰动免耕补播等修复复壮示范。

——天然草地植被恢复技术示范区建设：

开展天然草地植被恢复关键技术研究与示范。在仲巴县、萨嘎县和岗巴县建立天然草地植被恢复技术研究点，各建立 133.33hm² 的技术研究与示范点。主要开展以下两项研究内容：

Ⅰ. 天然草地生态系统功能的评价与动态监测技术研究与示范

摸清 3 个县的草地生态畜牧业基况，结合遥感信息和气象信息，对示范点天然草地进行生态功能评价，结合过去、现在和将来的气候变化预估信息，研究高寒草原类天然草地生态价值变化趋势，并提出应对措施和管理对策。构建以 3S 为平台的日喀则天然草地监测信息系统，建立地面监测体系和信息监测平台体系，为西藏天然草地未来变化趋势提供科学依据。

三个县合计完成 100~200 个地面监测样地建设，编写该区草原生态评估及监测报告 1 份，建立西藏草原数据化管理系统 1 个，完成遥感信息图件 100 个。

Ⅱ. 天然草地生态生产力修复技术研究与示范

研究危害西藏草地的主要鼠、虫害的分布规律、为害规律、数量消长规律及其防治原理，及时准确地进行预测预报，并采用合理的防治方法，控制鼠（虫）害。调查示范区草原主要有毒有害植物的种类、分布、危害，对有毒有害植物的毒理成分等综合进行分析。探索出西藏天然退化草地主要有害生物综合防治技术，建立西藏天然退化草地主要有害生物综合防治技术体系。

针对不同草地类型、不同退化程度，开展退化草地自然修复和复壮技术研究和示范。围绕植被修复、土壤理化性质的修复开展试验示范。在退化草地封育的基础上，结合生态友好型低扰动松耙、施肥、灌溉和低扰动免耕补播修复复壮技术等单项技术的效益评价和集成配套研究示范。

从县、牧户和样点 3 个尺度水平，对项目区草畜生产系统相关资料数据进行调查收集和观测研究工作，探索研究放牧适度利用、畜群结构调整方式方法等。

（2）发展布局与年度目标　以《西藏自治区主体功能区划规划》为主要依据，根据国家级生态功能区和自治区级生态功能区内草原生态类型及其退化程度，合理布局草原生态保护示范区建设内容和规模，其主要内容有休牧轮牧、鼠害、虫害、毒害草治理、低扰动修复复壮等。

到 2020 年完成休牧轮牧 17.07 万 hm^2，治理严重鼠害草地 57.73 万 hm^2、虫害 20.33 万 hm^2、毒害草 1.47 万 hm^2。对中、轻度退化草地开展修复复壮综合治理 17.6 万 hm^2，其中，补播 5.13 万 hm^2，其他低扰动修复治理 12.47 万 hm^2。在仲巴县、萨嘎县和岗巴县完成天然草地植被恢复技术研究与示范 400 hm^2。各县草原生态保护示范区建设布局详见表 2-9，各年度建设目标详见表 2-10。

表 2-9　日喀则草原生态保护与建设工程布局　　　　（单位：万 hm^2）

工程 地区（县）	休牧轮牧	修复 复壮	补播 （修复复壮）	鼠害治理	虫害治理	毒草 治理
昂仁县	3.34	1.44	1.00	9.24	3.25	0.18
谢通门县	3.43	8.00	1.03	16.17	5.69	0.50
康马县	1.96	4.57	0.59	9.24	3.25	0.29
仲巴县	5.84	2.50	1.75	16.16	5.69	0.31
亚东县	0.42	0.18	0.12	1.16	0.41	0.05
萨嘎县	1.67	0.71	0.50	4.62	1.63	0.09
岗巴县	0.42	0.19	0.14	1.16	0.41	0.05
合计	17.07	17.60	5.13	57.73	20.33	1.47

表 2-10　草原保护与建设工程规划进度及年度目标

序号	建设内容	规划进度及年度目标				
		2016 年	2017 年	2018 年	2019 年	2020 年
1	草原生态保护示范区建设	昂仁县、亚东县	谢通门县、岗巴县	仲巴县	萨嘎县、仲巴县	康马县
2	天然草地植被恢复技术示范区建设	在岗巴县建设 66.67 hm^2 的天然草地植被生态恢复关键技术集成研究与示范点。	在岗巴县、萨嘎县各建设 66.67 hm^2 的天然草地植被生态恢复关键技术集成研究与示范点。	在萨嘎县建设 66.67 hm^2 的天然草地植被生态恢复关键技术集成研究与示范点。	在仲巴建设 66.67 hm^2 的天然草地植被生态恢复关键技术集成研究与示范点。	在仲巴建设 66.67 hm^2 的天然草地植被生态恢复关键技术集成研究与示范点。

5.草牧业保障能力建设项目

加大宣传引导力度，加快干部群众思想观念的改变，坚定不移地推进传统畜牧业向现代畜牧业转变。同时，立足群众"就近就便、不离乡不离土、能干会干愿干"，深入做好群众思想发动工作，教育引导群众科学种草养殖，转变惜杀惜售传统思想，淡化宗教影响，改变不愿发展、安于现状的观念；大力推广生产新技术，调整优化畜群结构，扭转传统繁育模式，提高舍饲、半舍饲比重，减轻畜牧业发展对草场的依赖度，加快畜群周转效率，提高出栏率，提升养殖效益。

健全和完善市草原工作站科技服务能力、人才队伍、科技培训。结合日喀则市岗巴羊、霍尔巴羊、牦牛育肥产业发展和黄牛改良实际，采取"请进来"和"走出去"的方式，有计划、有组织、有目的地向科技人员、农牧民广泛开展牧草种植、田间管理、收获和加工、种子繁育等技术培训，着力培养一批懂技术、善经营、会管理的草牧业生产带头人。以新型职业农牧民培训为载体，加大乡土人才、合作社骨干、农牧民能人、科技示范户的培育力度，建立以新型职业农牧民培养为主人才培养体系。

扶持草牧业种植农牧民专业合作社 10 个，牧草收割专业合作社 10 个，设立专项扶持资金。建立与草牧业企业的合作和利益联结机制。每年开展草牧业发展论坛 1 次，举办培训班 10 期，培训技术人员、乡镇干部、农民专业合作组织成员、草产品龙头企业从业人员、农民 2 000 人次。积极探索出一条具有西藏特色、日喀则特点的草地畜牧业新途径、新模式，可持续发展的新路子。

第三章

饲草生产发展规划设计

第一节　地块选择

一、选择地势平坦土层肥沃的地块

由于牧草种子普遍细小，苗期生长缓慢，尽量避免在地势不平，土块太大，积水低洼的地块上种植，应选择地势平坦，土层肥沃的地块。种植前对土地进行翻耕、耙地，削高填洼，清理草根、石块、树枝等影响因素，清理深度达到 50 cm 左右，使其达到牧草种植的土地标准。在土壤质地较为贫瘠，土层厚度不达标的的地块，可进行客土改良，但进行客土的土壤质地和土层厚度必须满足植被生长所需。

二、选择水源充足的地块

在人工饲草项目实施之前，首先要充分做好水资源考察。在水源充足的地块要优先实施高产田、种子田，或较大面积人工草地建设的项目，其次再考虑只做放牧饲草地建设项目。尽量避免选择靠天降水的地块种植。若无水源、灌溉条件，要掌握好该地全年降水量以及雨季的来临时间，要等到雨季来临时种植。

三、选择交通便利的地块

选择交通便利的地块，使种子肥料等材料和收割牧草运输便利，也方便机械运输与操作。

四、选择地块的土壤酸碱性

一般牧草对土壤酸碱性要求不严，在中性、弱酸性、弱碱性的土壤中均能生长。但要避免选择过酸或过盐碱地块。在种植之前进行土壤酸碱性测定，根据测定结果进行有针对性的土壤改良，把土壤的酸碱性调到适宜牧草生长的范围内。测定土壤酸碱性可用 pH 试纸进行测定。

五、选择适宜的种植品种

牧草种植要充分考虑地方海拔高度，根据海拔高度选择具体品种，有些同一种类牧草不同品种对种植海拔高度的要求不同，在种植之前要了解好适合该地区的海拔及气候的牧草品种有哪些，同时根据牧草种植试验结果数据进行综合考虑。日喀则市在海拔 4 000 m 以下地区，只要有充足的水源和优质的土壤条件，牧草均能成熟，饲草田，种子田都可进行实施。海拔 4 000 m 以上地区一年生牧草大部分达不到成熟，除个别海拔相对较低，有充足的水源条件和良好的土壤条件以及特有的小气候条件才有可能使种子达到成熟。因此在海拔 4 000 m 以上地区不适合实施种子田项目，但作为饲草田可进行种植。此外，需要一年生牧草一年收割两茬的，须选择在海拔 4 000 m 以下的地块种植。

六、区域饲草产量与土壤养分相关

施肥是提高作物产量的关键措施之一。但化学肥料的施用引起土壤微生物活性降低、养分失调、酸化加剧等一系列污染问题。根据检验结果，各县多数种草地块土壤达偏碱性，对照全国第二次土壤普查养分分级标准，土壤有机质、全氮、碱解氮处于中档偏低水平，有效磷、有效钾均处于极低水平。目前当地种植过程中采取的底肥施磷酸二铵，追肥施尿素的方案存在养分不平衡；施肥量较小，不能满足饲草高产的肥力需求。研究表明，有机肥和无机肥混合不仅能显著提高饲草产量，而且在促进无机肥吸收和改善土壤品质方面具有重要作用。在种植过程中宜定期进行土壤养分检测，根据生产目标综合考虑氮磷钾肥的施用比例（表3-1，表3-2）。

表 3-1　全国第二次土壤普查养分分级标准

项目	级别	土壤
有机质（g/kg）	一级	> 40
	二级	30~40
	三级	20~30
	四级	10~20
	五级	6~10
	六级	< 6

（续表）

项目	级别	土壤
全氮（g/kg）	一级	> 2
	二级	1.5~2
	三级	1~1.5
	四级	0.75~1
	五级	0.5~0.75
	六级	< 0.5
全磷（g/kg）	一级	> 1
	二级	0.8~1
	三级	0.6~0.8
	四级	0.4~0.6
	五级	0.2~0.4
	六级	< 0.2
全钾（g/kg）	一级（很高）	> 25
	二级（高）	20~25
	三级（中上）	15~20
	四级（中下）	10~15
	五级（低）	5~10
	六级（很低）	< 5
碱解氮（mg/kg）	一级	> 150
	二级	120~150
	三级	90~120
	四级	60~90
	五级	30~60
	六级	< 30
有效磷（mg/kg）	一级	> 40
	二级	20~40
	三级	10~20
	四级	5~10
	五级	3~5
	六级	< 3
有效钾（mg/kg）	一级（极高）	> 200
	二级（很高）	150~200
	三级（高）	100~150
	四级（中）	50~100
	五级（低）	30~50
	六级（很低）	< 30

表3-2 不同县区土壤状况及饲草产量情况统计

地块位置（县、乡、村）	海拔（m）	饲草种类	饲草产量（kg/hm²）	土壤状况							
				土壤质地	pH	有机质（g/kg）	全氮（g/kg）	水解性氮（mg/kg）	有效磷（mg/kg）	速效钾（mg/kg）	水溶性盐总量（g/kg）
谢通门县纳当乡康巴洛村	4 360	黑麦草	2 949.45	砂土	6.8	22.30	1.11	76	2.6	63	1.8
谢通门县纳当乡康巴洛村	4 360	燕麦	19 807.57	砂土	6.8	22.30	1.11	76	2.6	63	1.8
谢通门县纳当乡康巴洛村	4 360	黑麦	8 051.08	砂土	6.8	22.30	1.11	76	2.6	63	1.8
昂仁县秋窝乡当通村	4 166	黑麦	7 748.31	砂粉土	7.92	15.70	0.88	49	4.4	79	1.7
昂仁县多白乡叶村	4 158	黑麦	6 431.43	粉土	8.6	8.33	0.59	33	1.9	28	1.9
昂仁县桑桑镇拉聂村	4 643	燕麦	10 493.39	粉壤土	7.82	20.80	1.18	62	6.2	79	4.3
昂仁县桑桑镇拉聂村	4 643	黑麦	10 072.74	粉壤土	7.82	20.80	1.18	62	6.2	79	4.3
萨嘎县昌果乡昌果村	4 543	披碱草	1 215.38	粉壤土	8.02	34.10	1.78	108	3.0	59	2.3
萨嘎县昌果乡昌果村	4 543	黑麦	10 919.52	粉壤土	8.41	29.30	1.70	102	3.7	54	1.7
萨嘎县昌果乡昌果村	4 543	黑麦	4 997.75	粉壤土	8.35	29.60	1.61	91	3.4	56	2.0
萨嘎县昌果乡昌果村	4 543	披碱草	苗期未测产	粉土	8.42	24.60	1.40	72	4.3	61	1.8
萨嘎县昌果乡昌果村	4 543	燕麦	3 275.78	粉壤土	8.1	31.30	1.90	114	4.2	62	1.8
萨嘎县昌果乡昌果村	4 543	青稞	5 893.20	粉壤土	8.17	31.10	1.72	98	3.0	64	1.6
吉隆县宗嘎镇宗嘎村	4 150	黑麦	12 549.29	粉壤土	8.62	18.20	1.19	60	13.8	94	4.3
吉隆县宗嘎镇宗嘎村	4 189	燕麦	20 445.43	粉壤土	8.62	18.20	1.19	60	13.8	94	4.3
吉隆县宗嘎镇宗嘎村	4 146	黑麦	11 983.06	粉壤土	8.54	19.00	1.34	70	17.4	91	2.2
吉隆县宗嘎镇宗嘎村	4 147	黑麦	8 747.02	粉壤土	8.54	19.00	1.34	70	17.4	91	2.2
聂拉木县琐作乡查盖村	4 390	燕麦	5 859.02	粉壤土	8.54	22.00	1.61	88	4.2	49	4.4
岗巴县直克乡乃村	4 500	燕麦	16 258.68	砂土	8.55	15.90	0.85	59	10.1	56	1.3

（续表）

地块位置（县、乡、村）	海拔（m）	饲草种类	饲草产量（kg/hm²）	土壤状况							
				土壤质地	pH	有机质（g/kg）	全氮（g/kg）	水解性氮（mg/kg）	有效磷（mg/kg）	速效钾（mg/kg）	水溶性盐总量（g/kg）
岗巴县直克乡乃村	4 500	燕麦	7 511.40	砂土	8.55	15.90	0.85	59	10.1	56	1.3
岗巴县岗巴镇吉汝村	4 732	燕麦	12 884.50	砂土	8.23	30.90	1.76	98	19.8	165	8.8
岗巴县岗巴镇门德村	4 427	燕麦	8 639.85	砂粉土	8.33	15.10	0.93	59	8.8	93	5.4
岗巴县孔玛乡孔玛村	4 605	黑麦	12 161.18	砂粉土	8.45	28.80	1.53	89	16.8	64	4.0
岗巴县孔玛乡孔玛村	4 605	甜燕麦	12 492.51	砂粉土	8.45	28.80	1.53	89	16.8	64	4.0
岗巴县孔玛乡孔玛村	4 605	甜燕麦青稞油菜	12 373.06	砂粉土	8.45	28.80	1.53	89	16.8	64	4.0
桑珠孜区纳尔乡那杂村	4 027	燕麦	9 000.00	粉土	8.44	25.10	1.25	74	4.9	77	3.8
桑珠孜区纳尔乡那杂村	4 027	燕麦	16 658.23	粉土	8.44	25.10	1.25	74	4.9	77	3.8
桑珠孜区纳尔乡那杂村	4 027	黑麦	9 431.38	粉土	8.44	25.10	1.25	74	4.9	77	3.8
桑珠孜区曲美乡曲美村	3 901	燕麦	13 545.51	粉土	8.55	11.60	0.84	39	2.5	74	2.7
桑珠孜区聂日雄乡甲庆孜村	3 896	燕麦	14 560.54	粉土	8.08	18.60	1.12	67	17.5	94	1.5
桑珠孜区聂日雄乡甲庆孜村	3 896	燕麦	9 157.03	粉壤土	7.98	6.97	0.50	29	2.8	49	3.2
亚东县帕里镇曲加村	4 298	燕麦	11 180.19	粉壤土	7.97	78.80	3.45	233	31.2	172	2.4
亚东县帕里镇二居委	4 295	燕麦	9 515.43	粉壤土	8.09	78.70	3.40	210	42.7	148	3.5
亚东县帕里镇二居委	4 295	油菜	7 307.61	粉壤土	8.26	45.20	2.48	176	20.1	120	2.5
江孜县江热乡帕贵村	4 127	燕麦	11 257.98	粉土	8.33	28.90	2.06	114	9.8	56	1.3

（续表）

地块位置（县、乡、村）	海拔（m）	饲草种类	饲草产量（kg/hm²）	土壤状况							
				土壤质地	pH	有机质（g/kg）	全氮（g/kg）	水解性氮（mg/kg）	有效磷（mg/kg）	速效钾（mg/kg）	水溶性盐总量（g/kg）
江孜县江孜镇西郊村	4 000	燕麦 小麦 青稞	5 714.91	砂粉粉土	8.57	19.90	1.30	63	5.0	53	3.6
萨迦县扯休乡乃村	3 960	燕麦	9 517.67	粉壤土	8.53	10.00	0.74	47	1.9	46	3.8
萨迦县扯休乡乃村	3 960	黑麦	10 731.00	粉壤土	8.41	9.12	0.65	55	3.5	62	3.2
萨迦县扯休乡加琼村	3 960	黑麦 青稞	7 577.63	粉土	8.48	8.26	0.50	29	2.4	43	2.8
萨迦县扯休乡加琼村	3 960	燕麦 油菜	10 132.10	粉壤土	8.4	10.20	0.64	42	2.9	54	3.6
萨迦县雄玛乡德庆孜村	3 974	燕麦	6 161.35	粉壤土	8.69	14.80	1.09	56	2.9	54	4.9
萨迦县拉洛乡曲桑村	4 600	燕麦 油菜	13 533.86	粉壤土	8.15	50.80	2.76	193	21.3	77	2.4
康马县涅如乡白顿村	4 500	黑麦	4 509.41	砂粉壤土	8.48	7.54	0.62	24	5.9	32	2.3
南木林县艾玛乡	3 830	黑麦	7 295.76	砂土	8.7	4.49	0.30	19	9.3	44	2.1
南木林县艾玛乡	3 830	黑麦	10 305.90	砂土	8.38	10.70	0.63	48	27.0	47	2.4
康马县涅如乡	4 500	燕麦 黑麦	10 438.50	砂粉壤土	8.6	13.90	0.86	56	7.6	55	1.6
康马县涅如乡	4 500	黑麦	8 876.70	粉壤土	8.48	13.90	0.82	59	36.1	139	1.9
康马县涅如乡	4 500	燕麦 黑麦	10 956.00	粉壤土	8.46	22.40	1.32	60	40.1	147	2.2
白朗县嘎东镇白雪村	3 865	燕麦	19 500.00	砂粉壤土	8.2	15.50	0.92	71	26.3	44	3.0

第二节　基础设施建设

一、水利设施

田间水利设施要建设健全。在水源匮乏地建设灌溉井、集雨工程、塘坝、扬水站、引水工程等水源工程类型。在灌溉过程中，需要管理好水利相关设施，避免因水利设备损坏造成水资源浪费。

灌区渠道一般用干砌石或浆砌石、钢筋砼渠道输水漫灌，干砌石渠道底部应铺设土工膜以防渗水。此外，也可以利用低压管道输水浇灌。还需要建立分水口、分水闸等设备，可根据渠道种类和宽度、深度来设置相应的设备。

二、机械设施

饲草机械化生产是实现草业现代化的助推器。机械化生产能够很大程度地实现饲草规模化生产，减轻劳动强度，取得高效收获。各县区应根据本县区的牧草种植发展规划，合理配套整套专业化作业机械（包括翻耕机，圆盘耙、犁、镇压器、播种机、撒肥机，收割机、脱粒机、搂草机、打捆机等）。机械使用与管理方面，可通过在购置机械时尽力与厂家达成协议，由厂家负责机械操作培训和机械维护培训，邀请日喀则市农机推广中心的专家对机械操作过程中出现的问题进行指导，选派头脑灵活、学习性强的科技特派员到机械化作业程度较高的县区取经，培养一支专门的机械用、管、护人才队伍，建立一套严格的机械使用、机械保养、机械管理等方面的制度，最大化地提高机械化作业水平。加强机械维修与保养措施，以最大程度的发挥机械使用效能。

三、饲草加工基地

规模化的饲草加工基地应该有较大的饲草晾晒场和饲草加工厂。饲草料加工厂应包括饲草堆储库、饲料加工间、青贮池等。饲草堆储库可分为原料库、成品库。原料库的大小应能满足至少储存30天的各种原料，成品库可略小于原料库。饲草堆储库应具有良好通风、宽敞、干燥的条件。库房大小根据畜牧养殖规模、粗饲料的贮存方式等确定。地面以水泥地为宜，房顶要具有良好的防水、防风、隔热设备。门、窗等要注意防鼠。此外，要有专门的防火门和消防用具等。饲草收割后必须先要进行晾晒后才可贮存，否则容易出现发霉现象。晾晒场的地面应洁净、平坦，上面可设活动的草架，便于晒制干草。

四、农机库

农机库建设结构上应满足机械放置的标准。标准的农机库房应该由农机整机存放区域、农具和零件存放区域、农机保养和维修区域、油料库、其他配套服务区域、装卸冲洗区域等组成。农机仓库场地应选择在距离饲草种植基地较近、交通运输方便、与居民生活点相对分开的地方。仓库管理方面，需要库房管理专职人员，负责好仓库和机械的管理，对仓库的物资做好台账。

第三节　适宜种植的饲草种类

一、一年生及越年生饲草品种介绍

1. 燕麦

燕麦（*Avena sativa* L.），别名裸燕麦、铃铛麦、野麦、莜麦、玉麦、雀麦。禾本科燕麦属一年生草本植物。

燕麦是长日照作物。喜冷凉气候，最适于生长在气候凉爽、雨量充足的地区，同其他麦类作物相比，它对温度的要求较低。积温要求 $1\,000 \sim 1\,500 \, ℃$。燕麦具有高度的抗寒性，生育期间的低温仅对它的生长起延缓和推迟作用。燕麦对高温特别敏感，开花和灌浆期如遇高温危害大，常常影响结实，形成秕粒。燕麦耐贫瘠，对土壤要求不严，可以种植在各种土壤上，如粘土、壤土和沼泽土都能栽培，但以富含腐殖质的粘壤土为最宜。土壤比较粘重潮湿，不适于种植小麦等谷类作物时，可以种植燕麦。燕麦按照生育天数可分早熟品种、中熟品种和晚熟品种。

燕麦籽粒中含有较丰富的蛋白，一般含量为 $10\% \sim 14\%$，裸燕麦的蛋白质含量在 15% 左右，脂肪含量超过 4.5%。燕麦籽粒粗纤维含量高，是各类家畜特别是马、牛、羊的良好精料，也是饲养幼畜、老畜、病畜和重役畜以及鸡、猪等家畜家禽的优质饲料。燕麦的秸秆与稃壳的营养价值较其他麦类作物高。裸燕麦秸秆中含粗蛋白 5.2%、粗脂肪 2.2%、无氮浸出物 44.6%，均比谷草、麦草、玉米秆高；难以消化的纤维 28.2%，比小麦、玉米、粟秸低 4.9%~16.4%。燕麦叶多，叶片宽长，柔嫩多汁，适口性好，消化率高，是一种极好的青刈饲料。青刈燕麦可鲜喂，但主要供调制青贮料和制做青干草用（表 3-3，表 3-4）。

日喀则种植的品种主要有：青燕 1 号、白燕 2 号、白燕 7 号、加燕 2 号、甜燕麦、青海 444、林纳、青引 1 号、青引 2 号、青引 3 号等。

表 3-3　不同燕麦品种饲草生产情况统计

燕麦品种	播种日期	行距（cm）	播种量（kg/hm²）	收获日期	物候期	株高（m）	干草产量（kg/hm²）
白燕 7 号	4.16	27	166.5	9.11	完熟期	1.5	22 455
领袖	4.16	27	166.5	9.11	完熟期	1.27	19 890
青海 444	4.16	27	166.5	9.11	完熟期	1.82	23 745
青引 1 号	4.16	27	166.5	9.11	完熟期	1.65	21 915
青引 3 号	4.16	27	166.5	9.11	蜡熟期	1.55	18 735
甜燕麦	4.16	27	166.5	9.11	完熟期	1.53	21 900
白燕 2 号	4.19	27	252.0	9.11	完熟期	1.52	14 655
白燕 7 号	5.28	17	190.5	9.11	乳熟期	1.46	17 520
林纳	5.28	17	207.0	9.11	乳熟期	1.44	17 715
青引 1 号	5.28	17	190.5	9.11	乳熟期	1.68	18 435
青引 2 号	5.28	17	222.0	9.11	完熟期	1.44	14 385
青引 3 号	5.28	17	190.5	9.11	乳熟期	1.4	12 510
甜燕麦	5.28	17	253.5	9.11	乳熟期	1.38	18 210
加燕 2 号	5.29	27	130.5	9.11	乳熟期	1.59	15 975
青海 444	5.29	27	234.0	9.11	乳熟期	1.64	18 135
青燕 1 号	5.29	27	234.0	9.11	完熟期	1.27	13 455

注：南木林艾玛基地试验数据，海拔 3 845m

表 3-4　不同燕麦品种饲草生产情况统计

燕麦品种	播种日期	行距（cm）	播种量（kg/hm²）	收获日期	物候期	株高（m）	干草产量（kg/hm²）
青燕 1 号	5.29	15	225	9.28	完熟期	1.11	7 305
青引 1 号	5.29	15	225	9.28	盛花期	1.57	12 765
青引 2 号	5.29	15	225	9.28	盛花期	1.07	12 480
白燕 2 号	5.29	15	225	9.28	盛花期	1.01	11 310
白燕 7 号	5.29	15	225	9.28	盛花期	0.9	9 180
加燕 2 号	5.29	15	225	9.28	乳熟期	1.06	12 795
甜燕麦	5.29	15	225	9.28	盛花期	1.44	15 045
青海 444	5.29	15	225	9.28	乳熟期	1.25	12 120

注：康马县涅如堆乡示范生产数据，海拔 4 500m

2. 黑麦

黑麦（*Secale cereule* L.），别名粗麦，绿麦。禾本科黑麦属一年生或越年生草本植物。

黑麦喜冷凉气候。有冬性和春性两种。在高寒地区只能种春黑麦，温暖地区两种都可以种植。不耐湿涝和高温。黑麦的全生育期要求积温达到 2 100~2 500℃。黑麦的抗寒性强，它能忍受 -25℃ 的低温，有雪时能在 -37℃ 低温下越冬。对土壤要求不严格，但以沙壤土生长良好，不耐盐碱。黑麦耐贫瘠但土壤养分充足产量高，质量好，再生快，在孕穗期刈割，再生草仍可抽穗结实。不同品种之间有差异。

饲用黑麦秸秆营养丰富，叶量大、质地柔软，适口性好，牛羊喜食。茎叶多汁，含糖量高，分蘖期蛋白质含量高达 24%~27%，赖氨酸含量 0.6%。扬花后 7~10 天收割青贮，蛋白质含量在 15% 以上，赖氨酸含量达到 0.5%（表 3-5）。

日喀则种植的品种主要有：冬牧 70、甘引 1 号等。

表3-5　黑麦试验示范饲草生产情况表

地点	种植品种	种植管理情况			收获情况			
		播种日期	行距（cm）	播量（kg/hm²）	收获日期	物候期	植株高度（m）	干草产量（kg/hm²）
南木林艾玛饲草试验地（海拔：3 830 m）	甘引1号	4.17	17	123	9.11	蜡熟期	1.82	22 695
	冬牧70黑麦	4.17	17	225	9.30	蜡熟期	1.66	9 180
	甘引1号+饲用豌豆	4.18	27	66+66	9.11	蜡熟期	1.33	11 880
	甘引1号+毛苕子	4.18	27	66+52.5	9.11	蜡熟+盛花	1.63	21 855
	甘引1号+箭筈豌豆	4.18	27	120+45	9.11	完熟期	1.63	22 605
康马县涅汝堆乡示范地（海拔：4 500 m）	甘引1号	5.29	15	180	9.28	盛花期	1.64	12 615

3. 小黑麦

小黑麦（*Triticale hexaploide* Lart.），禾本科小麦属和黑麦属物种间杂交合成的一年生草本植物。

小黑麦分为春性、冬性和半冬性三种类型。小黑麦喜冷凉湿润的气候条件，最低发芽温度为2~4℃，最适发芽温度为15~25℃。幼苗地上部分的生长速度较小麦和大麦慢，但根系生长速度较快。对土质要求不严，能适应pH值4.5~8.0的土壤，耐盐碱、耐贫瘠、耐旱、耐寒性强。冬性品种必须通过低温春化阶段需要的温度明显低于春性品种。冬性小黑麦在高海拔一年一熟地区一般在8—10月初播种，翌年7月成熟（表3-6，表3-7）。

饲用小黑麦秸秆营养丰富，叶量大、质地柔软，适口性好，牛羊喜食。茎叶多汁，含糖量高，分蘖期蛋白质含量高达24%~27%，赖氨酸含量0.6%；扬花后7~10天收割青贮，蛋白质含量在15%以上，赖氨酸含量达到0.5%。

小黑麦品种有中饲1048、中饲3296、石大1号、冀饲3号、甘农2号、黑饲麦1号等。

表 3-6　小黑麦试验示范饲草生产情况表（年内刈割一茬）

试验示范地点	种植品种	种植管理情况			收获情况			
		播种日期	行距（cm）	播量（kg/hm²）	收获日期	物候期	植株高度（m）	干草产量（kg/hm²）
南木林艾玛饲草试验地（海拔：3 830 m）	黑饲麦	4.16	27	133.5	9.11	乳熟	1.36	22 830
	中饲 3297	5.28	17	159	9.11	乳熟	1.80	10 665
	牧乐 3000	5.28	17	159	9.11	乳熟	1.62	6 600
	中饲 3296	5.28	17	159	9.11	盛花	1.80	14 865
	冀饲 3 号	5.28	17	159	9.11	乳熟	1.75	9 885
	黑饲麦 1 号	5.29	27	156	9.11	盛花	1.76	14 280
康马县涅汝堆乡试验地（海拔：4 500 m）	黑饲麦 1 号	5.9	27	135	9.27	盛花	0.90	5 280
	黑饲麦 1 号	5.10	17	210	9.27	盛花	0.90	7 155

表 3-7　小黑麦试验示范饲草生产情况表（年内刈割两茬）

试验示范地点	种植品种	种植管理情况			收获情况				
		播种日期	行距（cm）	播量（kg/hm²）	收获日期	物候期	植株高度（m）	各茬干草产量（kg/hm²）	两茬合计干草产量（kg/hm²）
南木林艾玛饲草试验地（海拔：3 830m）	中饲 1048	4.17	17	368	7.12	初花期	1.47	8 790	19 920
					9.30	乳熟期	1.70	11 130	
	石大 1 号	4.17	17	341	7.12	初花期	1.75	11 025	19 980
					9.30	乳熟期	1.85	8 955	
	黑饲麦 1 号	4.17	27	134	7.12	盛花期	1.70	9 870	14 085
					10.30	盛花期	1.11	4 215	

4. 饲用青稞

青稞（*Hordeum vulgare* L.），别名裸大麦、元麦、米大麦。禾本科大麦属一年生草本植物。

青稞是西藏高原冷凉、干旱农区可以种植的少数几种作物中的优势作物。所需 ≥ 0℃积温 1 200~1 500℃。具有耐旱、耐瘠薄、生育期短，一般仅为 110~125 天。青稞发芽期对低温的耐受性较强，种子在 0~1℃时即开始萌发，最宜为 1~20℃，最高为 28~30℃，最低为 -6~-9℃，在低温或高温情况下发芽缓慢，过于潮湿或板结不透气的生长环境或种子表面黏满泥浆都不利于种子的发芽。当日温差大，夜间低温和日渐高温交替时，都能加快发芽进程。青稞在分蘖期要求土壤含水量应在 15% 以上；拔节期要求土壤含水量，应在 20% 以上。低于这两个标准时，青稞就会受到旱灾，从而导致减产。

青稞秸秆质地柔软，富含营养，适口性好。用作饲料易消化，是牛、羊、兔等草食畜禽的优质饲草，也是高原冬季牲畜的主要饲草料。

目前，在青藏高原适宜推广的青稞品种有藏青 2000、藏青 320、喜马拉雅 22 号，喜马拉雅 19 号、藏青 27 以及当地品种。作为饲草可选择生育期较长的品种。

5. 箭筈豌豆

箭筈豌豆（*Vicia sativa* L.），别名大巢菜、荒野豌豆、大野豌豆、野豌豆。豆科豌豆属一年生草本植物。

箭筈豌豆适于在海拔 50~4300 m 区域栽培。喜凉爽气候，抗寒力强，适应性强，但不耐炎热。在 2~3℃时种子开始发芽，幼苗期能耐受 -6℃的冷冻。从播种到成熟约 100~140d。收草时要求积温 1 000℃以上，收种子所需积温 1 700~2 000℃。耐干旱，再生性强，花期前刈割，留茬 20 cm 以上时，再生草产量高。对土壤要求不严，适宜在多种土壤条件下种植，如粘土、砂壤土等。在碱性地、阴凉地、滩地种植均能生长。耐酸耐瘠薄能力强，而耐盐能力差，能在 pH 值 5.0~8.5 的沙砾质至黏质土壤上生长良好，但在冷浸泥田和盐碱地上生长不良。固氮能力强，在 2~3 片真叶时就形成根瘤，春播时从分枝到孕蕾期是根瘤固氮的高峰期。

箭筈豌豆茎叶柔嫩，营养丰富，适口性强，牛、羊、猪、兔等家畜均喜食。其青草的粗蛋白质含量较高，粗纤维含量少，氨基酸丰富。籽实中粗蛋白质含量占全干重的 30% 左右，是优良的精饲料。茎秆可作青饲料，调制干草，也可用作放牧。箭筈豌豆含有一定量的氰氢酸，饲喂时要做去毒处理，经过简单的浸泡或蒸煮，使遇热挥发、遇水可降到低量或微量。在饲喂中注意不要单一化和喂量过多。

箭筈豌豆品种有兰箭 1 号、兰箭 2 号、兰箭 3 号、苏箭 3 号、6625、春箭筈豌豆（如：西牧 333、西牧 324、西牧 881）等。

6. 毛苕子

毛苕子（*Vicia villosa* Roth.），别名冬苕子、毛野豌豆、长柔毛野豌豆。豆科一年生或二年生草本植物。

毛苕子喜冷凉气候，耐寒能力很强，生长期能忍耐 −30℃的短期低温，种子发芽出苗的适宜气温为 18~20℃，此温度下播种后 5~6d 即可出苗；气温 10~15℃时播种后 8~12d 出苗；冬前气温 5℃的条件下播种，只有部分出苗，在此气温下成株茎叶生长也基本停止，但仍嫩绿伸展，当气温稍有回升时，仍能继续生长。不耐夏季酷热，气温在 20℃左右时，生长发育最快，气温超过 30℃时，植株生长缓慢且细弱。耐干旱，能在土壤含水量 8%的情况下生长，以土壤含水量在 20%~30% 时生长最好。在 10% 以下时出苗困难，达 20% 时出苗迅速。大于 40℃时出现渍害。不耐水淹，受水淹两天后有 20% 的植株死亡。喜砂土或砂质壤土，排水良好的粘土也能良好生长；在低温、积水土壤生长不良，适宜土壤 pH 值 5~8.5 范围内种植，在土壤含盐量 0.2%~0.3% 时能正常生长，而在氯盐含量超过 0.2% 时难以成苗。耐瘠薄性也很强，在其他豆科牧草难以生长的盐碱地、贫瘠地上都能种植，并能获得较高的产量。

适时收获的毛苕子粗蛋白质含量占干物质的 20% 以上；初花期鲜草含氮 0.6%、磷 0.1%、钾 0.4%。无论鲜草还是干草，适口性好，毛苕子是各类家畜高蛋白、多汁青绿饲料和冬春季的优质或草粉来源之一。此外，毛苕子根系能给土壤遗留大量的有机质和氮素肥料。

主要品种有徐苕 1 号、徐苕 3 号、泸 3-1、凉山等。

7. 豌豆

豌豆（*Pisum sativa* L.），别名小豌豆、小豆子、麦豌豆、寒豆。豆科豌豆属一年生或越年生草本攀援植物。

豌豆是长日照作物。喜凉爽湿润气候，不耐炎热干燥。豌豆最适发芽温度 15℃，气温超过 20℃，分枝减少，鲜草产量降低，开花期遇 26℃以上高温易发病。耐寒。耐贫瘠。生育期 65~75 d。最适土壤 pH 为 5.5~6.7。豌豆整个生育期都需要充足的阳光，尤其是结荚期，若光照不足花荚就会大量脱落。豌豆是需水较多的作物，种子发芽时吸水量约为种子重量的100%~110%。豌豆苗期较耐干旱。现蕾期到开花结荚期，需要较多的水分和养分。

豌豆是重要的粮饲兼用作物。豌豆的蛋白质含量较高，含有8种必需氨基酸，其他微量矿物质及维生素含量亦较高。其中，种子含蛋白质22%~24%，发芽的种子含有维生素E。嫩荚和鲜豆中含有较多的糖分（25%~30%）和多种维生素。豌豆蔓蛋白质含量为6%~8%。豌豆性味甘平、质地柔软易于消化，为各种家畜所喜食，适于青喂、青贮、晾晒干草和制成干草粉等。豌豆消化率较高，且脂肪和抗营养因子含量低，适宜青饲。

国家审定的饲用品种主要有中豌1号、中豌3号、中豌4号等；地方品种察北等。

8.饲用油菜

饲用油菜（*Brassica campestris* L.），别名日本油菜、欧洲大油菜、洋油菜、番油菜。十字花科芸薹属一年生草本植物。

油菜是喜冷凉、抗寒力较强的作物。饲用油菜耐寒性较强，能在4~5℃生长迅速。油菜的适应性较强，对土壤要求不严，前茬以青稞、小麦、马铃薯和豆类作物为好，严禁重茬。种子发芽的最低温度4~6℃，在20~25℃条件下4天就可以出苗。且昼夜温差大，有利增加干物质和油分的积累。油菜生育期长，营养体大，结果器官数目多，因而需水较多，各生育阶段对水分的要求为：发芽出苗期一般土壤水分应保持在田间持水量的65%左右；蕾薹期开花期为田间持水量的76%~85%，角果发育期为田间持水量的60%~80%。饲用油菜主要收获地上营养体为主，对氮素的需求较高，尤其是在蕾薹期必须保证充足的氮素，施用氮肥要配合磷、钾肥。种子生产中需适量追施微量元素硼，可以促进坐果率。饲用油菜是直根系作物，根系较发达，主根入土深，支、细根多，要求土层深厚，结构良好，有机质丰富，既保肥保水，又疏松通气的壤质土。

饲用油菜基叶粗壮、叶片肥大、无辛辣味、营养丰富，是牛、羊等草食家畜良好的饲草。饲用油菜粗纤维含量较低，粗脂肪含量较高，无氮浸出物和钙含量高于其他饲草，粗蛋白质含量、磷含量和有机物消化能都接近豆科饲草，是品质优良的饲草。是奶牛及其他反刍动物优质的粗饲料来源。

目前，在青藏高原主要栽培的油菜品种有京华 165、藏油 12 号、山油 2 号、大地 95、藏油 10 号、藏油 4 号、藏油 1 号、藏油 6 号、山油 3 号、年河 1 号、年河 15 号、年河 16 号、年河 17 号、藏油 3 号、墨竹工卡小油菜、帕当小油菜等。

9. 蚕豆

蚕豆（*Vicia faba* L.），别名罗汉豆、胡豆、兰花豆、南豆、竖豆、佛豆。豆科豌豆属一年生草本植物。

饲用蚕豆是长日照植物。蚕豆是温带一年生作物，喜温暖、湿润气候。土壤水分以湿润为佳，耐湿、耐涝，若排水不良或渍水，则易引起褐斑病、立枯病、锈病等病害。种子发芽的适宜温度为 16~25℃，最低温度为 3~4℃。在营养生长期所需温度较低，如遇 -4℃ 低温，其地上部即会遭受冻害。饲用蚕豆适于富含有机质的黏性壤土和泥土。对碱性土壤有较好的抗力，能忍耐 pH 值 9.6 的强碱性土壤，但不耐酸性土。在光照充足的环境，生长良好，种子饱满而高产；在光照差的地方，种子产量低，但茎叶生长较好。饲用蚕豆有较好的分株特性，比一般粮用或菜用品种分株约多 1 倍以上。有些品种还有较强的再生性。结荚多，子粒小，有较高的繁殖率。对环境适应有较强的抗逆性。

蚕豆的茎叶质地柔软，富含蛋白质和脂肪，可做优质青饲料。此外有调节大脑和神经组织的重要成分，如钙、锌、锰、磷脂等，并含有丰富的胆石碱。蚕豆中的钙有利于骨骼对钙的吸收与钙化。蚕豆中富含蛋白质，且不含胆固醇，可预防心血管疾病。蚕豆中的维生素 C 可以延缓动脉硬化，蚕豆皮中的膳食纤维有降低胆固醇、促进肠蠕动的作用。蚕豆籽粒中也富含蛋白质和淀粉，可作粮食，也可加工成粉渣和粉浆作饲料。

饲用蚕豆有崇礼蚕豆、临蚕 5 号、临蚕 204、青海 3 号、新都小胡豆、广莆 2 号等品种。

二、多年生饲草品种介绍

1. 垂穗披碱草

垂穗披碱草（*Elymus nutans* Griseb.），别名弯穗草、钩头草，禾本科披碱草属多年生草本植物。

垂穗披碱草适应能力强，在高海拔的青藏高原生长良好，适应海拔高度的范围为 450~4 500 m。垂穗披碱草具有广泛的可塑性，喜生长在平原、高原平滩以及山地阳坡、沟谷、半阴坡等地方。垂穗披碱草具有发达的须根，根茎分蘖能力强。抗寒能力强，甚至在 −40℃的低温能安全越冬，越冬率为95%~98%。对土壤要求不严，各种类型的土壤均能生长。抗旱力较强，根系入土较深，但不耐长期水淹，过长则枯黄死亡。茎叶茂盛，当年实生苗只能抽穗，生长第二年一般 4 月下旬至 5 月上旬返青，5 月中旬至 7 月下旬抽穗开花，8 月中、下旬种子成熟，全生育期 100~120 d（表3-8）。

垂穗披碱草质地较柔软，无刺毛、刚毛、无味，易于调制干草。成熟后茎秆变硬，饲用价值降低。从返青至开花前，马、牛、羊最喜食，尤其是马最喜食，开花后期至种子成熟，茎秆变硬则只食其叶子及上部较柔软部分。

适宜高原种植的垂穗披碱草主要有阿坝垂穗披碱草，康巴垂穗披碱草，野生垂穗披碱草，青海垂穗披碱草等。

表3-8　野生垂穗披碱草种植试验情况统计

采集地点	播量（kg/hm²）	条播行距（cm）	播期	物候期	株高（cm）	干草（kg/hm²）	种子（kg/hm²）	测产日期
康马县	45	27	2017.5.3	完熟期	88.0	2 205	373.5	2018.9.7
昂仁县	45	27	2017.5.3	完熟期	89.6	2 835	480.0	2018.9.7
南木林	45	27	2017.5.3	完熟期	93.7	4 065	616.5	2018.9.7
加查县	54	27	2017.5.3	完熟期	89.3	2 595	280.5	2018.9.7
巴青县	40.5	27	2017.5.3	完熟期	97.3	2 910	496.5	2018.9.7
当雄县	40.5	27	2017.5.3	完熟期	86.0	2 670	597.0	2018.8.3
扎囊县	40.5	27	2017.5.3	完熟期	94.0	6 570	1 000.5	2018.9.7

2. 多年生黑麦草

多年生黑麦草（Lolium perenne L.），别名英国黑麦草、宿根黑麦草。禾本科黑麦草属多年生草本植物。

多年生黑麦草生长快、成熟早，耐湿，耐盐碱，不耐炎热，抗寒性较差，能在气温不低于 −15℃的地区生长，产量高，草质优。最适宜肥沃湿润的粘土或粘壤土栽培。适宜的土壤 pH 为 6.0~7.0，是高原种植的饲草作物中产量较高，草质最优的牧草之一。

多年生黑麦草草质鲜嫩，营养丰富，适口性好，各种畜禽均喜采食，适宜青饲、调制干草、青贮和放牧，一般在营养期收割后适合青饲、孕穗期或抽穗期刈割后青贮、盛花期刈割后调制干草或青贮，株高在 25~30 cm 时宜放牧。

国内牧草型多年生黑麦草品种主要有卓越、凯力黑麦草、百盛黑麦草、南农 1 号黑麦草。

3. 早熟禾

早熟禾（*Poa annua* L.），别名稍草、小青草、小鸡草、冷草、绒球草。禾本科早熟禾属多年生或一年生草本植物。

生于平原和丘陵的路旁草地、田野水沟或阴蔽荒坡湿地，海拔 100~4 800 m。本草是温带广泛利用的优质冷季草坪草。它发达的根茎、极强的分蘖能力及青绿期长等优良性状，能迅速形成草丛密而整齐的草坪，一般移植的单株，3 个月以后可以形成 100 个以上的新枝；经过 5 个月的生长繁殖，能扩大 60 cm × 60 cm 的面积。在严寒冬季，无覆盖可以越冬。温带 12 月温度达 –2~5℃时才至枯萎。也能耐夏季干燥炎热。38℃高温可良好生长。

该草是重要的放牧型禾本科牧草。它放牧时间长，耐践踏，营养价值高。从早春到秋季，营养丰富，各种家畜都喜采食。在种子乳熟、青草期，马、牛、羊喜食；成熟后期，上部茎叶牛、羊仍喜食；夏秋青草期是牦牛、藏羊、山羊的抓膘草；干草为家畜补饲草，也是猪、禽良好饲料。

适宜作为饲草种植的品种主要有扁茎早熟禾，冷地早熟禾，草地早熟禾等。

4. 异燕麦

异燕麦（*Helictotrichon virescens* Nees ex Steud.），禾本科异燕麦属多年生草本植物。

耐寒能力极强，耐热能力较强，在 –25~25℃的生境中能顺利越冬和越夏。适宜温度为 10~20℃，一般在适宜的温度水分条件下，播种后 7~10 d 即可出苗，播种当年的生长速度相对较慢。一般情况下寿命为 10 年左右。在海拔 2 000~4 000 m 范围内人工栽培能获得较高的种子或牧草产量。康巴变绿异燕麦返青早，较其他禾本科提前 10~15 d，青绿期长。

该品种是优质的禾本科牧草，叶量多，草质柔嫩，营养价值高，适口性好，异燕麦刈割后可鲜喂，也可调制青干草，再生草可放牧利用。马、牛、羊均喜食。

目前主要栽培品种只有康巴变绿异燕麦。

5. 紫花苜蓿

紫花苜蓿（*Medicago sativa* L.），亦称紫苜蓿、苜蓿。豆科苜蓿属多年生草本植物。

苜蓿种子 5~10 ℃即可萌发，种子萌发和幼苗生长的最适气温为 20~25 ℃，低于 10 ℃或高于 35 ℃生长受到抑制。在适宜的环境条件下，播种后 4~7 d 出苗，幼苗生长 3~4 周进入分枝期，分枝期持续约 3 周进入现蕾期，现蕾期持续约 3 周进入初花期，花期持续 1~1.5 个月。结荚后约 3~4 周种子成熟。春播当年苜蓿生育期 110~150 d，第 2 年以后生育期 95~135 d。在适宜的气候和土壤环境条件下，生长年限可长达数十年。在集约化生产条件下，通常利用 3~5 年，然后轮作其他作物。

苜蓿是各种家畜的上等饲料，干草产量居多种豆科牧草之冠，而且营养成分完全，富含粗蛋白、粗灰分、矿物质中磷钙微量元素和十种以上的维生素。脂肪、维生素、叶黄素等营养成分也很高。不论青饲、放牧或是调制的干草、青贮，适口性均好，是理想的家畜家禽饲料，各种维生素也很丰富。它的粗纤维消化速率快，因而增加采食量。紫花苜蓿的营养价值比禾本科牧草高。其干物质消化率一般为 60%。以苜蓿茎叶为主加工制成的混合饲料，可使奶牛增加泌乳量，改善乳质；饲羊可提高羊毛质量，并有助于提高各种家畜的繁殖率和育肥率。

苜蓿具有很高的饲用价值，是目前我国审定登记的豆科牧草中较多的品种，截至 2008 年，我国审定登记的苜蓿品种共计 60 多个，在青藏高原应选择低秋眠品种。例如龙牧 801、龙牧 803、龙牧 806、草原 1 号、草原 2 号、草原 3 号、甘农 1 号、甘农 2 号、敖汉苜蓿和肇东苜蓿，以及秋眠级 1~3 的国外品种，如三得利、驯鹿、巨人、阿尔冈金、苜蓿王和金皇后等。

6. 红豆草

红豆草（*Onobrychis viciaefolia* Scop），别名驴豆、驴喜豆、驴食草。豆科红豆草属多年生草本植物。

红豆草性喜温凉、干燥气候，适应环境的可塑性大，耐干旱、寒冷、早霜、深秋降水、缺肥贫瘠土壤等不利因素。与苜蓿比，抗旱性强，抗寒性稍弱。适应栽培在年均气温 3~8℃，无霜期 140 d 左右，年降水量 400 mm 上下的地区。一般春播的红豆草，播后 7 d 左右出苗，出土后 10 d 左右出现第一片真叶，以后大约每隔 5 d 长出一片真叶。对土壤要求不严格，可在干燥瘠薄，土粒粗大的砂砾、沙壤土和白垩土上栽培生长。它有发达的根系，主根粗状，侧根很多，播种当年主根生长很快，生长第二年在 50~70 cm 深土层以内，侧根重量占总根量的 80% 以上，在富含石灰质的土壤、疏松的碳酸盐土壤和肥沃的田间生长极好。在酸性土，沼泽地和地下水位高的地方都不适宜栽培，在干旱地区适宜栽培利用。

红豆草被誉为"牧草皇后"，作饲用，可青饲、青贮、放牧、晒制青干草、加工草粉，配合饲料和多种草产品。适口性好，各类畜禽都喜食，尤为兔所贪食。红豆草在各个生育阶段均含很高的浓缩单宁，可沉淀能在瘤胃中形成大量持久性泡沫的可溶性蛋白质，使反刍家畜在青饲、放牧利用时不发生膨胀病。

主要种植的品种有甘肃红豆草，蒙农红豆草和奇台红豆草。

三、不同地块饲草的品质状况

从表 3-9 中可以看出，各地燕麦和黑麦饲草品种差异非常大，粗蛋白含量在 4.48%~12.94%，粗脂肪含量在 1.09%~2.42%，钙含量在 0.01%~0.23%，中性洗涤纤维含量在 50.34%~61.96%，酸性洗涤纤维含量在 32.56%~46.19%，灰分含量在 5.85%~12.07%。营养成分差异主要受收获时物候期、土壤状况和施肥数量及种类影响（表 3-9）。

表 3-9　不同区域饲草品质情况统计表

取样地区	海拔（m）	饲草种类	营养成分（干基 %）							
			粗蛋白	灰分	粗脂肪	干物质	钙	磷	NDF	ADF
昂仁县多白乡叶村	4 158	黑麦	7.37	7.14	2.18	95.66	0.23	0.22	60.05	38.37
岗巴县岗巴镇门德村	4 427	燕麦	10.48	7.85	2.42	94.05	0.26	0.24	53.41	32.56

（续表）

取样地区	海拔（m）	饲草种类	营养成分（干基%）							
			粗蛋白	灰分	粗脂肪	干物质	钙	磷	NDF	ADF
岗巴县直克乡乃村	4 500	燕麦	9.31	9.58	2.4	91.28	0.01	0.35	52.6	36.61
吉隆县宗嘎镇宗嘎村	4 150	黑麦	9.85	9.21	1.84	93.17	0.02	0.36	58.96	42.81
吉隆县宗嘎镇宗嘎村	4 150	燕麦	10.47	10.08	1.72	92.37	0.05	0.37	59.2	43.44
吉隆县宗嘎镇宗嘎村	4 150	黑麦	11.72	11.73	1.62	93.22	0.01	0.14	60.08	46.19
江孜县江热乡帕贵村	4 127	燕麦	9.38	8.72	2.39	91.26	0.38	0.24	55.47	37.54
康玛涅如堆乡合作社	4 500	黑麦	8.11	7.92	2.11	90.15	0.05	0.29	56.16	38.6
聂拉木县琐作乡查益村	4 390	燕麦	7.87	7.93	1.09	93.25	0.01	0.31	54.54	39.08
萨迦县扯休乡加琼村	3 960	黑麦	6.25	6.6	2.24	95.66	0.09	0.19	61.96	39.46
萨迦县扯休乡乃村	3 960	黑麦	12.63	12.07	2.28	91.57	0.03	0.43	55.62	40.3
萨迦县雄玛乡德庆孜村	3 974	燕麦	10.47	11.5	2.22	91.63	0.05	0.39	54.79	40.19
桑珠孜区纳尔乡那杂村	4 027	黑麦	7.44	7.03	1.81	91.95	0.1	0.3	60.74	42.89
桑珠孜区纳尔乡那杂村	4 027	燕麦	9.25	9.69	2.35	91.78	0.05	0.36	56.65	41.83
桑珠孜区纳尔乡那杂村	4 027	燕麦	9.79	7.59	2.22	94.95	0.27	0.23	55.47	34.79
桑珠孜区聂日雄乡甲庆孜村	3 896	燕麦	7.82	9.17	2.14	93.59	0.1	0.33	54.6	39.45
谢通门县纳当乡康巴洛村	4 360	燕麦	4.48	10.29	1.73	96.57	0.36	0.12	59.83	39.7
谢通门县纳当乡康巴洛村	4 360	黑麦	5.79	5.85	1.95	94.64	0.2	0.16	59.44	37.88
亚东县帕里镇二居委	4 295	燕麦	12.94	11.27	2.37	87.94	0.11	0.4	50.34	35.18
亚东县帕里镇曲加村	4 298	燕麦	8.98	9.24	1.98	89.85	0.05	0.34	55.28	39.31

第四节　全年优质饲草生产应用方案

一、饲草畜牧养殖利用

（1）现状条件　以岗巴羊、霍尔巴羊、帕里牦牛、桑桑牦牛等养殖产业的主要涉及县普遍海拔高，气候条件差，水源少，导致天然草场退化日益严重，人工饲草生产慢，产量低，优质饲草供应不足，多年的超载过牧，导致草畜矛盾大，冬季饲草严重缺草，季节性草畜不平衡明显突出。用于畜牧养殖的人工草地种植面积小，较分散；机械化、集约化程度低，种植水平和管理能力低，草产品加工设施弱，缺乏岗巴羊、霍尔巴羊以及帕里牦牛及桑桑牦牛等专用的饲草产品。

（2）应用方案　按照《日喀则市草牧业发展总体规划（2016—2020年）》规划设计，围绕"百万亩"饲草基地建设和岗巴羊、霍尔巴羊及帕里牦牛、桑桑牦牛等经济圈发展战略，全面推行高产优质饲草生产基地和"两只羊"（岗巴羊、霍尔巴羊）和帕里牦牛、桑桑牦牛集中养殖相结合的草畜一体化产业链发展模式，完成上连优质牧草种植生产，中间草产品加工储藏，下连养殖及销售等贯穿整个草牧业链条的任务。坚持以养带种、以种促养。根据养殖情况确定种植品种和规模，降低非正常损耗。利用畜牧养殖产生的排泄物作为种植基地的有机肥基础，通过有机肥加工厂建设，利用生物技术应用，为饲草种植提供有机肥来源；利用种植生产的饲草给畜牧养殖提供食源。形成保护环境、改善生态、零污染的草牧肥一体化发展模式。实现种养结合的良性循环，构建高效的种养体系。

饲草利用模式：一是专门给畜牧养殖业利用饲草。由合作社或村委会总体负责实施。带动农户实施人工种草，收获后的饲草全部运用于养殖基地，为养殖基地提供持续的饲草供应保障。收割后的留茬地和剩下的草料给种植地的村民利用。二是"比例分配"规则。饲草1/3提供给畜牧养殖经济圈；1/3用于发展本县的养殖业；1/3用于其他方面，如防抗灾应急、销售、种植地农牧户分得等。或是收割后的饲草2/3用于畜牧养殖合作社，1/3分配给饲草种植基地农户。村民可从合作社获得每年每公顷一定的土地租赁金或土地补偿费。

合作社经营模式：种养结合的产业配套项目发展模式。由政府牵头带领下成立的种养结合配套产业项目，企业自主购买或政府免费发放的种羊、种牛，给养殖户进行养殖，或按照"合作社＋基地＋农户＋贫困户"的模式，同时指导养殖户规范化养殖，并按照标准的杂交后代回购，回购的杂交后代用基地统一生产加工的饲草产品进行集中育肥，再统一销售。此外，要积极鼓励大户入社，制定以生态畜牧业合作社为主体，专业合作社、家庭牧场和养殖大户并存的发展模式。合作社与市场企业对接，发展订单，建立长期的供销关系。农户通过加入合作社入股，参与到牲畜育肥养殖产业中，使农户就近就便、不离乡不离土实现就业，增收致富。养殖合作社农户入股方式一般分为三种情况：一是由农户用家养的种羊种牛进行入股。一般牛、羊入股有一定的年限，以适龄种牛种羊折价形式入股。具体以签订的合同为准。二是用农户自家用的对合作社有用的饲草种植机械入股。三是用农户自家草场进行入股。

二、饲草销售利用

（1）现状条件　以桑珠孜区、南木林县等主要饲草生产销售的县，饲草种类主要是燕麦、黑麦、紫花苜蓿和豌豆。草产品销售的种类基本只有捆草和青贮，种植种类单一，草产品种类稀少，没有品牌意识。忽略了草产品加工环节，或缺少与草产品加工企业的对接。捆草质量不高。在销售的过程中，政府参与种植材料的购买与发放，以及寻找销售渠道并进行定价，限制了合作社的自主经营范围，甚至有时定价过低致使种植企业和合作社赔本经营。种子销售方面，在南木林县艾玛牧草生产基地能本地生产种子并供应。

（2）应用方案　饲草利用模式：没有成立专业合作社的情况下，由村委会联合散户负责实施，收获的饲草留一部分用于种植以外，其余上市销售。待运行模式成熟和经营收入得到提高后，再成立农牧民合作专业组织。由专业合作社负责总体经营。

已成立合作社或在企业经营下，形成种植与饲料加工一体化，在规模化的经营下能够带动草产品营销，实现产销一体化。或饲草生产后与饲草专业加工企业对接，制成草粉、草颗粒等在日喀则市少见的饲草加工产品，并寻找销售渠道与市内外的养殖企业或那曲地区等常年遭受雪灾地签订供销合同，进行销售，形成与社会主义市场经济体制相适应的草产业市场化发展的运行模式。充分利用市场在资源配置中的决定性作用。增收方面，合作社充分带动农户参与，按照每人付出的劳动成本，或入股分红形式实现增收。

合作社经营模式："企业＋合作社＋基地＋农户"自主经营的发展模式。饲草种植合作社在项目实施头一两年，可以由政府牵头，在政府的带领下种植经营销售，待初步形成这种种植销售的模式后，由合作社直接组织生产并与龙头企业对接销售。建立与社会主义市场经济体制相适应的草产业市场化发展的运行机制。通过采取"企业＋合作社＋基地＋农户"的形式，与农户签订合同，保障了销售渠道的畅通，推进大众创业、万众创新。市场风险由企业或合作社承担，充分调动企业或合作社的积极性，减少对政府的过度依赖，促进农牧民稳步增收。

在已成立合作社或企业的基础上，需要在以下方面加以完善：

一是要提高牧草产品质量。企业或合作社种植生产的草品种质量要达到销售标准，在重视产量的同时要注重饲草质量的提高。在种植过中因病虫害和杂草防治需要实施大量的农药，这些农药残留在饲草中降低了饲草品质。在草产品加工过程中，参杂的其他有害物质或霉变的形成也会降低饲草质量。因此要完善西藏草牧业产品质量监督体系，根据有关规定严格实施化学药剂，严格实施监管草产品加工环节。提升草产品市场竞争力。

二是增加草产品种类。在现有的技术基础上增加草粉、草颗粒、青干草的调制设施，增加草产品种类，不再局限于干草捆和青贮。使草产品供应就近满足市场多元化需求。

三是实施品牌战略，提升产品附加值。品牌消费成为现如今的消费主导，品牌是品质的保障。各企业或合作社生产饲草要有品牌意识，突出草产品品牌的建设，使其绿色化品牌化。实施品牌战略，促进饲草生产由粗放式生产向集约、高效的生产方式转化，建立稳定的增收渠道。

四是政府加强合作社与龙头企业对接的扶持力度。政府通过加大对专业合作社的指导和服务，加大与龙头企业的对接扶持力度。在政府推动、龙头企业带动的模式下，引导饲草产业获得高效发展。

三、饲草防抗灾利用

（1）现状条件　日喀则市易受雪灾地多，在岗巴县、康马县、亚东县、定日县和定结县属于岗巴羊经济区，经济区内的饲草调配完全可以满足方抗灾饲草的需求，仲巴县、萨嘎县、吉隆县、聂拉木县等4个县年末牲畜存栏数多（103.3万头/匹），抗灾饲草需求量大，但是近年来由于天然草场退化严重，生态环境脆弱，防抗灾基础设施滞后，抗灾能力薄弱。

（2）应用方案　饲草利用模式：一是由村民或合作社种植后饲草全部自用。二是由政府提供种子、肥料、机械等相关材料设施，让村民或合作社种植管理，饲草生产后用以全县的抗灾，种植地的村民可每年按照一定的比例分得饲草冲抵劳务费，解决剩余劳动力，租赁土地的村民每公顷给一定的租金或每公顷按禁牧补助标准进行补偿。刈割后的留茬草供村民冬季放牧。既能满足全县的防抗灾饲草需求，又能实现种植地农户经济增收。三是"三三四"分配模式，即：产生的效益30%归所种植的乡，由乡政府负责发放，种植牧草的村相对分的多一些；30%用于全县防抗灾饲草料；剩余的40%用于县政府和所种植牧草的乡涉及的贫困户。

合作社经营模式："合作社＋农户"形式种植。通过农户参与种植管理，收入按劳分配，或入股分红实现增收。

提供防抗灾饲草的基地建设需要完善以下几点。

一是进一步建成高标准饲草基地。如萨嘎县、仲巴县等地生态环境脆弱，牧草生长条件较差，因此在防抗灾饲草紧缺地昂仁县、聂拉木县等临近县建设高标准防抗灾饲草基地。

二是在种植种类与品种的选择上下功夫。受灾区域以及种植地均在4 300 m以上地区，因此选择牧草种植种类时，要考虑种植地的气候与地理条件。再有灌溉条件的区域以禾本科一年生牧草类为主，例如燕麦、黑麦、饲用小黑麦、饲用青稞等。在灌溉条件差的区域种植多年生牧草。如披碱草、苜蓿等。此外在具体品种的选择上加以考虑，要选择耐寒性、抗逆性、耐干旱性强的优质牧草品种。

三是抗灾饲草生产的硬件设施建设。在每个饲草生产基地需要建立加工基地以及饲草产品库房等设施。加强农机服务体系建设，购置全套的土地平整、耕作种植、加工运输的机械设施，培训机械使用的技术人员。力争能够满足全市的防抗灾饲草需求。

四、饲草多样化利用

（1）现状条件　除了在一些种养结合的产业配套项目下实施的人工饲草基地生产饲草是单独的供应给畜牧养殖以及专业的饲草种植合作社进行销售外，全市各县的人工种草项目普遍以多方面进行利用。

（2）应用方案　为全面提升全市的草牧业生产水平，各种植合作社可以将饲草多元化利用。在销售、防抗灾、畜牧养殖等各方面供应。对各县的防抗灾以及畜牧养殖方面投入，对规模化畜牧养殖合作社给于支持的同时，在市场上销售，作为合作社自身经营的滚动资金，并解决其他地区的饲草供需矛盾问题。将一部分饲草用于种植地群众，可以冲抵饲草生产过程中的劳务费。"三三三制"经营管理模式是目前全市普遍饲草应用的模式。即：产生的效益三分之一由入股合作社的群众受益，三分之一由政府主导通过防抗灾储备进行消化，剩余的三分之一流向市场销售回笼资金作为滚动发展资金。

五、群众自产自销

（1）现状条件　群众利用自有土地小面积进行饲草种植，自产自用。
（2）应用方案　主要是满足自家牲畜补饲需求和耕地倒茬。

第四章
草地科学种植管理技术

第一节　人工草地种植管理技术

人工草地是利用综合农业技术，在完全破坏原有植被的基础上，通过人为播种建植新的人工草本群落。对于以饲用为目的播种灌木、乔木或与草本混播的人工群落，也包含在人工草地的范畴。而在不破坏或少破坏天然植被的条件下，通过补播、施肥、排灌等措施培育的高产优质草地称为半人工草地。人工草地可以用来收割牧草作青饲、青贮、半干贮、制作干草，也可直接放牧利用。足够的人工草地，对减少家畜因冬、春饲料不足而掉膘、死亡损失，增加畜产品产量和提高土地利用率等均有重要意义。人工草地面积的多少，常是衡量一个地区或国家畜牧业发达程度的重要标志。欧美各国的人工草地面积合计约为耕地的 50% 以上，约占各国草地总面积的 10% 左右。中国人工草地可追溯到西汉时张骞从西域引入紫花苜蓿开始种植，历代经多次引入和栽培其他牧草，至 2017 年人工草地面积约为 2.9 亿亩，占我国草原面积 5% 左右，其中，人工种草约 1.8 亿亩，改良种草 1.07 亿亩，飞播种草约 0.8 亿亩。

根据牧草的生物学特征和利用方式的不同，人工草地通常可分为若干类型。按热量划分，可分为热带、亚热带、温带、寒温带、寒带和高山带人工草地；按利用年限分为临时人工草地和永久人工草地；按牧草组合可分为单播人工草地和混播人工草地；按培育程度分为人工（栽培）草地和半人工草地；按生活型划分为人工草本草地、人工灌丛草地和人工乔林草地（饲料林）等。

一、草地建植技术

（一）草种选择

正确选择草种是成功建植草地、实现建植目的关键技术。草种选择不当，可能导致草地建植失败，或产草量低、质量差，或与生产目的不符，不能取得应有的效益，因此，必须重视草种的选择。草种选择的依据可概括为四个方面，即人工草地建植目的、利用方式、种植制度和草种生态适应性。

1. 草地建植目的与草种选择

饲用草地应选择产量高、适口性好、营养价值高和对畜禽无毒害的草种，如豆科紫花苜蓿、三叶草，禾本科老芒麦、苇状羊茅、鸭茅，饲料作物燕麦、高粱、大麦、饲用油菜等。

绿肥草地应选择具有固氮能力的一年生或二年生豆科草种，如紫云英、毛苕子、箭筈豌豆、蚕豆等。

2. 草地利用方式与草种选择

刈割草地应选择植株丛较高、上繁、耐刈割性强的草种，如豆科紫花苜蓿、红豆草、红三叶、草木樨等，禾本科无芒雀麦、苇状羊茅、老芒麦、一年生黑麦草、苏丹草，饲料作物玉米、甜高粱、大麦、燕麦、黑麦、饲用油菜等。

放牧草地应选择植株丛较低，下繁或茎匍匐，耐牧性强的多年生草种，如豆科白三叶，禾本科多年生黑麦草、草地早熟禾、紫羊茅等。

3. 饲用草地种植制度与草种选择

季节复种、套种草地，仅利用一个生长季或生长季中的某一段时间，种一次仅利用一茬，因此应选择生长迅速的一、二年生饲用草种，如豆科紫云英、毛苕子、箭筈豌豆等，禾本科选一年生黑麦草、苏丹草、黑麦、小黑麦、燕麦和大麦等。

短期轮作草地，利用年限2~4年，因此应选二年生或短寿命多年生草种，如豆科红三叶、红豆草等，禾本科选多年生黑麦草、披碱草、异燕麦等。当缺乏适宜的短寿命多年生草种，也可选用长寿命的草种，如紫花苜蓿等，但是，在西藏日喀则选用紫花苜蓿时要选择低秋眠的品种。

永久草地，利用年限6年以上，因此应选择长寿命多年生饲用草种，如豆科紫花苜蓿、白三叶等，禾本科选无芒雀麦、猫尾草、老芒麦、多年生黑麦草、紫羊茅、鸭茅、草地早熟禾等。

4. 草种生态适应性与草种选择

生态适应性原理，是指在一定的生态环境条件下具有一定的生物种类与数量，是草种选择的基本依据之一。简言之，即特定的环境适合于特定的生物生存。每一种生物都有其特定的生态适应范围，亦称耐性范围或生态适应幅，超出其适应范围，便无法生存；同时，在其耐性范围内存在一个最适生长范围。在其最合适范围内，生产力最高。依据生态适应性原理，在草种选择时，一定要选择最适生长范围与当地生态环境相吻合的草种，以期取得较高的生产力和较大的效益。

影响草生长发育的生态因子包括气候、土壤、地形、水文、生物和人类活动等六类，具体因子数十项。但在生产实践中，成为草种选择限制条件的生态因子主要包括气温、降水、土壤酸碱度和含盐量、地下水位和地面淹水四项。

（1）气温　气温是影响草种选择最重要的生态因子。温度是植物生存的基本条件之一，植物只有在一定的温度范围内才能正常生长发育，温度过高或过低都将妨碍植物的生长发育，直至停止或死亡。植物生长的最低温度、最适温度和最高温度称为温度三基点；导致植物死亡的极端高温和极端低温称为致死温度。不同草种的温度三基点和致死温度不同，适应的气候和地理区域亦不同，据此将草划分为冷地型、暖地型和过渡带型三类。

冷地型草最适生长温度 15~25℃。抗寒性强，在北方能够安全越过严寒的冬季，在南方冬季低温时依然可以保持绿色，继续生长。但耐高温能力差，在炎热的夏季常出现休眠现象。如豆科紫花苜蓿、三叶草、红豆草等，禾本科无芒雀麦、苇状羊茅、老芒麦、披碱草、黑麦草、猫尾草等。

暖季型草最适生长温度 26~35℃，耐热性强，能适应夏季的高温。但抗旱能力差，在南方冬季低温时出现休眠，在北方不能自然越冬。如豆科柱花草、紫云英等，禾本科的雀稗、狗尾草、苏丹草和玉米等。

过渡带型草对温度适应范围比较广，在黄河以南、长江以北地区能够良好生长。由冷地型草中耐热性强的种类和暖地型中抗寒性强的种类共同构成，如豆科紫花苜蓿、三叶草、毛苕子等，禾本科苇状羊茅、黑麦草和苏丹草等。另外，饲料作物玉米、高粱等适应范围很广，冷地、暖地和过渡带皆可栽培。

（2）降水　降水也是影响草种选择重要的生态因子。水是植物生存的必要条件，植物的一切基本功能都必须有水分的存在。植物增长 1g 干物质所消耗水的克数称为植物的需水量（亦称蒸腾系数）。不同植物的需水量不同，根据植物对水分的需要将植物划分为湿生植物、中生植物和旱生植物三类。栽培草种多为中生植物，旱生植物较少，水生植物则更少，从植物的旱生性来讲，旱生种类抗旱性最强，湿生种类的抗旱性最弱，中生种类的抗旱性中等。日喀则位于半农半牧区，种草一定要选择需水量较少，抗旱性较强的草种，如禾本科紫羊茅、苇状羊茅、老芒麦、披碱草、无芒雀麦等，豆科的紫花苜蓿、红豆草和草木樨等。

（3）土壤酸碱度和含盐量　土壤酸碱度和含盐量是植物生存的基本条件之一，植物只有在一定的酸碱度和含盐量范围内才能正常生长发育，过高或过低都将对植物的生长发育造成妨碍，直至停止或死亡。暖地型草适应酸性至中性土壤，但一般不耐盐碱。冷地型草种适应中性至碱性土壤，并具有一定的耐盐性，但一般不耐酸。

（4）地下水位和地面淹水　水缺乏不利于植物的生长，水过多同样是害。在湿地、水泛地、河滩地及河湖堤岸存在地下水位高或地面季节性短期淹水的问题。一般地讲，直根系、深根系植物不耐高地下水位和地面淹水，耐性强的草种多为须根系、浅根性的禾本科、莎草科植物。具有一定耐受力的还有苇状羊茅、紫羊茅、无芒雀麦、猫尾草等。

（二）播前准备

1.建植地的选择

人工草地建植地应选择地势较平坦，便于机械化操作。同时考虑交通便利，离居民点和牲畜棚圈较近的地段，便于管理，运输、储藏和饲喂。

2.地面清除

为使建植的人工草地良好生长，播种前地面除杂工作极为重要，要彻底清除地面杂草杂物，为牧草和饲料作物生长发育提供良好条件。在灌木丛生的地方，可用割灌机铲除地上生长的灌丛，用拣石机或人工清除地面上的石块。地面凹凸不平（如有土丘、壕沟）的地方，要进行地面平整工作，以保证机械化作业。为彻底消灭杂草，烧荒是一种好办法。烧荒可以消灭野生植物的茎秆，消灭病虫害，增加肥料。但烧荒必须谨慎，要打好防火通道，以免引起草地或森林火灾。

3.基本耕作

基本耕作又称犁地、耕地、耕翻。它对土壤的作用和影响很大，通过耕翻可改变土壤中三相比例，熟化土壤，从而使整个耕作层发生显著变化，耕翻的主要工具是犁，分为有壁犁和无壁犁，分别具有各自不同的农业技术特性，一般以 30~40 cm 为宜。

4. 表土耕作

表土耕作是基本耕作的辅助性措施，也是必不可少的措施。它包括耙地、耱地、镇压等作业，作业深度一般限于表层 10 cm 以内。表土耕作对于提高耕作质量，特别是为播种创造良好的表层土壤条件具有重要作用。耙地、耱地要掌握时间，早春土壤墒情较好，耙地耱地容易使土块细碎。土块过大，种子不易和土壤接触，不利于种子萌发出苗，容易造成断垄。地面土块过大，也常压死幼苗。因此，播前整地是人工草地建设中保证苗齐苗壮的先决条件，也是人工草地高产的重要前提。

（1）耙地　耙地对土壤表面、耙碎土块、混拌土肥、疏松表土以及轻微镇压等发挥重要作用。在生产实践中，由于土地情况不同，耙地的主要任务以及所应用的农业机具也不同。

在干旱半干旱地区，刚耕翻过的土地，耙平地面、耙碎土块、耙实土层、耙出杂草的根茎是非常重要的作业程序，可达到保墒目的，为播种创造良好的地面条件。耙地的工具为钉齿耙。采用重型圆盘耙可以对黏重的土壤进行碎土和平土，对多草的荒地，具有杀伤野生杂草之作用。在已耕地上施肥，由于不能再进行深耕，用圆盘耙耙地可以起到混合土肥的作用。播种出苗前，如遇土壤板结，用钉齿耙耙地可破除土壤板结，利于幼苗出土。

（2）耱地　常常在深翻耙地后进行，其作用是平整地面，耱实土壤，耱碎土块，为播种创造良好条件，在质地轻松，杂草少的土地上，有时在犁地后，以耱地代替耙地；有时在镇压过的土地上进行耱地，以利保墒。播种后进行耱地，有覆土和轻微镇压作用

（3）镇压　镇压的主要作用是使土壤变紧，同时还能平整地面，压碎大土块。一是在气候干旱的北方地区播种前后常需镇压，有保墒效果。二是牧草种子很小时，播种前后常需镇压。三是在砂土等疏松土壤上机械播种时，播前镇压有利保证播种深度；播后镇压有利于促使土壤与种子紧密接触，促进种子发芽。四是耕后立即播种的土地，由于土壤疏松，种子发芽生根后，幼苗根部接触不到土壤，吸收不到土壤水分和养分，容易发生"吊根"现象，造成幼苗死亡，所以，耕后立即播种的土地，播前应全面镇压，播后还要进行播种行的镇压。

5.播前施肥

牧草播种之前伴随着土地耕翻施入有机肥或缓效性的化学肥料或少量的速效肥料作为基肥，也称底肥，以促进牧草苗期生长发育。根据土壤条件和牧草品种的不同，基肥种类和施用量也不同。栽培牧草的过程中施肥主要是三种情况。

（1）基肥　在整地前将肥料撒在地表，翻耙或旋地时混入土中，主要指农家肥。商品有机肥可与种肥施用方法一致。

（2）种肥　在播种时将肥料与种子同时播入土中，但不能与种子直接接触，避免烧苗。施肥播种机就具备将种子和种肥同时入土的功能。种肥主要采用磷酸二铵、尿素、复合肥或商品有机肥中的一种或几种。

（3）追肥　在作物生长期间，将肥料施于植株根部附近，称为追肥。禾本科牧草宜在分蘖和拔节期进行，豆科牧草宜在分枝后期至现蕾期，多茬收获时在收获后结合灌水追肥，促进再生。一年生禾本科牧草追肥基本选用尿素，豆科牧草追肥一般以磷、钾肥为主。多年生牧草根据利用年限可适当追施尿素、二铵和硫酸钾、氯化钾、磷酸钙等。

（4）施肥方法　根据施肥方式的不同，可分为撒施和条施两大类。撒施可以采用撒肥机或人工，条施多采用施肥播种机进行。

（5）施肥量　建议最好在种植牧草前对种植区域内的土壤做一个土壤养分分析，有针对性地灵活调整施肥量。参考本书施肥方案部分。

（三）播种技术

播种质量的高低直接影响出苗的效果，进而影响草地生产力。为了达到苗早、苗齐、苗全、苗壮的效果，必须重视播种这个重要环节。

1.品种选择

优质种子是出好苗的前提条件。优质种子应该是纯净度高、籽粒饱满、整齐一致、含水量适中、生活力强、无病虫害。一般选择当地野生多年生牧草，或经过引种试验后，适宜当地生长的优良品种。例如禾本科的康巴垂穗披碱草、阿坝披碱草、川草1号老芒麦等；豆科的紫花苜蓿品种较多，要选择低秋眠级的紫花苜蓿品种、海法白三叶、胡依阿白三叶等。

2.种子处理

（1）清选去芒　采用人工过筛、风选、水漂洗或清选机破碎附属物等方法清选，以获得纯净度高、饱满的种子。对有芒和长棉毛等附属物的种子，这些附属物在收获及脱粒时不易除掉，为了保证种子的流动性、保证播种质量，必须预先进行去芒处理。在生产实际中，去芒常采用机械处理的办法，即去芒机。当缺乏去芒专用机具时，也可采用人工的办法，将种子铺于晒场上，厚度为 5~7cm，用环形镇压器或碾子碾，然后筛选，达到去芒的效果。

（2）破除休眠　豆科牧草硬实种子通过机械处理、温水处理或化学处理，可有效破除休眠，提高种子发芽率。草木樨硬实种子擦破种皮后，其发芽率由 40%~50% 提高到 80%~90%，紫云英则可以从 47% 左右提高到 95% 左右。苜蓿种子在 50~60℃热水中浸泡半小时，即可大幅度减少种子的硬实率。

禾本科牧草种子，通过晒种、热温、变温等处理，可促进种子后熟和萌发。晒种是将种子铺于晒场上，厚度为 5~7 cm，在阳光下暴晒 4~6 h，并翻动 2~3 次；加热处理的温度为 30~40℃为宜；变温处理是将种子置于低温条件下萌发一定时间，然后再将其置于高温条件下继续萌发一定时间。一般低温为 8~10℃，处理时间为 16~17 h，高温 30~32℃，处理时间为 7~8 h。

（3）浸种催芽　为了加快种子的萌发，可以用温水浸种。豆科牧草浸种 12~16 h，禾本科牧草浸种 1~2 d，期间换水 3~4 次，浸种后置于阴凉处，每隔几小时翻动一次，过 1~2 d 种子表皮风干即可播种。但是土壤干旱则不宜浸种。

（4）接种　豆科牧草在播种前应进行根瘤菌接种，接种范围包括新开垦的土地上种植豆科牧草、某一块土地上首次种植豆科牧草、同一豆科牧草经过 4~5 年后再次种植于同一地块上。

接种可选商用菌剂接种和自制菌剂接种，生产上多采用商用菌剂接种。播种前只需按照商用菌剂说明书上规定用量进行接种。根瘤菌是一种微生物，具有微生物所共有的怕光、怕化学物等特性，因而接种时应特别注意。接种应在阴暗地方进行，接种后立即播种和覆土。已接过的种子不能与生石灰或高浓度化肥接触。

3. 单播方法

单播是指播种单一的牧草，单播的形式有条播、撒播、点播（穴播）和带肥播种。采用何种方法，依据牧草种类、土壤和气候特点等确定。

（1）条播　条播是牧草栽培中最常用的一种播种方式，尤其机械播种多采用此种方式。它是按一定行距一行或多行开沟、播种、覆土一次性完成的方式。此法是有行距无株距，设定行距应以便于田间管理和能否获得高产为依据，同时要考虑利用目的和栽培条件，一般牧草为 30~50 cm，个别高大禾草可以达到 80~100 cm。

（2）撒播　撒播是一种把种子尽可能均匀撒在土壤表面并轻耙覆土的播种方式。该法无行距和株距，因而播种能否均匀是关键。撒播前应先将整好的地用镇压器压实，撒上种子后轻耙并再镇压。撒播适宜在降水量较充足的地区进行，播前必须清除杂草。目前常用人工撒播和机械撒播。在寒冷地区还采用不覆土撒播法，即在冬春季节将牧草种子撒在地面上不覆土，借助结冻与融化的自然作用把种子埋入土中。采用的大面积飞机播种牧草就是撒播的一种方式。就播种效果来讲，只要整地精细，播种量和播种深度合适，撒播并不比条播差。

（3）点播（穴播）　点播是在行上、行间或垄上按照一定株距开穴点播种子的方式，该播种方式最节省种子，出苗容易，间苗方便，播种比较费时费工，主要用于高大禾草或叶片大的多汁饲料作物。

（4）带肥播种　利用播种机将牧草种子和肥料同时放入不同深度的土层，肥料在种子之下 4~6 cm 处。此法是一种较为先进实用的播种方法。

（5）播种量　牧草播种量的多少与其生物学特性、种子的质量以及土壤肥力、整地质量和利用的方式不同而有差异。参考本书中适宜种植的生产技术措施部分。切记：绝对不是播量越大产量越高。播量过高会造成牧草长不大或长大易倒伏。单播播种量的计算：

实际播种量（kg/hm²）＝理论播种量（kg/hm²）/净度（％）× 发芽率（％）

4. 混播方法

混播是按照牧草上繁与下繁、宽叶与窄叶、深根系与浅根系等形态的互补、生长特性的互补、营养互补（豆科与禾本科）或对光、温、水、肥的要求各异的原则进行混播组合。混播中常见的豆科牧草有紫花苜蓿、红豆草、三叶草等，常用的禾本科牧草有无芒雀麦、老芒麦、猫尾草、黑麦草、披碱草等。混播牧草各成分比例，必须根据混合牧草的利用年限和利用方式来确定。混播牧草利用年限长短不一，所以禾本科与豆科牧草的比例也不同，一般当利用年限短时，豆科牧草可增加多些，利用年限长时，则禾本科牧草比例应加大。

混播播种量按单播时的播种量计算，此法比较简单实用，将单播的播种量乘以该草在混播牧草中所占的百分比，即可计算出该草种在牧草混播时的播种量，各种牧草的播种量之和，即是混合牧草的播种量。播种量计算公式

$$W=W_1 \times T/X$$

式中，W，混播时各种牧草的播种量；W_1，该草种单播时种子用价为100%的播种量；T，该草种在混播牧草中所占的百分比（%）；X，该草种实际的种子用价（%，即该草种的纯净度 × 发芽率）

混播牧草的播种方法有同行播种，交叉播种，间条播种、撒—条播（行距15 cm，一行采用条播，另一行进行宽幅的撒播）。

播种深度是指土壤开沟的深浅和覆土的厚薄。开沟深度原则上在干土层之下。牧草以浅播为宜，播种过深，子叶不能冲破土壤而被闷死；播种过浅，水分不足不能发芽。决定播种深度的原则是：大粒种子应该深，小粒种子应浅；疏松土地应深，黏重土地应浅；土壤干燥者稍深，土壤潮湿者稍浅。饲料作物播种深度较牧草深，轻质土壤4~5 cm，黏重土壤2~3 cm。

5.播种时间

牧草播种在春季、夏季和秋季均可进行，春播以保证牧草和饲料作物有足够的生长期，一方面可获得高产，另一方面有利于多年生牧草越冬。但春播杂草危害严重。牧草播种期在春季4—5月播种。一年生牧草品种作为种子田，与当地农作物同期播种即可，作为割草地的播种时间可延迟到农作物播种完毕，错开农时。多年生牧草播种海拔4 000 m以下及水源充足的区域从5月中旬到7月底均可播种；在海拔4 000 m以上的高寒牧区或不具备充足水源条件的地区，应在雨季到来后适时播种，最晚不超过7月上旬，以免影响生牧草的越冬。

二、草地管理技术

（一）新建人工草地管护

多年生牧草栽种一次，可利用多年。但是多年生牧草建植人工草地并非易事，在某种程度上，可以说其保苗比作物保苗还难，栽培管理还要精细。因此，建植人工草地关键是保苗，也就是建植当年的围栏保护、苗期管护、杂草防除、越冬管护和翌年返青管护等环节必须要搞好。

1.围栏建设与保护

人工草地与农田不一样，由于所种牧草极易引诱畜禽啃食，尤其是幼苗和返青苗，所以在有散养畜禽的地方建植人工草地时，建植防护设施是非常必要的。所用材料依据当地条件和投资情况可选用石砌围墙、土筑围墙、刺丝围栏、电网围栏或者生物防护栏等。

2.苗期管护

（1）破除土表板结　土壤板结是指土壤表层因缺乏有机质，结构不良，在灌水或降雨等外因作用下结构破坏、土壤和肥料分散，而干燥后受内聚力作用使土面变硬，不适于牧草等生长的现象。播后至出苗前必须要关注的一项措施。土壤板结会影响草种出苗，特别是一些小粒种子，其顶土的能力弱，若出现土壤板结，会严重影响出苗，同时还影响其后期的生长。出现板结后，应立即用具有短齿的圆形镇压器轻度镇压，或用短齿钉齿耙轻度耙地，有灌溉条件的地方，可采取灌溉措施破除板结。

（2）间苗与定苗　这是高秆饲料作物（如玉米、高粱、饲用油菜等）所采取的一项措施，目的是通过去弱留壮的"间苗"措施，达到控制田间密度、做到合理密植的"定苗"的目的，以保证每颗植株都有足够的生长空间，从而获得高产优质。第一次间苗应在第一片真叶出现时进行，过晚浪费土壤养分和水分；定苗（即最后一次间苗）不得晚于6片叶子。进行间苗和定苗时，要根据密度和株距进行；对缺苗超过10%的地方，应及时移栽或补播。

（3）中耕　中耕是在苗期进行的一项作业。对于饲用玉米、墨西哥玉米、高丹草等草种营养体生产，在苗期及整个生育期间，宜进行中耕与培土。中耕的作用有以下几点：一是疏松土壤，增加土壤内部与外部的气体交换，促进根系生长；二是截断毛细管作用，减轻水分蒸发散失，并提高土壤温度；三是雨前中耕，可减少地表径流，增加土壤蓄水；四是可以控制杂草孳生。具体作业措施为耥地（犁地）和锄地（铲地）。锄地（铲地）通常为人工操作，耥地（犁地）则借助于畜力或机械力，机引中耕机效率较高。一年中耕通常需进行 3~4 次，第一次在定苗前，第二次在定苗后，第三次在拔节前，第四次在拔节后。中耕的深度一般为 3~10 cm。

3. 杂草防除

由于牧草苗期生长缓慢，持续时间长，极易受杂草危害，保苗在很大程度上取决于杂草防除的效果，因而防除杂草是建植人工草地成败的关键。

（1）农艺方法　通过采取农田耕作和其他人工方法达到消灭杂草的农艺技术措施。主要有预防措施、种植技术和耕作手段。在建植人工草地过程中，杂草有许多几率混进来，因而在建植、管理和生产的整个环节中加强预防意识。播种材料最容易混入杂草种子，尤其本地未有的新的恶性杂草种，应在播前种子检验中清除出去。合理安排和运用种植制度是防治杂草经济有效的技术措施。合理的轮作、合理的保护播种、合理的密植、适当的超量播种，这些措施不仅可有效防治杂草，而且可充分利用地力资源达到高产。采用合理的土壤耕作措施，秋天深耕除草，早春的表土耕作诱发杂草再施以二次耕作除草，播前的浅耙除草、苗期的中耕除草。

（2）化学方法　化学除草剂以其省工和高效的优点得到普遍的应用，但其对土壤的污染及其对家畜的二次污染也不容忽视。在使用过程中，应根据各种除草剂的使用说明掌握它们的施用对象、施用时期、施用方法、施用剂量及其安全注意事项等。

4. 越冬管护

牧草播种当年生长状况如何对其抵抗冬季寒冷的能力有密切关系，而且生长期间和越冬前后的合理管理，对提高牧草越冬率也有非常重要的意义，对以后年份牧草的有效利用直接相关。

（1）生长期间　播种当年苗全后，应尽量在有限的栽培条件下促进其成株生长发育，以便使其根部有足够的贮藏性营养物质备越冬利用。因此，为保证越冬前有足够的贮藏性营养物质，播种当年是否刈割或放牧利用则要看牧草生长情况而言。即使能够利用，则最后一次利用也应在当地初霜来临前 1 个月左右结束，同时要求留茬至少在 10 cm 以上，或者每隔一段距离留 1 m 宽的未刈割植株，目的是保证植株在越冬前有充足的光合时间和光合面积，以积累更多的贮藏性营养物质和便于积雪保温。

（2）越冬前后 为保证牧草播种当年能够安全越冬，冬前追施草木灰有助于减轻冻害，每亩（1 亩 $\approx 667 m^2$。全书同）施用 50~100 kg 为宜。此外，冬前每亩施用 500~1 000 kg 有机肥，也有助于牧草安全越冬。结冻前少量灌水，可减缓土温变化幅度，但不能多灌，否则会增加冻害。

5. 返青期管护

大多数多年生牧草的真正利用是从第二年开始的，播种当年的栽培和管理着重在于抓苗、保苗和越冬，尤其是第二年返青期的管护状况直接影响牧草的生长发育和以后年份的产量。

（1）返青前期 返青前 1~2 周，在牧草返青芽还未露出时，焚烧上年留下的枯枝残茬，既可增加土壤钾肥含量，又可通过提高地温促进牧草提早返青，从而使牧草生长期延长，产量增加。

（2）返青期间 牧草返青芽萌动露出后，生长速度加快，此时对水肥比较敏感，因而要注意灌溉和施肥满足牧草返青的需要。返青期间禁牧对保护返青芽及其生长特别重要，应加强围栏管护。

（二）成熟人工草地管护

牧草播种当年经过一系列抓苗、保苗、生长期间的管护和越冬前后的管护，以及翌年返青期间的管护，使得牧草在田间有足够的密度，也标志着人工草地的建成。成熟人工草地的效益如何，与其经营管理的水平和合理性密切相关。

1. 合理施肥

"庄稼一枝花，全靠肥当家""有收没收在于水，收多收少在于肥"肥料是牧草的粮食，要想获得较高的牧草产量，实现种植目的，必须重视施肥这个田间管理措施。

施肥效果在很大程度上取决于施肥的时间，一般在牧草饲料作物生长发育期间对肥料最敏感的时期和最旺盛需要的时期施肥与否，差异显著。牧草在分蘖（分枝）期和拔节（抽茎）期是对养分最敏感时期，在抽穗（现蕾）期和每次刈割后是生长旺盛期，也是对养分的最大效率期；对于收籽牧草和饲料作物则应注意攻秆肥、攻穗肥和攻粒肥的施用。一般情况下，追施氮磷钾的比例豆科牧草为 0 : 1 : （2~3），禾本科牧草为（4~5）: 1 : 2。在每年冬季和早春施用一定数量的有机肥，对长期稳定人工草地的高产具有极其重要的作用。

2. 灌水

水分是牧草生产中不可缺少的物质之一。人工草地播种后，根据土壤墒情适时灌水。一年生牧草的分蘖期、拔节期、灌浆期，是牧草地上部分生长最快的时期，需水量最多，需结合降雨和干旱情况灵活调整灌水次数。多年生人工草地播种后，根据土壤墒情适时灌水，最重要的两个灌溉时期是牧草返青后的春灌和冬季降霜之前的一次冬灌，其目的在于促进牧草返青及利于牧草越冬。多次刈割的草地在每次刈割之后灌溉一次，可以提高饲草再生速度和产量。

3. 合理利用

牧草一般具有良好的再生性，在水肥条件较好时，且在合理利用的前提下，一个生长季可利用多次，有刈割和放牧两种利用方式。

（1）刈割利用　人工草地主要的利用方式，技术上应掌握以下几个方面。一是一年中首次刈割的时期，这个既要考虑产草量，又要考虑纤维素对适口性的影响，还要考虑对再生性的影响。一般豆科牧草以现蕾至开花期初期刈割为宜，禾本科牧草以抽穗至开花期刈割为宜。二是刈割高度。每次刈割的留茬高度取决于牧草的再生部位。禾本科牧草的再生枝发生于茎基部分蘖节或地下根茎节，所以留茬低，一般为 5 cm。而豆科牧草的再生枝发生于根茎和叶腋芽两个部位，以根茎为主的牧草（如苜蓿、三叶草等）则可留茬 5 cm 左右为宜；以叶腋芽处再生的牧草（如草木樨、红豆草等），必须留茬要高，一般为 10~15 cm 或以上，至少要保证留茬有 2~3 个再生芽。三是刈割次数和频率。此取决于牧草再生特性、土壤肥力、气候条件和栽培条件。据研究，牧草前后两次刈割应至少间隔 6~7 周，以保证牧草有足够的再生恢复和休养生息的时间。四是一年中最后一次刈割时间和高度。不管刈割几次，每年的最后一次刈割必须在当地初霜来临前一个月结束，而且留茬要高些，至少在 10~15 cm，这是保障牧草安全越冬应遵循的原则。刈割后的草条就地晾晒，期间用摊晒/搂草机翻晒 1~3 次；最后一次翻晒应在茎秆含水量不低于50%时进行。当含水量降到45%~55%时，集成草垄，继续晾晒至含水量达到干燥要求。草垄应连续、均匀，保持直线，以利于保证打捆作业效率。在保证干燥质量的情况下，应尽可能减少翻晒次数；翻动次数愈多，干燥愈均匀、速度愈快，但叶片损失随之增加。饲草打捆作业的最佳含水量为16%~18%。含水量过高，草捆容易发热霉变；含水量过低，叶片损失多。不同草捆大小和贮存方式对打捆时的含水量有不同要求。草捆越大，要求打捆时的含水量越低；小方草捆含水量不能高于20%，大方草捆或大圆草捆，含水量不高于16%。打捆时含水量越低，草捆发热霉变的可能性越小；为减少打捆时叶片损失，最好在温度相对较低、湿度相对较高、地面有潮气时进行打捆作业。不同贮存方法及时间会影响饲草草捆的干物质数量和质量。贮存良好的干草保持青绿色，营养物质损失少。贮存的草捆垛应紧实、整齐，短期贮存可用简易草棚，长期贮存则宜用仓库，草垛顶部应与草棚、仓库屋顶保持不小于1 m的距离，以便通风散热；露天存放时，草垛底部应采取防潮措施，在主风向的一边可用防雨布苫盖，草捆两端应避开主风向和过道。

（2）放牧利用　建植人工草地多数以刈割利用为主，但在生长季结束之后的秋末和冬季进行放牧，或是在刈割利用不便的地块进行放牧，通过返还粪便对维持地力和促进牧草生长具有积极的作用。生长节期间放牧利用，应根据载畜能力实行科学的划区轮牧，以减少浪费，提高草地利用效率。每年返青期间须禁牧。

4.病虫草害防治

防治病虫草害，应以预防为主，尽量不要给其以孳生和蔓延的机会，如果发生，也应消灭在萌芽状态中。首先选用能抗当地病虫的品种，并在播前对播种材料和土壤做好检验工作，必要时可进行清选和消毒处理；也可通过相关的农艺措施，不断改变环境，使病虫害没有合适的生存环境和寄主载体；若发生病虫草害，可以利用天敌控制其种群数量，也可采用一些物理的办法减轻其危害，但最有效的办法是化学防治。化学防治应选用高效、低毒、有选择性和残效期短的化学药品。

5.更新复壮技术

人工草地在利用多年后，由于牧草根系的大量絮结蓄存，使得表土层通气不良，进一步影响到牧草的生长，从而导致产量下降，草丛密度变稀，出现这种"自我衰退"现象，应及时采取更新复壮措施。

（1）变更利用方式　对于因地力下降而导致的衰退，应及时把刈割利用变更为放牧利用，通过家畜粪便返还土壤有机质，以提高地力，促进牧草生长。有条件的结合施肥灌溉，复壮效果更好。尽可能在冬季和早春施有机肥，对恢复草地生产能力也有一定作用。

（2）重耙疏伐　对于因根系蓄积造成的通气不良而导致的衰退，用重型圆耙对草地进行切割疏伐，以破坏紧密根系草层，疏松根层土壤结构，恢复通气性能，从而达到更新复壮草地和提高草地生产力。

（3）补播　对于退化后植被稀薄的草地，一般杂草侵入较多，首先人工或化学除草剂灭除杂草，然后用圆耙疏松地面，再选用抗性强牧草进行补播，以增加草地株丛密度，提高草地生产能力。

第二节　日喀则市主要饲草种植品种管理措施

一、一年生及越年生饲草品种生产技术

1.燕麦生产技术

（1）播种　耕翻深度 20~30 cm 为宜，并耙耱。播前结合整地施有机肥 3 万 kg/hm²、过磷酸钙 750~1 500 kg/hm²，高寒地区可施草木灰补充钾肥。青藏高原播期一般在 4 月中旬至 5 月上旬。种子田播种采用条播方式，行距为 30 cm，播种量 105~135 kg/hm²；饲草田采用条播或人工撒播，条播量 150~225 kg/hm²，行距为 15 cm；人工撒播量 195~270 kg/hm²。播种深度 3~4 cm，墒情较差时，不宜超过 5 cm。播种时与种子一起施种肥，尿素 75 kg/hm²，磷酸二铵 225~300 kg/hm²。播后覆土、耙耱和镇压。

燕麦可与箭筈豌豆、毛苕子、饲用豌豆等一年生豆科类牧草混播。同行条播时燕麦播种量为 105~157.5 kg/hm²，豆科牧草类播量（箭筈豌豆 30~52.5 kg/hm²，毛苕子 24~36 kg/hm²，饲用豌豆 60~120 kg/hm²）。撒播时播量可相应的提高 15%~20%。日喀则市草原站在南木林艾玛饲草试验示范地 2018 年的试验表明：加燕 2 号燕麦 105 kg/hm² 与箭筈豌豆 52.5 kg/hm² 同行混播可获得较高产量的牧草。

（2）田间管理　燕麦为速生密植作物，一般无需除草，如果苗期杂草多，可在分蘖期人工除杂草，也可使用 2，4-D 丁乳酯或甲磺隆等除草剂清除阔叶杂草，施药时用推荐剂量的中下限。在施足基肥外，每次结合灌水在孕穗和灌浆期追施尿素 75 kg/hm²，高寒牧区可在下雨前追施尿素 150 kg/hm²。降水量在 250 mm 以下干旱地区，生育期需浇 3 次水，时间分别在分蘖期、孕穗期和灌浆期。燕麦主要是黑穗病和锈病，要及早发现及早防除。当蚜虫发生为害并达到防治指标时，用吡虫啉或啶虫脒对水稀释喷雾防治蚜虫。

（3）收获及加工　作为饲草利用，燕麦的最佳刈割时期为乳熟期。当一年收获两茬时，第一茬在孕穗至抽穗期间收割，留茬高度 10 cm。日喀则市草原站在南木林艾玛饲草试验示范地 2018 年的试验表明：在水肥充足气候条件允许的情况下，青燕 1 号和青引 2 号等品种年内刈割两茬的产量和质量均高于年内刈割一茬。燕麦青草可直接饲喂或青贮利用，干草需在田间晾晒至安全水分后捡拾打捆或堆垛贮存。

2.黑麦生产技术

（1）播种　播前整地时应加入有机肥或低氮高磷钾的复合肥作为基肥。有机肥的用量为 1.5 万 ~2.25 万 kg/hm²。黑麦种子籽粒大、易出苗，一般不需对土地做特别精细的准备。高原地区一般 4 月中旬至 5 月上旬均可播种。播种方式建议条播，也可撒播。甘引 1 号和黑麦（绿麦）播量 105~150 kg/hm²，冬牧 70 和中饲系列品种播种量 180~270 kg/hm²，条播行距 15~30 cm，撒播播量应相应提高 20%。如收获籽实，播量为 75~90 kg/hm²。黑麦播量过高易引起倒伏。播深可到 5 cm，以利用深层土壤水分。播后及时镇压。

黑麦可与饲用豌豆、毛苕子、箭筈豌豆等豆科作物混播。日喀则市草原站在南木林艾玛饲草试验示范地 2018 年的试验表明，甘引 1 号 66 kg/hm² 与饲用豌豆 66 kg/hm² 同行混播、甘引 1 号 66 kg/hm² 与毛苕子 52.5 kg/hm² 同行混播、甘引 1 号 120 kg/hm² 与箭筈豌豆 45 kg/hm² 同行混播均获得了较高的饲草产量。

（2）田间管理　黑麦由于苗期生长较慢，易受杂草为害，播前可通过旋耕或用草甘膦等化学除草剂灭除杂草。春播黑麦除基肥外，可在拔节和抽穗期分两次施尿素，每次用量为 75~105 kg/hm²。如果前茬是豆科作物或牧草，可减少氮肥用量。磷肥和钾肥最好在播种时作为基肥。磷肥用量 180~225 kg/hm²，最高不要超过 345 kg/hm²。黑麦对钾的需求量高，钾肥用量一般为 30~75 kg/hm²。施肥与灌溉尽可能结合。干旱区黑麦需浇 2~4 次水。分蘖期到拔节期水分供应不足会增加不孕穗数，降低种子产量。抽穗和灌浆期也需进行浇水。黑麦易感麦角和赤霉病，可通过种子处理、与豆科轮作、避开前作发病的地块、拔除田间有病植株等方法防治。黑麦容易受蝗虫、蚜虫和地老虎的危害，必要时需及时用杀虫剂控制虫害。

（3）收获及加工　作为青饲料，应在孕穗期收割，也可以放牧，此时饲用价值较高。黑麦的孕穗期只有几天，及时收割很重要。调制干草或青贮，应在蜡熟期收割，延迟收割会降低饲草品质。黑麦也有再生性，可以放牧或在孕穗至抽穗期先刈割一次，留茬高度 10 cm，再在蜡熟期前收获一次，延迟收割会降低牧草品质，而且颖果的芒会变硬，导致家畜口腔溃疡。收获籽实是当穗子中部进入完熟期时收获，收获不宜过晚，否则种子会脱落。日喀则市草原站在南木林艾玛饲草试验示范地 2018 年的试验表明：在水肥充足气候条件允许的情况下，基地黑麦（绿麦）等品种年内刈割两茬的产量和质量高于年内刈割一茬。

3. 小黑麦生产技术

（1）播种　播前整地时应加入有机肥或低氮高磷钾的复合肥作为基肥。有机肥的用量为 1 500~1 700 kg/667m²。小黑麦种子籽粒大、易出苗，一般不需对土地做特别精细的准备。小黑麦可春播和秋播。春播高原地区一般 4 月中旬至 5 月上旬均可播种。播种方式可撒播，也可条播。条播播量 120~180 kg/hm²，条播行距 15~30 cm；撒播的播量比条播的播量应提高 15%~20%。如收获籽实，播量为 75~90 kg/hm²。小黑麦播量过高易引起倒伏。春播时播深可到 5 cm，以利用深层土壤水分。播后及时镇压。

（2）田间管理　小黑麦由于苗期生长较慢，易受杂草为害，播前可通过旋耕或用草甘磷等化学除草剂灭除杂草。返青至拔节期选用 2，4-D 丁酯乳油，75% 的苯磺隆 DF 或 6.25% 甲基碘磺隆钠盐—酰嘧水分散粒型（使阔得）除杂草。春播小黑麦除基肥外，可在拔节和抽穗期分两次追尿素，每次用量为 75~105 kg/hm²。如果前茬是豆科作物或作物，可减少氮肥用量。磷肥和钾肥最好在播种时作为基肥，否则需要追施。磷肥用量 180~225 kg/hm²，最高不要超过 345 kg/hm²。小黑麦对钾的需求量高，钾肥用量一般为 30~75 kg/hm²。施肥与灌溉尽可能结合。干旱区小黑麦需浇 2~4 次水。分蘖到拔节期水分供应不足会增加不孕穗数，降低种子产量。抽穗和灌浆期也需进行浇水。小黑麦易感麦角和赤霉病，可通过种子处理、与豆科轮作、避开前作发病的地块、拔除田间有病植株等方法防治。容易受蝗虫、蚜虫和地老虎的危害，必要时需及时用杀虫剂控制虫害。

（3）收获及加工 小黑麦的利用方式多样，可以收获籽实，也可以生产饲草。水肥和积温充足的地区可先放牧或刈割 1 次后在生产籽粒，但第一茬刈割最好在孕穗期，留茬不得低于 5 cm。作为牧草，小黑麦可以放牧，也可以青饲、生产干草或者做青贮。调制干草和做青贮的最佳时间都为蜡熟早期。延迟收割会降低牧草品质，而且颖果的芒会变硬，导致家畜口腔溃疡。收获籽实是当小黑麦穗子中部进入完熟期时可收获，收获不宜过晚，否则种子会脱落。

4. 饲用青稞生产技术

（1）播种 青稞整地时要做到"齐、平、松、碎、净、墒"。干旱地应在休闲期及时降水保墒。结合整地要施底肥。施肥原则一般为"重施基肥、用好种肥、早施苗肥"，有机肥与无机肥相结合，施农家肥 1.5 万 kg/hm² 作底肥，过磷酸钙 3 375 kg/hm²，尿素 1 125 kg/hm² 作种肥，在犁地前全部施入土壤中。播种时间适宜春播，也可秋播。播期在 4 月下旬播种。冬青稞在 10 月上旬播种。播种量依品种类型、不同地区、种植方式等而定，一般分蘖力强的、成穗率高的品种应少播，分蘖力弱的、成穗率低的品种应多播，撒播比条播的播种量大，一般播种量 225~262.5 kg/hm²；条播行距以 20~22 cm 为宜，种子覆土深度为 2~4 cm，最深不能超过 5 cm。播前采用 15% 粉锈灵拌种（375~600 kg/hm²），防治黑穗病和预防青稞各种锈病。采取青稞和燕麦混播种植的长势很好。

（2）田间管理 一般在青稞 3~4 叶期结合中耕除草，化学防除田间阔叶杂草，青稞拔节期以前，每公顷喷洒 2, 4-D 丁酯 900~1 200 mL。在青稞 2 叶 1 心时期追施尿素 60~75 kg/hm²，抽穗前期施尿素 45~60 kg/hm²，灌水需结合追肥。同时注意防病虫害，必要时采用化学防治方法。

（3）收获及加工 以收籽实为目的，蜡熟末期收获较为适宜，成熟期宜掉穗落粒。作为饲草利用，收获期的确定应以获得产量多、营养价值高、适合青饲和青贮为原则。青饲利用，可在孕穗期刈割，这时产草量高、草质柔嫩，适口性强。也可在孕穗期至乳熟期刈割后调制成青干草利用；青贮利用可在蜡熟期刈割，全株青贮，可用于饲喂奶牛、牦牛及羊。

5. 箭筈豌豆生产技术

（1）播种　选择高产、优质、抗病、抗倒伏的品种，尽量选择乡土种，外引品种至少要在当地经过 3 年以上的适应性试验才可大面积种植。整地一般深翻 20~35 cm 为宜。及时耙磨，使土地平整，上虚下实。每亩施农家肥 2 000~3 000 kg，磷酸二铵 5~10 kg。播期在 5 月至 7 月上旬。播种方式采用条播、穴播、撒播均可。条播较好，行距 30~40 cm；穴播株距 25 cm。单播收草时播种量为 45~75 kg/hm^2，收种子时播种量为 30~60 kg/hm^2。播种深度为 3~4 cm，如土壤墒情差，可播深些。播后镇压。

（2）田间管理　出苗后 5~7 d 内若遇干旱，要及时灌水，以利幼苗扎根，保证全苗，生长中期视需水情况，保证分枝期和结荚期水分需求，灌水 2~3 次，水量不宜过大，收获前不易灌水。在分枝期追肥过磷酸钙 75~150 kg/hm^2；初花期用 0.1% 的硼酸溶液喷洒 1~2 次，可提高产粒量 10%~20%。种植当年，应除草 1~2 次，播后苗前和苗后 15~20 d 各除草一次，杂草少的地块用人工拔除，杂草多的地块可选用安全高效低毒低残留的除草剂，病害主要为白粉病、锈病、根腐病、霜霉病等，发生病害后应及时进行防治。出现虫害时可用氯氰菊酯或敌百虫等药剂诱杀。用药后 15 d 内禁止饲用。牧草收获后，在入冬前清除田间枯枝落叶，以减少翌年的初侵染源。与燕麦黑麦等禾本科牧草混播为宜。

（3）收获及加工　箭筈豌豆青饲时初花期刈割为宜，反刍动物要控制喂量，与其他饲料搭配饲喂，以防膨胀病。箭筈豌豆调制干草时现蕾期至盛花期收割，就地摊成薄层晾晒，如利用再生草，初花期刈割，留茬 5~6 cm。与禾本科牧草混播时，禾本科牧草孕穗期或乳熟初期收割。收割前视天气状况及时收割，避免雨淋霉烂损失，适时收获。箭筈豌豆成熟后易炸荚，收籽实时，当 70% 豆荚变成黄褐色时清荚收获。

6. 毛苕子生产技术

（1）播种　选择砂质、壤质中性，或干旱贫瘠地。耕翻整地的同时施有机肥 2.25 万 ~3.75 万 kg/hm^2，过磷酸钙 375~450 kg/hm^2 或磷酸二铵 150~225 kg/hm^2 为底肥。耙糖整地，使表土平整。播种方式可开沟条播或穴播。播种时间 5 月底至 7 月。播种前可用机械方法擦破种皮，或用温水浸泡 24 h 等方法进行硬实处理。种子田条播行距 40~50 cm，播种量 22.5~30 kg/hm^2；收草地条播行距 20~30 cm，播种量 15~60 kg/hm^2。墒情好的地块播深 2~3 cm 即可，墒情差的地块则需要播深 3~5 cm。播后及时镇压。

（2）田间管理　幼苗生长缓慢，易受杂草为害，应及时除草。在分枝盛期和结荚期灌水，灌水量根据土壤含水量确定。对磷钾肥敏感，在生长期间可以追施草木灰 495~600 kg/hm^2，施肥与灌溉结合。毛苕子病害主要有白粉病、叶斑病和锈病，及时消灭病株或必要时可使用 50% 多菌灵可湿性粉剂防治。主要虫害有地老虎、蚜虫和黏虫，必要时使用氯氰菊酯、敌百虫等药剂稀释防治。

（3）收获及加工　青饲在现蕾期至初花期刈割，刈割后留茬 10 cm 左右，可促进再生。调制干草可在连续晴朗天气盛花期刈割，刈割后晾晒数天。收种宜在 50% 以上荚果成熟时刈割。青饲或放牧时注意喂量，以防发生膨胀病。

7. 豌豆生产技术

（1）播种　饲用豌豆忌连作，宜轮作。应选择肥力中等以上、排水良好、土壤疏松的地块种植。对整地要求不严格，也可以免耕播种。基肥可施有机肥 1.5 万 kg/hm^2，过磷酸钙 180~225 kg/hm^2，土壤贫瘠地块可增施尿素 75~150 kg/hm^2。播种前进行清选，晒种 1~2 d。适宜春播或秋播，高寒地区宜春播，5 月后种植。播种方式以穴播和条播为主，直立型品种行距 20~40 cm，蔓生型品种行距 50~70 cm，株距皆为 10~20 cm。播种量 150~225 kg/hm^2，覆土 3~5 cm。播后镇压。饲用豌豆除单播外可与燕麦混播。可选择甜燕麦、青海 444 等植株高大、枝叶繁茂的燕麦品种，饲用豌豆播量 120~150 kg/hm^2，燕麦播量 60 kg/hm^2。可以通过调整麦豆混播量进行倒茬。

（2）田间管理　饲用豌豆的杂草防除多在苗期进行，苗高 6 cm 时进行第一次除草，苗高 15~20 cm 时进行第二次中耕除草。生长期需水量较多，苗期若遇干旱，应适时灌水 1~2 次；开花结荚期遇干旱，应灌水 2~3 次。

忌积水，雨水较多地区应注意排水，以防烂根。苗期施尿素 75~90 kg/hm²，开花期增施钾肥 105~150 kg/hm²。主要病害有白粉病和褐斑病。白粉病在发病初期可用 50% 托布津防除。褐斑病在发病初期喷洒波尔多液防治。主要害虫有潜叶蝇和豌豆象等。防治潜叶蝇可在幼虫阶段使用斑潜净。

（3）收获及加工　饲用豌豆可以直接青饲，也可以晒制干草，或进一步加工成干草粉。青饲在盛花期刈割为好。调制干草时现蕾期至盛花期收割，就地摊成薄层晾晒。如利用再生草，在盛花期刈割，刈割时留茬 5~6 cm。与麦类作物混播的草地，宜在豌豆开花结荚期，麦类抽穗开花期刈割，此时干物质和粗蛋白含量均较高。豌豆籽实是家畜优良的精饲料，多用于冬春补饲和母畜、幼畜的精料。种子收获后的秸秆也可作为家畜的粗饲料，粗蛋白含量较高，饲喂马、牛、羊均可，也可喂鱼。

8. 饲用油菜生产技术

（1）播种　油菜在青藏高原栽培历史悠久，作为饲用油菜，一定要选择长势强、叶片大、营养体产量高、牲畜适口性好的双低（低芥酸、低硫甙）油菜品种。要求种子纯度、净度、发芽率均在 90% 以上。选择交通便利、避风向阳、地势平坦、土层深厚、土壤肥力中等以上、有灌溉条件且排灌方便的地块。复种一般选择前茬作物为小麦、青稞、豌豆等茬田。深耕 20~25 cm，要求土壤细碎，地平墒足。在青藏高原农区或半农半牧区单播一般 4 月底至 5 月初播种。播种方式一般撒播为主。饲用油菜以收获鲜草为目的，播种量为 12~22.5 kg/hm²，收获籽实的播量要小一些，一般为 11.25~15 kg/hm²。播种深度 2~3 cm。

（2）田间管理　饲用油菜播种后 3~4 天即可出苗，苗期不用间苗和定苗，及时除草，视生长情况可适当喷施磷酸二氢钾、喷施宝等叶面肥，促进油菜营养器官生长。苗高 15 cm 时，追施尿素 75 kg/hm²。苗期灌第 1 次水，蕾薹期灌第 2 次水，盛花期灌第 3 次水，结合第 1 次灌水追施尿素 112.5 kg/hm²，以促进生长。病虫害主要有油菜菌核病、菜蚜、小菜蛾等。菌核病可用 50% 多菌灵可湿性粉剂 1 000 倍液，或 20% 速克灵可湿性粉剂 1 000 倍液喷雾防治。

（3）收获及加工　以收获种子为目的的饲用油菜，以黄熟期收割最为适宜，应掌握在半青半黄、角果刚变黄时及时收割，并做到随黄随收，防止裂荚造成损失。油菜收割后一般堆放 5~7 d 完成后熟，即可脱粒。作为饲草利用，抽薹现蕾期（营养成分及含量最佳）收获。也可根据饲用油菜的不同用途，在不同苗龄适时收获。作为青贮利用，饲用油菜在抽薹现蕾期收割，利用饲用油菜与青稞秸秆按 1∶3 的比例复合青贮利用。

9.蚕豆生产技术

（1）播种　蚕豆根系发达，入土较深，因此，要深耕。深耕时结合施基肥。播种前进行晒种、浸种等处理，促进发芽。此外，播种前用根瘤菌接种，可提高产量。播种期高寒地区宜春播，播种方法一般采用条播。行距 50 cm，株距 10 cm。播种量 15 kg/667 m^2，播种深度 4~6 cm。

（2）田间管理　蚕豆在断垄前应进行中耕除草。生长期间追肥分 3 次，孕蕾期主要施氮、钾肥和少量磷肥，开花期多施磷钾肥，结荚期主要施磷肥。追肥时结合灌水。主要病害有赤斑病、锈病、枯萎病等。主要虫害有蚜虫、蚕豆象等，必要时进行化学防治。

（3）收获及加工　蚕豆可以直接青饲，也可以晒制干草，或进一步加工成干草粉。青饲及加工成干草利用以盛花期刈割为好，青草含量和营养成分含量较高。与麦类作物混播的草地，宜在蚕豆开花初花期至盛花期，麦类抽穗及开花期刈割，此时干物质和粗蛋白含量均较高。

二、多年生饲草品种生产技术

1.垂穗披碱草生产技术

（1）播种　垂穗披碱草播种整地时应适当施入底肥，并对种子作断芒处理；有机肥 1.5 万 ~2.25 万 kg/hm^2，过磷酸钙 225~300 kg/hm^2。在青藏高原一般春播，气候稍暖地区可以夏播。日喀则市以 5 月下旬至 6 月中旬播种为宜，夏播不迟于 7 月中旬。垂穗披碱草可撒播，可条播；播种量种子田 15~22.5 kg/hm^2，条播行距 25~30 cm；产草田 1.5~2.0 kg，条播行距 15~25 cm，因是野生采集种子，净度和发芽率不达标，所以播量略高。

（2）田间管理　有灌水条件的地区，应早播，利于提高当年产量。垂穗披碱草苗期生长缓慢，注意消灭杂草，有条件的地方可在拔节期灌水 1~2 次。垂穗披碱草播种当年，幼苗生长缓慢，易受杂草为害，应选用适宜的化学除莠剂，如 2，4–D 丁酯乳油或人工除草 1~2 次。垂穗披碱草在生长 2~4

年的产量较高，第五年后产量开始下降，因此从第四年开始要进行松土、切根和补播草籽，可延长草场使用年限。

（3）收获及加工　垂穗披碱草主要作刈割调制干草之用，以营养价值最高的抽穗期刈割为宜。在旱作条件下，垂穗披碱草一年只能刈1次。为了不影响越冬，应在霜前一个月结束刈割，留茬以8~10 cm为好，以利再生和越冬。大面积垂穗披碱草可采用割草机刈割，刈割后的草应快速干燥后上垛，注意防止遭雨霉烂。调制好的垂穗披碱草干草，颜色鲜绿，气味芳香，适口性好，马、牛、羊均喜食，用于冬春补饲马、牛、羊，可以保膘。

2. 多年生黑麦草生产技术

（1）播种　多年生黑麦草喜温暖湿润的气候，种子发芽适期温度13℃以上，幼苗在10℃以上就能较好地生长。因此，黑麦草的播种期较长，既可秋播，又能春播。秋播一般在9月中、下旬至11月上旬均可，主要看前茬作物。若专用饲料的可以早播，以便充分利用9—10月有利天气，努力提高黑麦草产量。每公顷播种量15~22.5 kg最适宜。生产上，具体的播种量应根据播种期、土壤条件、种子质量、成苗率、栽种目的等而定。黑麦草种子细小，要求浅播。

（2）田间管理　黑麦草种子小而轻，整地时要精耕细作，要求畦面平整，无土块，四周开深排水沟，沟深30 cm、宽30 cm，畦间开浅沟，深15~20 cm、宽20 cm，做到田间无积水，土壤保持湿润，又不淹苗。草种出苗后，根据幼苗的生长情况，追施速效肥料。收割前21天每亩施氮肥5~10 kg，每次刈割后也应及时除草，追施速效氮肥。留种田一般不施或少施氮肥为宜，若苗期生长较差，应适当补施少量氮肥。生长期间适时灌溉，可显著增加生长速度，分蘖多，茎叶繁茂，可抑制杂草生长，显著提高产量。为害黑麦草生长的主要是赤霉病和锈病。发病时可喷施石灰硫磺合剂，也可提前刈割，防止病害蔓延。

（3）收获　多年生黑麦草在分蘖期内，草质幼嫩，营养成分最好，但产量最低，一般不在此时刈割利用。抽穗后产草量虽高，但营养成分偏低，且影响再生和利用次数。故最佳利用时期是分蘖盛期和拔节时期。此时株高达40 cm以上，质和量兼优。刈割时应留茬5 cm，以利于再生。收获种子者，可先刈割1~2次，最后收种子。收种前要注意防止雀害。黑麦草落粒性强，待植株黄达 70% 时，选阴天或早晨采收。收获后的种子要及时晒干扬净，贮藏于通风干燥处。

（4）收获及加工　放牧利用，黑麦草生长快、分蘖多、能耐牧，是优质的放牧用牧草。也是禾本科牧草中可消化物质产量最高的牧草之一。常以单播或与多种牧草作物如紫云英、白三叶、红三叶、苕子等混播。牛、马、羊一般在播后 2 个月即可轻牧一次，以后每隔 1 个月可放牧一次。放牧时应分区进行，严防重牧。每次放牧的采食量，以控制在鲜草总量的 60%~70% 为宜。每次放牧后要追肥和灌水一次。青刈舍饲，以孕穗期至抽穗期刈割为佳，可采取直接投喂或切段饲喂。制作青贮饲料，青贮在抽穗至开花期刈割，应边割边贮。如果黑麦草含水量超过 75%，则应添加草粉、麸糠等干物，或晾晒一天消除部分水分后再贮。也可制成草粉、草块、草饼等，供冬春喂饲。

3. 早熟禾生产技术

（1）播种　草地用，可条播，也可撒播。因种子极小，播种前要特别精细整地；播种后要求镇压土地，保持土地湿润。每公顷用种子 7.5~12.0 kg。控制播深，播深 1~2 cm，保证出苗率。行距 30 cm。与白三叶、百脉根混播，可以提高草的产量、质量，调节供草季节，因为百脉根在夏季生长旺盛。播期要因地制宜。温暖地区春、夏、秋都可播，秋播最宜；春播宜早，以备越夏及避免与杂草竞争；高寒区春播 4—5 月，秋播 7 月。草坪育苗每公顷播 105~120 kg，种子直播每公顷播 150~450 kg。施氮肥可以增加早熟禾的比例，控制豆科草的比例。它和豆科牧草混播时，豆科牧草会发生退化，需要重新播种。但早熟禾却可以连续利用，甚至重牧之后，也可以很快恢复。如果每年施用完全肥料，草地可以无限地维持。

（2）田间管理　早熟禾管理不当，也会成为农业中常见杂草，给农业生产带来危害，需要人工防除。农田杂草的防治方法主要有人工防治、化学防治、机械防治、替代控制和生态防治等方法。该草常见的病害为叶斑病、根茎腐烂病、锈病、真菌黑粉病、麦角病、炭疽病等，为抗这些病害，育种学家进行了有针对性的抗病育种工作。

（3）收获及加工　该草是重要的放牧型禾本科牧草。它放牧时间长，耐践踏，营养价值高。从早春到秋季，营养丰富，各种家畜都喜采食。在种子乳熟、青草期，马、牛、羊喜食；成熟后期，上部茎叶牛、羊仍喜食；夏秋青草期是牦牛、藏羊、山羊的抓膘草；干草为家畜补饲草，也是猪、禽良好饲料。

4. 异燕麦生产技术

（1）播种　播种期可选择春播或秋播，以当地雨季为准。根据播种方式和利用目的而定。用于割草地建设时播种量 30 kg/hm²，用于种子生产时播种量时播种量为 15 kg/hm²。用于生态建设时，可以单播也可以进行混播。播种后覆土 1~2 cm 为宜。为了提高播种当年草产量，可以与一年生燕麦混播，混播比例定为 1：1，异燕麦播种量为其单播时的 60%~70%。撒播、条播或机播均可，以条播为宜，用于割草地建设时行距 35~45 cm，种子生产时行距 50~60 cm。播种后覆土 1~2 cm 为宜。康巴变绿异燕麦在青藏高原生长良好，丰产年的第 2~4 年，可产鲜草 2.25 万 ~3 万 kg/hm²，种子产量 400~750 kg/hm²。

（2）田间管理　苗期要及时清除杂草，结合降水追施适量氮肥，拔节至孕穗期追施适量磷钾肥，种子进入完熟期后应适时收获。异燕麦为中、短期多年生牧草，栽培 4~6 年后，产量逐年下降，因此，在生产实践中，当产量显著下降以后，即可改种其他作物或牧草（放牧地和植被恢复地除外）。混播草地及时清除有毒有害杂草；单播草地可通过人工或化学方法清除杂草。

（3）收获及加工　康巴变绿异燕麦打贮干草应在抽穗期或初花期刈割，此时产量较高，叶量丰富，茎叶比为 1：7 左右，无氮浸出物及粗蛋白含量相对较高，粗纤维含量相对较低，品质较好，刈割的留茬高度以 2~3 cm 左右为宜。康巴变绿异燕麦返青早，种子成熟早，7 月中下旬种子即可成熟。此时收种，正好可以避开阴雨天气。种子成熟后，茎秆变黄，叶层仍保持青绿时及时刈割残茬，有利于再生草的生长。再生草，可用来放牧或刈割利用。

5. 紫花苜蓿生产技术

（1）播种　西藏主要采取春播和夏播。春播是与春播作物同时播种，春播当年发育好产量高，种子田宜春播。春季干旱，土壤墒情差时，可在夏季雨后抢墒播种。但不能迟于 7 月中旬，否则会降低幼苗越冬率。覆土深度根据土壤墒情和质地而定，土干宜深，土湿则浅，较壤土宜深，重粘土则浅，一般 1~2.5 cm。最宜条播，亦可撒播。播种方式有单播，混播和保护播种（风沙严重的地块）三种。可根据具体情况选用。条播行距通常为 15~30 cm。撒播时要先浅耕后撒种，再耙耱。条播适宜播种量为 12~18 kg/hm²，撒播时播种量应增加 20% 左右。混播的可撒播也可条播，也可同行条播，也可间行条播，保护播种的，要先条播或撒播保护作物，后撒播种子，再耙耱。灌区和水肥条件好的地区可采用保护播种，保护作物有麦类、油菜或割制青干草的燕麦、草高粱、草谷子等，但要尽可能早地收获保护作物。采用混播可提高牧草营养价值、适口性和越冬率。适宜混播的牧草有：猫尾草、多年生黑麦草、鹅冠草、无芒雀麦等。混播比例，苜蓿占 40%~50% 为宜。

（2）田间管理　苗期生长十分缓慢，易受杂草危害，要中耕除草 1~2 次，播种当年，在生长季结束后，可刈割利用一次，植株高度达不到利用程度时，要留苗过冬，冬季严禁放牧。入冬前需灌溉一次，春季返青前灌溉一次。紫花苜蓿病虫害较多，常见病虫害有霜霉病、锈病、褐斑病等，可用波尔多液，石流合剂等防治。虫害有蚜虫、浮尘子、盲蝽象、金龟子等，可用乐果、敌百虫等药防治。

（3）收获及利用　一般认为在初花期刈割比较合适，此时蛋白质含量最高。在盛花期刈割时产草量最高，每年可刈割 2~3 次，条件好的地区可刈割 4~5 次。最后一次刈割应该保证以后发枝的良好生长。应在早霜来临前 30 天左右停止刈割。刈割时留茬一般在 5~6 cm，越冬前最后一次刈割高度应高些，为 7~8 cm。以保持根部养分和利于冬季积雪，对越冬和春季萌生有良好的作用。

（4）收获及加工　紫花苜蓿茎叶柔嫩、鲜美，含有丰富的蛋白质、矿物质、胡萝卜素及多种维生素，适口性强，可青饲、青贮、调制青干草、加工草粉、用于配合饲料或混合饲料，畜禽喜食。但放牧反刍畜易得臌胀病，应适当混播禾草。发达的根系能为土壤提供大量的有机物质，可使土壤形成稳定的团粒，固定大气中的氮，改善土壤理化性状；提高土壤肥力增加透水性，拦阻径流，保持坡面减少水土流失的作用十分显著；也是很好的蜜源植物。

6.红豆草生产技术

（1）播种　播种期可春播，也可夏秋播。北方每年4月中旬至5月初进行播种，干旱地区在雨前或雨后抢墒种。土壤瘠薄的土地，播种时要加施速效氮肥，硝酸铵150~225 kg/hm²。播种红豆草种子是带荚播种，播种量22.5~30 kg/hm²。收草地播种用量37.5~45 kg/hm²。播种时覆土要浅，适宜播种深度为2~4 cm。播种方法都用单播、条播，播种行距20~30 cm。

（2）田间管理　出苗前要防治土壤板结，苗期要及时锄草、中耕松土。每次刈割或放牧后，要结合行间松土进行追肥，施磷二铵112.5~150 kg/hm²，增产效果显著。

（3）收获及加工　青饲或青贮时在现蕾至盛花期刈割，调制干草在盛花期刈割。温暖地区年可刈割两茬，高寒地区年刈割一茬。再生草可放牧利用。初花期刈割干物质粗蛋白质含量可达18%左右。初花期刈割可刈割三茬，但产草量不及盛花期，而且影响草地使用寿命。机械收获时留茬高度根据地面状况调至最低，人工收获可齐地面刈割。

第三节　肥料介绍及测土配方方案

一、肥料种类及营养元素的作用

1.氮肥

氮是植物体内蛋白质和叶绿素的组成部分，酶也是一种蛋白质。氮也是维生素、核酸、磷脂的成分之一。氮能促进牧草分蘖、茎叶生长，使叶片浓绿，植株高大，茎叶繁茂。缺氮时叶片发黄，植株矮小，生长缓慢，籽粒不饱满。氮过多时会造成徒长，茎细弱，晚熟，易倒伏，易受到病虫害（表4-1）。

表4-1　常用氮肥的成分及性质

肥料名称	肥料颜色	氮（N）（%）	硫（S）（%）	肥效性	肥料性质	用途
碳酸氢铵	白色细粒结晶	17	0	快速	碱性	基肥、追肥
硝酸铵	白色结晶	33~34	0	快速	酸性	

（续表）

肥料名称	肥料颜色	氮（N）（%）	硫（S）（%）	肥效性	肥料性质	用途
无水氨	有刺激性气味的液体	82	0	快速	酸性	基肥
硝酸钠	白色或微黄色结晶	15~16	0	快速	易溶于水，碱性，有助燃性	追肥
硫酸铵	白色或微黄色结晶	21	24	快速	酸性	基肥、追肥、种肥
尿素	白色结晶	46	0	快速	酸性	基肥、追肥
氯化铵	白色结晶	25~26	0	中度	酸性	基肥、追肥

2. 磷肥

磷是植物细胞原生质、细胞核的重要组成部分。磷脂、核酸中都含磷。磷对植物体内糖的转化，淀粉、脂肪、蛋白质的形成是不可缺少的。磷肥充足，可促进根系发育，有利于幼苗生长，增强抗旱抗寒能力，使籽实饱满，早熟。缺磷时叶色变暗，甚至变紫红色、红褐色，生长受阻。磷肥有利于禾本科牧草苗期生长，促进发根，增加分蘖，提高抗寒性、抗旱性；还能加速繁殖器官的生长发育，使籽实饱满，提早成熟。一般贫瘠的土壤，都缺磷，特别是红壤地区，磷极为缺乏。我国北方大部分地区也缺磷，一般每公顷施磷（P_2O_5）30~40 kg。据试验研究证明，每公顷收割 1 t 干物质应追施磷肥 4 kg，并应及时对土壤进行分析，防止缺磷或磷过量（表 4-2）。

表 4-2 常用磷肥的成分及性质

肥料名称	肥料颜色	氮（N）（%）	磷（P_2O_5）（%）	硫（S）（%）	肥效性	肥料性质	用途
磷酸二铵（DAP）	白色结晶	18	46	0	快速	酸性	
磷酸一铵（MAP）	白色结晶	10~12	50~55	0	快速	酸性	
普过磷酸钙	灰白色粉末	0	18~20	12	快速	中性	基肥、追肥、种肥

（续表）

肥料名称	肥料颜色	氮（N）（%）	磷（P₂O₅）（%）	硫（S）（%）	肥效性	肥料性质	用途
三重过磷酸钙	深灰色颗粒或粉末状	0	44~46	1	快速	中性	
磷矿粉	灰褐色	0	26~35	0	缓慢	碱性	基肥
钢渣磷肥	深棕色粉末	0	10~25	0	快速	碱性	

3. 钾肥

钾对碳水化合物的形成和运输有密切关系，把叶中合成的淀粉转化为磷脂酸，运至其他器官。还能促进氮的吸收和蛋白质的形成，增强抗旱、抗倒伏、抗病虫害能力。缺钾时光合作用减弱，易倒伏、籽粒少；叶尖叶缘枯焦，变黄褐色。钾与牧草生长关系密切，因为钾与植物体内碳水化合物的合成与运转有关，能把叶中淀粉转化为磷脂酶运送到其他器官中去，能促进蛋白质的形成，还能促进茎秆生长健壮，防止倒伏，增强抗旱和抗病虫能力。较黏得的土壤，钾的含量较高，可以满足禾本科牧草生长的需要。而在沙性较强的土壤中，钾的含量往往很低，需要补充钾肥（表4-3）。

表4-3　常用钾肥的成分及性质

肥料名称	肥料颜色	氮（N）（%）	钾（K₂O）（%）	硫（S）（%）	肥效性	肥料性质	用途
氯化钾	白色或淡黄色或紫红色	0	60~62	0	快速	化学中性，生理酸性肥料	
硝酸钾		13	44	0	快速	碱性	
硫酸钾	白色或淡黄色结晶	0	48~52	18	快速	化学中性，生理酸性肥料	
硫酸镁钾		0	22	22	快速	中性	

4. 微量元素

微量元素对牧草的影响近几年研究资料很多。很多研究表明，缺乏微量元素，影响牧草生长发育，同时对家畜影响很大，不仅影响增重、产奶、产毛，还严重致病、致死。所以，微量元素越来越引起人们的重视。澳大利亚对国土进行微量元素的普查，发现缺钼。我国北方草原区普遍缺锰、锌，高山草地缺硒，山地草地缺铜。其他需要量较多的有钙、镁、铁，需要量极少但有重要作用的有硼、锰、铜、锌、钼等等。植物缺钙时顶芽和幼根受害枯死，叶片失绿现白纹。缺镁严重时叶片边缘失绿变白。缺硫植物生长发育受阻，叶片变浅。缺铁时幼叶变黄变白。缺硼植物体内碳水化合物代谢受破坏，豆科牧草不能结瘤，嫩叶失绿，顶芽和生长点死亡。缺锰叶绿素形成受阻，叶上有失绿斑点并渐成白条纹。缺铜禾本科牧草叶尖发白，严重时不结穗。缺锌细胞不能伸长，节间短，叶变黄，有斑点。缺钼影响豆科牧草根瘤的形成和氮的固定，生长发育受阻，叶片失绿，叶缘卷起，凋萎甚至坏死。

二、牧草需肥关系

1. 禾本科牧草需肥关系

禾本科牧草对氮肥需要更迫切，反应更敏感，对土壤中硝酸盐反应良好，尤其是根茎型、疏丛型禾本科牧草，对氮肥最敏感。禾本科牧草草地土壤中的氮素，不能供禾本科牧草茂盛生长的需要。因此，禾本科牧草草地均需施用氮肥。但是，禾本科牧草吸收的氮低于施入的总量。因为，一部分氮滞留在未收获的根部和残茬落叶中，一部分随降水或灌溉流失，也有一部分呈气态氮损失。所以，氮的吸收率在51%~87%。在放牧的禾本科牧草地上，由于受到排泄物中氮再循环的影响，受家畜践踏与觅食行为的影响，对氮的利用较刈割草地差。一般说，每公顷施氮肥200 kg、400 kg、600 kg时，放牧草地禾本科牧草产量分别为刈割草地的产量的84%、68%和61%，放牧草地禾本科牧草产量低于刈割草地产量，因此，放牧草地要获得最高产量以施氮200 kg/hm^{2}为宜。

在含有白三叶的混合草地上，不施氮，仍可提高产量，每千克氮生产的干物质10~15 kg。但随施氮量的增多，禾本科牧草的竞争力增加，白三叶的长势会相对减弱。因此，在这种混播草地中，即使施氮肥150~200 kg/hm^{2}以下，因有白三叶草，总的产草量仍较高。禾本科牧草如无芒雀麦，每生产1 000 kg干物质，其中含氮（N）19 kg，磷（P_2O_5）3.3 kg，钾（K_2O）24.3 kg，均需从土壤中吸取。只从土壤中吸收而不施肥补充就不能满足牧草生长需要，从而降低产量促使草场退化。

2.豆科牧草的需肥关系

豆科牧草对磷、钾、钙非常敏感。豆科牧草如紫花苜蓿每生产 1 000 kg 干物质，含氮（N）32 kg，磷（P_2O_5）2.5 kg，钾（K_2O）28.4 kg。其中，氮素约有 2/3 由根瘤固氮而获得，约有 1/3 从土壤中获得，磷、钾均从土壤中吸收，为了高产、稳产必须注意合理施肥。世界许多国家对牧草施肥非常重视，定期测定土壤养分，有计划施肥，如澳大利亚普遍缺磷，全澳大利亚每年草地施肥面积达 0.1 亿 hm^2，所施肥料 90% 以上是磷肥，约达 122 万 t。缺微肥地区也要有计划地施用，通过磷肥、微肥的施用和豆科牧草固氮作用可获得较高产草量。

三、优良牧草的施肥技术

肥料是牧草生产的物质基础，在牧草的增产中起着决定性的作用。基肥的使用在牧草生育过程中很重要，施肥对牧草的产量增加有利。大量施肥能促进牧草迅速地再生，使多次刈割成为可能，高产的苜蓿在生产上吸取的植物营养物质比禾本科牧草和谷物都多，特别是氮、钾、钙。苜蓿吸收的氮、磷比小麦多 1 倍，钾比小麦多 2 倍，钙比小麦多 10 倍。每生产苜蓿干草 1 000 kg，需磷 2.0~2.6 kg、钙 15~20 kg、钾 10~15 kg。

1. 氮肥

在氮肥的施用方面，禾本科牧草和豆科牧草不一样，主要是它本身没有固氮能力。因此，为了生产蛋白质含量高的高产禾本科牧草，就要施大量的氮素。豆科作物根部有大量的根瘤菌，能固定空气中游离的氮素，固氮能力很强。因此豆科牧草一般情况下不施氮肥，只是在含氮量低的土壤中播种苜蓿时施少量的氮肥（如磷酸氢二胺）做种肥，与种子一起播种，以便保证苜蓿幼苗能迅速生长。在分析土壤养分的基础上，配方施肥。在豆科牧草生长发育期间，不提倡施用氮肥。

2. 钾肥

豆科牧草植株内钾的含量较高，从而对钾的需求量很大。如生产 1 t 苜蓿干草需要 10~15 kg 钾。为了苜蓿的高产，施钾肥意义很大，因为钾可以提高苜蓿对强度刈割的抗性和耐寒性，增加根瘤的数量和质量，提高氮的固定率。增加钾肥的施用量，可以增加苜蓿干物质和粗蛋白的产量。如果土壤中钾不足，草丛就会很快退化。禾本科适量施用钾肥，可以防止倒伏。

3. 磷肥

磷肥对豆科牧草的增产作用显著。试验表明，追施了磷肥的豆科牧草，如白三叶、苜蓿等的干物质产量，随着施磷肥量的增加而增加。苜蓿幼苗对磷的吸收非常迅速，所以磷在苜蓿幼苗期很重要，通常在播种时作为种肥。磷肥对苜蓿有以下的作用：可以增加叶片和茎枝数目，从而提高苜蓿的产量；促进根系的发育，有助于提高土壤的肥力。磷肥被植物吸收利用率很低，通常利用率只有10%~30%，所以苜蓿要获得高产，磷肥的施用量要远远高于苜蓿的吸收量。

4. 钙肥

豆科牧草对钙的吸收量多，其干物质中钙的含量为1.5%~2.0%。钙的作用是：促进豆科牧草根系的发育，对消化细菌和自身固氮菌等微生物的活动有重要作用，可促进根瘤的形成和氮的固定。酸性土壤必须施用石灰，中和土壤。

5. 厩肥

厩肥，即家畜粪便和垫草的混合物，是氮磷钾以及一些微量元素营养极有价值的载体。表施厩肥可对牧草越冬提供某些保护。因厩肥中提供腐殖质，可改善土壤的物理特性，因而增加了土壤的渗透性和持水力、通气性和调节温度的关系。如果厩肥用于建植人工草地，就应该在播种前一年施下，以便让杂草种子腐烂分解和发芽并早日除掉。对于已定植的牧草地，厩肥应在秋季或在刈割后立即施入，建议每年的厩肥用量为15~22.5 t/hm^2（表4-4）。

表4-4　厩肥的平均肥料成分　　　　　　　　　　（单位：%）

家畜种类	水	有机质	N	P$_2$O$_2$	K$_2$O	CaO	MgO	SO$_3$
猪	72.4	25.0	0.45	0.19	0.60	0.08	0.08	0.08
牛	77.5	20.3	0.34	0.16	0.40	0.31	0.11	0.06
马	71.3	25.4	0.58	0.28	0.53	0.21	0.14	0.01
羊	64.6	31.8	0.83	0.23	0.67	0.33	0.28	0.15

四、施肥原则

1.根据牧草的需要量

不同种类牧草需肥情况不同，禾本科牧草需氮肥较多，应以氮为主要配合磷、钾肥；豆科牧草以磷为主，少量施氮，在幼苗期根瘤未形成时，施少量氮肥可促进幼苗生长；混播草地首先多施磷肥，促进豆科牧草根瘤形成，进而促进禾本科牧草生长。

牧草不同生育期需肥量不同。禾本科牧草需肥最多时期为分蘖到开花期，豆科牧草为分枝到孕蕾期。此时为施肥关键期，此时适量施肥，能保证营养需要，有利于高产。

2.根据土壤肥力状况

不同类型土壤，肥力差异极大，因此，施肥必须考虑土壤的肥力状况。砂土肥力低，保肥力差，应多施有机肥作基肥，化肥应少施、勤施。壤质土有机制和速效养分较多，只要施足基肥，适当追肥就可获得高产。粘质土或低洼湿地肥力较高，保肥力较强，有机质分解慢，前期应多施速效肥，以防后期营养过剩，造成徒长、倒伏。我国土壤一般有机质含量少，氮肥磷肥缺乏，尤其南方酸性土、北方贫瘠土壤，速效磷极少，必须施足氮肥，配合磷肥。为获得高产，配合施钾肥仍属必要。总之，应经过土壤养分分析，针对土壤质地，保肥能力等，进行合理施肥。

3.根据土壤水分状况

土壤水分少直接影响牧草生长、微生物活动、有机质分解，也决定了施肥效果。干旱时期，土壤水分少，施化肥要结合灌溉，否则不能吸收，造成浪费；土壤水分过多时，空气不足，微生物活动差，有机质分解慢，应施速效肥。

4.根据肥料种类和特性

有机肥、畜圈粪应注意是否腐熟。秋耕施肥可用未完全腐熟的有机肥，播种施肥应用已腐熟的有机肥。化肥种类不同，特点不同：肥效较迟、不易流失的可作基肥，如过磷酸钙、草木灰等；肥效快，易被牧草吸收的可做追肥，如硫酸铵、碳酸氢铵等。

五、施肥的方法

1.基肥的施用

基肥也叫底肥，播前结合耕翻施用有机肥、缓释化肥，以满足牧草整个生长期的营养需要。有机肥可先撒施后翻耕，肥少时可沟施、穴施提高肥效，作基肥的化肥可同时施入。

2.种肥的施用

播种时与种子同时施用的有机肥、化肥或菌肥以满足苗期生长的需要，叫种肥。可施在播种沟内、穴内，或浸种、拌种后播种，作种肥的有机肥必须充分腐熟，化肥应对种子无毒害和腐蚀作用。

3.追肥的施用

在牧草生长发育期内追施的肥料叫追肥。多用速效肥，可撒施、条施、穴施，结合灌溉或作根外追肥等。根外追肥主要用过磷酸钙、尿素、微量元素、生长激素等，按一定浓度溶解水中，喷施牧草叶面上，通过叶面组织吸收以满足营养需要。

第四节　天然草地管理和植被恢复

草原在自然因素、生物因素、土壤因素和人为活动的影响下，不断地变化发展。牧草繁茂，生物多样性增加，层次复杂，品质提升，生产力水平提高，土壤日渐肥沃，环境条件变好，这种演替称之为草原的进展演替。反之，引起原来建群种和优势种减少，生物种群数量降低，草群中优良牧草生长发育不良，低劣草增加，发生病、虫、鼠害，地表裸露，土壤旱化、沙化及盐碱化，致使草原质量下降，生产力水平降低，生境条件变劣，称之逆行演替或退化演替，即草原退化。

一、草原退化的主要原因

引起草原退化的原因有自然因素、人为因素和植物本身因素，前二者为其主要因素，特别是人为不合理利用，放牧、开垦、滥挖、樵采、开矿等加速了草原退化。由于人们对草原认识不足，在经济利益的驱动下，增大放牧对草原的压力，严重超载过牧，导致草原退化。违背自然规律、盲目毁草开荒，导致草原沙化、盐碱化和退化，同时由于草原面积的减少，更加剧了草原的退化。

第一，草原资源锐减，草畜矛盾加剧，引起草原"三化"加重。西藏自治区是全国十大牧区省份之一，草原资源比较丰富，草质优良，对发展畜牧业有得天独厚的资源优势。但长期以来，由于人口的增加，畜牧业的发展，农牧争地矛盾日益激化，大面积草原被开垦为农田，草畜矛盾日益加剧，草原长时间超载过重，过度的放牧使土壤板结，通过透水性变差，土壤温度降低，影响土壤微生物的活动和有机质的分解等，牲畜采食植物赖以光合作用的器官，导致养分循环不平衡，草原营养物质输出大于输入，使草原中优质牧草比例减少，适口性差，营养价值低的植物大量增加，致使牧草饲料用价值降低，严重影响了畜牧业的发展。

第二，不利的自然因素和人为因素引起草原"三化"问题严重。草原由于受气候、土壤及人为不合理利用等因素的影响，草原"三化"问题日益加重。草原生态系统十分脆弱，在不利的自然因素和人为因素干扰下，极易受到破坏，出现严重的盐碱化、沙化和退化问题。

近年来，由于气候持续干旱和盐碱化及沙化草原的增加，可利用草原面积的减少，超载过牧及扩大开荒不合理利用，致使草原自然生态系统遭到破坏而失去了休养生息的机会。随着草原退化的加剧，草原植被也发生了逆向演替，如羊草群落—羊草＋杂类草——年生杂类草—碱蓬碱蒿—裸露碱斑。在整个演替过程中，羊草逐渐消失，逐步被杂类草、虎尾草、狗尾草、碱蓬碱蒿所取代。植被覆盖度由原来的75%降到20%~30%，甚至出现大面积裸地。草原"三化"问题已被人们所重视，必须保护和建设好自己的生存环境，走经济和生态共同持续发展之路。

第三，降水不平衡对草原的影响。草原植被的生长受气候因素的影响比较大，气候变化必然会对植物的生长发育、繁茂和衰退起制约作用，在大气候因素中水热条件及二者的组合状况是决定植物生长和分布的主导的因子。一般在水、热条件较好的情况下，草原植被生长繁茂，产草量高。反之，在降水量较少，气温低满足不了植物对水分和温度的需求，牧草的返青和生长受到抑制，植被的覆盖高度会降低，导致牧草产量下降。降水量不均不仅表现在地区间年度间不同也表现在同一年度中不同季节性变化，对植被也产生较大的影响。以日喀则草原为例，一年中降水多集中于6—9月，在降水多的年份，由于地表迳流涨蔓延，使部分低洼草场形成季节性和永久性积水，形成了很多的大小泡沼，使草原面积不断减少，水淹后草质下降，草原向退化方向演替。

第四，人为活动引起草原植被逆向演替。草原植被在人类的活动中发生演替，如人为活动不利于草原植被的生存和发展就会发生退化演替。以日喀则草原的刈割时期为例，打草适宜时期在7月下旬至8月下旬，但由于近些年牧草比较缺少，打草多为提前刈割或多次刈割，而且都不留母带（牧草种子繁殖带），使牧草在入冬前根部积累养分不足，影响草群第二年的返青和生长发育，影响植物的有性繁殖，致使草原植被发生变化，草群变矮，优良牧比例减少，植被发生退化演替。由于盲目的开垦草原，一些低洼草原和靠江河附近的草原，开垦后因降水较多或江河涨水使新垦的农田被淹，形成枯水年水退人进，丰水年水进人退其结果为事倍功半，草原垦后废弃掉得不偿失。在风砂土区和有暗碱的草原被开垦后，由于气候干旱，使其沙化和盐碱化加重，形成草原被垦，农田被蚀最终造成入不抵出的局面，草原植被遭到严重破坏，被废弃的撂荒地，其植被群落多为蒿类＋狗尾草＋杂类草，无论是植被覆盖度或是饲用价值都大幅度降低。由于草原地区人口增多，解决烧柴问题也是一项大事，草原由于长期搂耙，使其枯枝落叶减少，不仅破坏了植被也破坏了地表层，致使草原植被发生了退化演替。草原中灌木或半灌木也因砍烧柴而逐渐减少或消失，草原生物多样性遭到破坏。松嫩草原野生药用植物比较丰富，如防风、龙胆、柴胡、桔梗、黄芪等药材，常被滥采滥挖，破坏草原比较严重，屡禁不止，这也是引起草原退化一个重要因素。

综上所述，人们只有合理开发利用草原，保护好现有的草原，建设好草原，才能使其资源优势转变为经济优势。

二、草原改良的原理

1.草原改良的概念

草原生态系统比较脆弱，但具有再生性。草原治理的目的就是通过对草业先进技术和实用技术集成，选择采用农业技术措施如耕、翻、耙、深松、播、施肥、灌排水等。对草原生态系统的功能和结构进行调控，防止草原退化，改良退化草原，恢复草原生产力。生物措施如选择适宜的牧草种类、树木、微生物等，工程措施如修筑堤坝、排、灌水工程等，治理和改进生产力水平较低的草原，在有限的草地资源上最大限度地提高草地生产力水平、牧草品质和经济效益，维护草原生态系统良性循环，走质量效益集约化经营草业发展之路，从根本改变过去传统落后的草业发展状况。

在草原的改良中一般采取两种改良方法，一种治标改良，另一种是治本改良。

（1）治标改良　即在保存全部或大部天然植被情况下，采取一些农业技术措施，如灌水、施肥、改良土壤通气状况，地面整理，防除杂草、草群更新，复壮等，提高草原的产量和品质，成本低见效快。提高产量幅度较小。

（2）治本改良　是将天然草原全部耕翻，播种混合牧草，建立新的植物群落，创造高产优质的人工草地。

无论是治标改良还是治本改良都应以合理利用为基础，否则成果将毁于一旦。

2.草原治理原理

草原生态系统是由草—土—畜及其周围的环境所组成，草原治理就是调控草原生态系统的主要因子的功能和结构，控制其发展的方向和速度，以便达到提高草原生产力水平和效益。

（1）土壤治理　土壤是牧草赖以生存的基础，土壤状况的好坏与牧草的产量及品质密切相关。草原土壤因牲畜过牧的践踏等原因，土壤表层变紧实，土壤的通气透水性变差，致使土壤中的微生物活动及反应变弱，影响草类营养供给状况，导致草原生产力降低，优良牧草从草群中消失。通过采用农业技术措施，对草原土壤表层进行耕作治理，改善土壤的物理结构，使土壤疏松增加通透性，为植物生长发育创造有利的空气、温度、水分条件，同时也为土壤中各种微生物活动和生物化学反应创造有利的条件，提高土壤肥力。通过对土壤进行灌水和排水、施肥等措施处理，改善和提高土壤供水供肥能力，满足牧草对水肥的需求，促进牧草生长发育改善牧草品质。

（2）草群改良　草群的生长发育状况直接影响草原生产力，草群是草原生态系统中的初级生产者，在自然和人为因素的影响下，草群常发生优良牧草衰退、减少、甚至消失，其结果导致牧草产量下降，牧草品质变劣。通过改良措施，使其复壮更新，选用高产优质的牧草进行补播，改善草群结构，或是完全取而代之，这样可以达到减少或清除草群中有毒、有害及劣质草，从而提高牧草的产量和品质。

三、草原治理技术与方法

（一）草原封育

1.草原封育概念

所谓草原封育就是封闭草原一个时期，在此期间内不进行放牧或刈割，给牧草有一个充分生长发育和繁殖的机会，并积累足够的营养物质，逐渐恢复草原生产力，使退化的草原得到自然更新改良。

草原实施封区育草后，防止了因草原利用，特别是在过牧情况下造成的牧草生长发育不良，繁殖力衰退，为退化草原上的牧草提供一个休养生息的机会，增加绿色部分提高光合利用率，加强营养物质积累促进根系生长发育，有利于牧草正常生长发育和繁殖。草原封育后可以防止因牲畜践踏对草原表层土壤的破坏，增加了枯枝落叶量，减少了地表裸露面积，遏止表层土壤风蚀水蚀的发生，改善了土壤的结构和通透性，提高了土壤肥力，促进了草原生态系统良性循环。封育草原后，减少了在利用条件下牧草生殖枝的损失，增强了牧草有性繁殖的能力，使有性繁殖牧草的种子产量增加，有利于草原进行种子更新。封育后可以逐渐恢复优良牧草在草群中的比重，增加了优良牧草的竞争力，提高了草原生产能力和牧草的品质。

2.封育的方法

（1）封育草原的选择　选择草原植被群落较好，以禾本科牧草为主，现已发生退化，地形平坦的地块作为割草场进行封育，封育退化草原要选择目前已发生严重退化、沙化、盐碱化的各种类型草原进行围封，以适应生产的需要。

（2）封育措施　一是网围栏，以水泥桩、角铁及木头做桩，围以网围片（加）、刺铁线，底边距地 20 cm，每隔 20 cm 围一道，围栏高 1.5~2.0 m；二是刺铁丝围栏，使用比较普遍，坚固耐用，使用年限年长占地少，不影响放牧。一般多以水泥柱或角铁作桩，桩距 4~5 m，架设 7 道刺铁丝，每道间距25 cm；三是其他围栏，石头墙、土墙、木栅栏，电围栏。

（3）封育时间　根据草原退化程度，草原面积充裕情况及草群恢复速度而确定封育年限，可以从几个月到几年，退化严重者时间长些，轻度退化的草原时间短些；可实行小块草原逐年轮流封育或季节性封育，当植被恢复到原来水平或接近时即可正常合理利用。

（4）围栏封育与其他措施结合　封育区育草虽能收到较好的效果，但封育草原若与植树造林，耙地松土，补播牧草、灌水和排水，施肥等改良措施相结合，效果会更显著。

草原围栏管理与维护十分重要，必须落实专人负责，建立健全围栏管护责任制，围栏有破损要及时修护，保证其围封效果。

（二）浅翻轻耙

浅翻轻耙就是草原耕翻后再利用轻重耙进行土壤耙地处理，耕翻深10~15 cm，土块要耙碎，土壤要耙平耙实或压实。浅翻轻耙适用于中度或轻度退化、主要靠根茎进行营养繁殖的草原，在长期利用下，特别是超载过度的情况下，草原土壤表层变紧实，土壤通气透水性变差，土壤中微生物活动和生化反应变弱，满足不了草场优势种、建群种对养分的需求，根茎老化，繁殖能力下降，致使草原生产力降低。通过浅翻轻耙，翻、耙切断羊草和小叶章草的根茎，刺激其根茎的繁殖能力，同时增加土壤通透性，给牧草生长发育创造良好的环境条件，促进无性繁殖和生长发育，增加了其竞争能力。

1. 浅翻轻耙机具和草原的选择

（1）翻耙机具　用机引五铧犁、三铧犁或单铧犁翻地；耙地可选用机引的圆盘耙，缺口中重耙等。

（2）草原选择　选择水分条件较好，地势比较平坦，根茎型禾本科草原或根茎型禾本科草占优势的植被类型。土壤类型以黑土层厚的壤土，砂壤土及pH值7.5轻度盐碱土，严禁在重度盐碱土上进行。

2. 翻耙时间及管理

翻耙时间最好在土壤水分充足的季节进行，草原翻耙后的1~2年，要实行禁牧，严防家畜践踏和啃食，可进行适期刈割。翻耙可与补播，施肥，灌水等措施结合起来。

（三）耙地松土

草原在自然因素、生物因素及人为活动的影响下，土壤表层变得紧实，土壤通气和透水性变差，土壤中微生物活动和生物化学反应过程变弱，影响牧草水分和养分的供给，降低了草原生产力和饲用价值。为了改善土壤通气状况，加强土壤中微生物活动，促进土壤中有机质的分解，对草原进行松土改良，提高草原生产力水平。

1. 耙地松土

耙地是改善草原表层土壤通气透水状况，提高土壤肥力一种常用培育措施。

2. 耙地作用

（1）清除草原上的枯死残株，以利于新的嫩株生长　草地丛生禾草每次分蘖形成的新枝都在株丛的外围，而株丛中央充塞了枯死的茎叶，这些枯死的残株影响新枝的生长，耙地可以清除这些残株，有利于丛生禾草形成新、嫩枝。此外耙地对根茎性草类起到促进生长和无性繁殖作用。

（2）耙松生草土及土壤表层有利于空气和水分进入　草地生草土中含有大量已死的根系，它们充塞土壤空隙，使土壤紧实，耙地可以切碎生草土块，疏松土壤表层，改善土壤物理状况。

（3）耙地可以切断土壤毛细管，减少地表土壤水分蒸发，起到保墒的作用。

（4）消灭匍匐性，寄生植物等杂草，有利于草原植物天然下种和人工补种　耙地消除地表的杂草，疏松了表土，为牧草种子萌发生长创造了良好的条件。

3. 耙地不良影响

耙地能直接拔出许多植物，切断或拉断植物的根系，使其受到损害；耙地能除去牧草株丛中覆盖的枯枝落叶层，会使一些牧草的分蘖节和根系露出来，导致植株在夏季旱死或冬季冻死；耙地只能疏松土表以下 3~5 cm 的土壤，不能从根本上改变土壤通气状况。因此耙地如时间，机具等不当，不但起不到改良的作用，反而会导致草原生产力下降。

4. 草原耙地方法

（1）适宜耙地草原类型　耙地应选择根茎型禾本科草原或根茎疏丛型禾

草为主的草原。这些草类的分蘖节和根茎在土壤中位置较深，耙地时不会拉出或切断根茎，如以无性繁殖根茎性的禾草，切断根茎后可以促进其无性繁殖和生长。松土后因土壤空气状况得到改善，可以促进营养更新，形成大量新枝。以丛生禾草及豆科草为主的草原，耙地对这些草类损伤很大，效果不好。尤其是一些下繁禾草、如早熟禾、羊茅等受害更大，匍匐性草类，一年生草类及浅根幼株可因耙地而死亡。密丛性禾本科草类或苔草类为主的草原，耙地通常没有效果或效果不好。

（2）耙地机具　松耙草原可选用圆盘耙（缺口重耙和中耙）、丁齿耙等耙地工具。圆盘耙耙松的土层较深，耙生草土块用圆盘耙效果比较好，耙后能形成 6~8 cm 厚的松土层。丁齿耙适合土质疏松的荒漠和半荒漠草原耙地松土。

（3）耙地时间　耙地最好在早春土壤解冻 3~5 cm 时进行，此时耙地有利于保墒，又可增加土壤的和氧气，促进植物分蘖和形成新枝。耙地最好与其他改良措施如施肥、灌水、补播、结合起来，效果会更好。

（四）划缝松土

土壤划缝也叫划破土皮，就是利用机具将草原土壤划成缝隙（划破），行距 30~60 cm，用这一方法进行退化草原治理。

1. 划缝作用

（1）改善土壤的通气性　划破草皮后由于一部生草土被切碎，并起到松土的作用，调节了土壤的空气状况。

（2）提高土壤含水量　草原划破草皮经镇压轻复土，使土壤变得疏松，水土流失减少，也减少因划破草皮后土壤水分蒸发，增强了蓄水保墒功能，从而提高了土壤含水量，据试验测定，0~20 cm 土层的土壤含水量增加 30%~18.5%。

（3）提高产草量　草原经划缝松土后，由于壤微生物的活动，改善了土壤理化性状，从而提高草原生产力。

2. 划破草皮的方法

（1）草原的选择　划破草皮应选择地势较平坦或缓坡的地块，一般气候寒冷、潮湿的地方划破草皮效果比较好，以根茎性疏丛型禾本科为主或根茎性羊草及小叶章草为主的草原处理效果为佳。

（2）选择机具　机具一般选用松土专用的机具为好，如 SB-2.8-1 型松土补播机以及国内外产的松土补播机均可。也可用深松机去掉小铧进行划缝松土。

（3）划破深度　根据草原生草的土层厚薄及土壤紧实度的情况而定，一般以 10~30 cm 为宜，过浅或过深会影响其松土效果。

（4）划缝的行距　可根据机具裂隙幅度宽窄而定，一般裂隙幅度小行距可窄些，裂隙幅度大，行距可宽些。划破草皮行距过窄因草皮翻转过多，不利于牧草生长及快速恢复。行距以 30~60 cm 为宜。

（5）划破时间　一般以早春和晚秋进行为好。早春土壤解冻后，土壤含水量较高，牧草返青不久植株生长比较缓慢，植株矮小，对牧草损害较轻，可以吸收较多的降水，同时温度可以逐渐升高，有利于牧草当年生长。晚秋进行划破草皮处理，可以天然种子掩埋，又因刈割或放牧后，植株较矮，减轻对植被的破坏。

（五）松土补播

草地补播是在不破坏或少破坏原有植被的情况下，在草地上播种一些适应当地自然条件、饲用价值高的优良牧草，以增加草地中优良牧草种类成分和草地覆盖度，达到提高草地生产力和改善牧草品质的目的。这是草地植被恢复与改良的一项有效措施。据我国各地的补播试验与生产实践表明，这一措施一般可使牧草产量提高 30%~100%。

1. 补播地段的选择

补播地段应选择在以下地方：① 原有植被稀疏或过牧退化的地方；② 滥垦、滥挖使植被破坏，造成水土流失或风沙危害的地方；③ 原有植被饲用价值低或种类单一，需要增加其他优良牧草的地方；④ 开垦后撂荒的弃耕地。

由于补播是在不破坏或少破坏原有植被的情况下进行的，补播牧草的生长环境条件相对较差，为了保证补播牧草的成功，补播的地方要求土壤质地能保证植物发芽生长，有一定的土层年降水量不少于 150 mm、播后有一定的保护与管理条件的地方都可补播。如果土质太差、过分干旱及无法管理的地方，补播很难获得应有的效果。

2.补播前的地面处理

天然草原补播是否成功与牧草种子和原有植被竞争力，土壤水分，播床质量好坏密切相关，一般天然草地土壤紧实，表面播种不易成功，这是因为牧草种子不容易入土的结果。为了给补播牧草的生长发育创造良好的生境条件，首先要削弱原有植被的竞争力，在补播前要对原有植被进行处理，以便给补播牧草的幼苗创造良好的光照、水分、养分等生长发育环境条件。在有灌溉条件的干旱地带，要先行灌溉，以保证必要的土壤墒情。

（1）机械方法处理原生植被　一般在土壤不太紧实的草区可以直接用圆盘耙、中重耙进行松土，如果土壤紧实根系絮结较重的地块，可采用松土补播机（如SB-2.8-1型草原松土补播机）进行深松，松土深度一般15~30 cm，行距25~40 cm。要调整好机具，增大松土范围。同时要缩小破坏可用的原生植被，以便增加土壤保水蓄水能力，改善土壤理化性状，有条件的地方结合施肥和灌水进行，以增强补播牧草的生长和竞争能力。肥料以农家肥为宜，每公顷施用15 t。

（2）放牧处理原生植被　在补播前进行重牧，对草地进行集中，延长放牧时间，增加放牧畜群的种类和头数，直到地上的牧草存贮量减少到一定程度后，再进行播床的整理工作，利用生物方法削减原生植物的竞争力。也可用选择性的除草剂进行化学除莠，消除草原上一些竞争性很强的草种，保证给补播牧草的顺利下种和创造良好的生长发育环境。据草场情况和实际的条件酌情选择处理方法。

3.补播牧草品种的选择

牧草品种的选择，主要应考虑适应性、利用目的、生产性能及饲用价值。如果是草产品生产基地，选用当地最适宜而饲用品质优良的牧草。如多年生优良牧草有：垂穗披碱草、无芒雀麦、青牧1号老芒麦、同德老芒麦、同德短芒披碱草等，如果是为了生态效益和作为放牧地，选用适宜当地自然条件的两种或两种以上的牧草品种进行补播。如上繁草（牧草植株高大，高50~170 cm或更高，株丛多半是生殖枝和长营养枝，茎上的叶片分布比较均匀）有垂穗披碱草、无芒雀麦、青牧1号老芒麦、同德短芒披碱草等；下繁草（牧草植株矮小，高度一般不超过50 cm，株丛多半是短营养枝，大量叶片集中于株丛基部）有青海中华羊茅、青海冷地早熟禾、青海扁茎早熟禾、青海草地早熟禾、同德小花碱茅等。

4. 补播前种子处理

禾本科牧草的种子常常有芒、颖片等附属物。这些附属物在收获和加工过程中不易除掉。为保证种子的播种质量，播前应对种子进行去芒处理。去芒可以采用去芒机或用环形镇压器压后筛选。

5. 补播时间

选择适宜的补播时间是补播成功的关键。确定补播的时间要根据草地植被的发育状况和土壤水分条件。西藏牧区一般应选择在 6 月中旬至 7 月初进行补播作业，此时日喀则市牧区气温逐渐升高，降雨也增加，处于雨热同季，土壤水分充足，是补播牧草的做好时间。

6. 种子播量

种子播种量的多少决定于牧草种子的大小、轻重、发芽率和纯净度以及牧草的生物学特性和草地利用的目的。一般禾本科牧草常用播种量每亩 1.0~1.5 kg，豆科牧草每亩 0.5~1.0 kg。草地补播由于种种原因，出苗率低，所以可适当加大播量 50% 左右，但播量不易过大，否则对幼苗本身发育不利。西藏自治区补播牧草时牧草品种播种量见表 4–5。

表 4–5　常用牧草播种量

牧草品种	播种量（kg/hm^2）
垂穗披碱草	22.5~30
青牧 1 号老芒麦	22.5~30
同德老芒麦	22.5~30
同德短芒老芒麦	22.5~30
青海中华羊茅	15~22.5
青海冷地早熟禾	15~22.5
青海扁茎早熟禾	15~22.5
青海草地早熟禾	15~22.5

7. 补播方法

（1）单播　即只补播一种牧草品种。单播一般采用人工撒播、机具补播和飞机补播：人工撒播适宜在小面积补播时采用；机具补播适宜较大面积补播作业；飞机补播适宜进行大面积补播，近年，由于种种原因难以实施。

单播牧草由于建成的补播草地利用年限短，退化快等缺点，在西藏自治区草地改良和治理工作中已很少采用。

（2）混播　两种（品种）或两种以上的牧草同时在同一块土地上混合播种的种植方式称为混播。牧草混播可以发挥牧草间的互补效应，可提高产量，改善品质，有利于提高草地的利用年限，是建立永久草地的常用方法之一。

在牧草混播中如何选择适宜的混播组合，是一个比较复杂的问题，选择混播牧草时，都应选择最适合当地土壤、气候条件的牧草品种，并根据利用目的和利用年限，选择2~3或4~5种牧草组合混播。一般来说，西藏混播牧草多选择禾本科牧草的上繁草和下繁草组成，补播时应按补播上繁草→镇压→补播下繁草→轻耙覆土→镇压程序进行。常用的牧草品种组合及播种量见表4-6。

表4-6　牧草品种组合及播种量

牧草品种组合	播种量（kg/hm^2）
垂穗披碱草+青海中华羊茅+青海冷地早熟禾	15：7.5：7.5
青牧1号老芒麦+青海中华羊茅+青海冷地早熟禾	15：7.5：7.5
同德短芒披碱草+青海中华羊茅+青海冷地早熟禾	15：7.5：7.5
垂穗披碱草+青海中华羊茅+同德小花碱茅	15：7.5：7.5
垂穗披碱草+青海冷地早熟禾+同德小花碱茅	15：7.5：7.5

8. 覆土镇压

补播牧草种子的覆土是一个简单但又不易做好的工作，没有特制的专用机具，一般可采取耱地、镇压器镇压，用畜力或拖拉机拖带树枝或灌木编的拖耙拉耱，牲畜践踏等，有时也可不覆土。

覆土的深度，因种子大小而异。牧草种子多数细小，一般以浅覆土为宜，一般大粒种子（如垂穗披碱草、老芒麦等）覆土深度控制在1.5~2.0 cm，小粒种子（早熟禾、羊茅等）覆土深度控制在0.5~1.0 cm。几乎所有牧草种子的覆土深度都不应超过2.5 cm。

9. 管理

"三分种，七分管"。补播后不加管理或管理过分粗放，常会造成前功尽弃。刚出苗的新播牧草因根系浅，家畜又极喜食，如过早放牧很容易连根拔出而危害其生长，应进行围栏封育，补播当年禁止放牧，翌年冬季可进行适度放牧利用。对于补播牧草，凡有条件的应尽可能辅之以施肥、除杂草、灌溉等，既促进新播牧草生长，也为优良的原有牧草种子成熟或营养繁殖创造条件。加强补播地的管理，是补播成功的关键环节。

（六）草原施肥

草原土壤肥力的富缺是决定牧草产量高低的重要因素，草原合理施肥是提高土壤肥力，促进牧草生长发育，提高牧草产量，改善草群植物成分，增加调节牧草营养物质含量和饲用价值的一项关键技术措施。随着草地畜牧业的发展，牧草产业化、商品化进程的加快，草原"三化"的日益加剧，草原施肥将被国人所重视，草原施肥的面积将会大幅度增加，因此研制和改进草原施肥技术，提高施肥效果是非常重要的。

1. 施肥的作用

（1）显著提高产草量　肥料是牧草生长发育的物质基础，为获得较高牧草产量，进行适当的施肥是改良草场有效措施。

（2）提高牧草品质　施肥不仅能显著提高牧草产量，而且还可以改善牧草的品质，改善了土壤的营养状况，增加牧草叶量的比重，苜蓿草地施肥后第一年叶量提高 9.6%~34.6%，第二年叶量提高 3.6%~33.9%。施氮肥和磷肥可以增加土壤中氮素和磷素的含量，特别是低湿地速效养分含量较低，施肥后有利于牧草对磷、氮养分需求的供给。

（3）改善草群成分　施肥对草群成分的影响，因施肥种类、施肥方式不同而异。在草原单施氮肥能促进草群中禾本科草的生长和发育，但对豆科牧草生长发育有不利的影响；施磷、钾肥有利于豆科牧草生长，增产效果较明显。施有机肥因养分比较全面，能促进草原多种植物生长发育，禾、豆科牧草可均衡发展。

（4）提高牧草的食口性和可消化率　因为施肥增加了牧草叶量，从而提高了牧草的食口性和利用率。据报导草地施肥后干草中可消化蛋白质提高1.5 倍，饲料单位提高 20%。

2. 草原的营养诊断

草原牧草吸取所需的养分主要来源于土壤，各种牧草吸取的养分随着其种类不同而异，土壤中各种养分的供给情况又因土壤性质不同而不一致，实行所需的肥料的种类和数量应通过农业化学方法进行草地营养诊断，测定土壤和牧草的营养状况，据需要来确定即测土施肥和测草施肥，故了解土壤中营养物质的总贮藏量和有效养分的含量及施肥养分的利用率，确定不同牧草的需肥率，是保证草原合理施肥一项重要手段。

（1）施肥前应先了解肥料的种类、性质，草地上施用的肥料有有机肥料、无机肥料和微量元素肥料，应根据肥料的性质进行施肥。

（2）在草地施肥时应根据牧草需要养分的时期，也就是生长发育的不同时期。在牧草生长的前期，特别在分蘖期施肥效果好，能促进牧草生长。施肥时要区别牧草种类和需肥特点，一般禾本科牧草需要多施些氮肥，豆科牧草需要多施些磷、钾肥。豆科、禾本科混播草地应施磷、钾肥，不应施氮肥。

（3）依据土壤供给养分的能力和水分条件进行施肥　土壤对养分供应能力，同气候、微生物和水分条件密切相关。土壤中水分的多少，决定施肥效果，影响植物对肥料的吸收和利用。水分少时，化肥不能溶解，植物无法吸收利用，土壤中水分不足，有机肥不能分解利用。水分过多也不好，易造成养分流失。

依据施肥技术要求和肥料的性质，采用合理的施肥方法才会收到良好的效果。一般施肥方法包括基肥、种肥、追肥。① 基肥是在草地播种前施入土壤中的厩肥（羊板粪）、人粪尿等有机肥料的某一种。目的是供给植物整个生长期对养分的需要；② 种肥是以无机磷肥、氮肥为主，采取拌种或浸种方式在播种同时施入土壤。其目的是满足植物幼苗时期对养分的需要；③ 追肥是以速效无机肥料为主，在植物生长期内施用的肥料，其目的是追加补充植物生长的某一阶段出现的某种营养的不足。

3. 肥料种类

在草原上施肥常用有机肥、无机肥和微量元素肥料。

（1）有机肥料　指那些肥料养分不浓厚，但养分种类很完全，并呈有机状态的肥料。主要有厩肥、厩肥液汁、人粪尿、家禽粪、堆肥、绿肥等，这些肥料养分完全，不仅含有氮、磷、钾三要素，而且还含有其他微量元素，有效期长。草原施有机肥能很好改善土壤通气透水性和化学性质，促进土壤团粒结构形成，促进土壤微生物活动和繁殖旺盛，满足植物所需的各种养分供给，而且具有改良土壤，保水、保肥等作用。有机肥主要作基肥利用，是绿色肥料，推广使用价值最大。

（2）无机肥料　化学肥料也叫作矿物质肥料。不含有机物质，肥料成分浓厚，但不完全，主要成分溶于水，易被植物吸收利用。主要用于追肥。

氮肥：主要有尿素（含氮44%~46%），硫酸铵（含氮20%~21%）、硝酸铵（含氮33%~35%）、氨水（含氮17%~19%）等。

磷肥：主要有过磷酸钙（含P_2O_5 13%~18%）磷灰石粉（含P 15%~20%）、骨粉等。

钾肥：主要有硫酸钾（含K_2O 48%~52%）、氯化钾（K_2O 50%~60%）等。

钙肥：石灰，用来改良酸性土壤，石膏改良碱土。

复合肥：有磷酸二铵、氮、磷、钾复合肥等。

（3）微量元素　是植物正常生长和生活所必需的。植物不可缺少的微量元素主要有硼、钼、锰、铜、锌、钴和稀土元素等。微量元素的特点是用量小，成本低，施用方便，收效较好。微量元素在土壤中的含量不足或过多时，都会影响牧草的生长发育。微量元素多用于叶面喷雾，根外追肥等。使用微量元素肥料时要适量，否则会对植物造成危害。

细菌肥料：又称生物肥料，主要有根瘤菌，自生固氮菌，磷细菌等。

4. 施肥方法及技术要点

（1）基肥　在建立栽培草地、播种前结合深耕或翻耙改良时施用的肥料。基肥以有机肥料为主，无机肥料中磷酸二铵、过磷酸钙、硫酸铵、石膏、石灰、钾肥也可以做基肥，基肥最好分层施用。

（2）种肥　在播种或补播的同时施入播种沟或处理种子的肥料谓之种肥。种肥是满足植物幼苗期对养分的需要，以补基肥之不足，种肥用量少，一般以无机磷肥、氮肥为主、有机肥必须充分腐熟方可施用。施用种肥的方法有条施，拌种和浸种等。

（3）追肥　在植物生长期内施用的肥料称之追肥。追肥一般以速效性无机肥料为主，腐熟的有机肥料也可以施用。追肥的方法有表面撒施、条施、带状施和茎叶喷施等，以满足植物生长期内对养分的需要。

（4）施肥用量　草原类型不同各对种营养成分需求也不同，施肥的效果因肥料的种类，施用量，施肥时间不同而异，无论天然放牧场或是割草场、人工草地、施肥必须执行草原施肥原则，据牧草缺肥症状和土壤中营养状况诊断来确定施肥种类和数量。

氮肥施用量折合有效成分一般为 $40\sim60$ kg/hm^2。如施用硫酸铵 $200\sim300$ kg/hm^2，尿素 $80\sim120$ kg/hm^2，硝酸铵 $130\sim180$ kg/hm^2。

磷肥施用量 P$_2$O$_5$ $35\sim60$ kg/hm^2，过磷酸钙 $200\sim400$ kg/hm^2，磷灰石粉 $300\sim500$ kg/hm^2。

钾肥施用量，施 K$_2$O $35\sim60$ kg/hm^2，即施用硫酸钾 $100\sim300$ kg/hm^2，氯化钾为 $90\sim270$ kg/hm^2，草木灰 $500\sim1\,000$ kg/hm^2。

钙肥施用量石膏 3 t/hm^2 左右，改碱时要与灌水和排水相结合，及时排掉生成的芒硝，提高改碱效果。改良酸性土壤施用石灰 $4\sim6$ t/hm^2，改良达到土壤 pH 6.5 为宜。

微量元素在草场施用其特点是用量小，成本低，施用方便，收获大，在缺乏微量元素的土壤中施用微肥，是进一步发挥草原生产潜力的有效途径。一般可增产 $15\%\sim20\%$。硼肥施用量一般为 $0.5\sim3$ kg/hm^2 硼素（硼酸含硼 17.5%）。铜 $10\sim25$ kg/hm^2。

钼肥及其他微肥施用量，钼酸铵 $0.9\sim3.5$ kg/hm^2，钼酸 $0.85\sim3.4$ kg/hm^2。其他微量按量酌情施用。

有机肥施用量一般施 $20\sim30$ t/hm^2。

（七）草原灌溉与排水

水是草地牧草生长发育的最基本条件之一。调节草地水分，不仅关系牧草的生长发育，也关系到草地的开发和有效利用，包括人畜的饮水问题。草地灌溉是为满足植物对水的生理需要，提高牧草产量的重要措施。植物体的一切生命活动都是在水的参与下进行，水是植物体的主要组成部分。植物通过蒸腾作用，保证了养料的吸收和输送，保证了植物体新陈代谢作用的正常进行。多年生牧草每制造 19 g 干物质，需消耗 $600\sim700$ g 水。不同的植物种类或同一植物不同生长期需水量不同。草地牧草的生产，很大程度上决定于水分的供应情况。若草地供水不足，有机物就不能充分分解，营养物质难以溶解就是有肥也因供水不足而难于被植物成分吸收利用。因此，草地灌溉有利于植物养分的吸收利用，是改良退化草地的有效措施之一。

1. 草原灌溉

合理灌溉能满足草原牧草生长发育对水分的需求，改善土壤理化性状，为牧草创造良好的生境条件，从而可以提高草原生产力，改善牧草品质，防止牧草病虫害。植物种类不同或同一植物生长期不同需水量而异。不同地区降水量不同，而且降水时空分布也不一样，对草原的开发利用影响也较大。以西藏自治区草原为例，春季旱情常发生而比较严重，致使牧草不能及时返青或返青后因缺水而不能正常生长发育。因此，草地灌溉完全可以弥补天然降水的不足。实践证明，草地灌溉在草地生产上体现了如下好处：一是能适时适量地满足牧草对水分的需要，保证了草地高产、稳产；二是改善了草群组成，提高牧草的质量；三是改善了土壤的理化性质，增加了土壤肥力，促进牧草对土壤养分的吸收。

（1）草原灌溉对水质的要求　草原灌溉对水质要求也比较严格，水质的好坏对牧草生长发育有很大的影响。水质主要指水中含有物的多少，溶解水中的盐类和所含泥沙、有机物对草原灌水关系密切。土壤水分中含有过多的可溶性盐类（氯化钠、碳酸钙、碳酸钠、硫酸钠等）时，不仅能破坏植物的生理过程，而且会导致土壤盐碱化，恶化草原生态环境。灌溉用水的允许矿化度一般小于 1.7 g/L，如果矿化度为 1.7~3.0 g/L，则必须对其中盐类进行具体分析，以判定是否适于灌溉，矿化度大于 5 g/L 的水，不能用于灌溉。因各种盐类溶液的渗透压不同，即使同一浓度的盐分，对植物损害程度也不一样，在盐类成分中，以钠盐危害最大。有些盐类在一定范围内对植物有促进生长发育的作用。

水中泥沙适量时灌溉草原对植物的生长发育能提供所需的营养物质，并有增产作用，反之水中泥沙过多，妨碍输水，覆盖牧草，影响牧草再生，形成泥层，干裂时对植物会遭成严重损害。

灌溉水温对牧草的生长发育也有显著的影响，灌溉水温过低过高对牧草都有影响，有条件的地方要修建蓄水池用于调节水温，一般水温以 15~20℃为宜。

（2）草原灌溉水源　草原灌溉水源可分为地上水和地下水。

水平沟和鱼鳞坑蓄水：山区和丘陵地区采用的蓄水方法。在地面平坦而具有倾斜的草原，沿着等高线挖水平沟，并修筑土堤进行蓄水。在坡度较大时，可按三角形修筑鱼鳞坑蓄水。

筑堤蓄水：在缓坡较长的草原上，可以修筑 1 道或多道土埂蓄水，埂高 1~1.5 m，埂长 400~600 m，埂距 60~600 m，据坡度大小而定。

修筑涝池：在山谷中有较大地表迳流，或洪水较多的地方利用自然地形修筑截水坝蓄水，并通过渠道或泵站引水灌溉草原。

设障积雪：冬季草原积雪也很重要，特别是寒冷干旱地区，冬季积雪后，有利于牧草越冬，春季积雪融化后又有利于牧草返青。积雪可以在草原设障，或留有一定间距的草带，草带要与风向相垂直，这样有利于积雪。

引水自流灌溉：利用草原上河流或山谷中建立的水库进行引水自流灌溉。它包括引水灌溉和阻水灌溉。

引河水或水库水灌溉草原，首先要建筑渠道引水工程，以保证计划引水不受河流水位和河床变化的影响，控制引水的质量，保证渠道安全引水。其次要建筑渠道工程，渠道分干、支、斗、农四级，它是输水配水部分，在草原地形平坦地区，渠道建筑与轮牧小区、植树建立林网结合起来，设计各级渠道的纵横断面，必须满足通过需要的流量，不冲、不淤，边坡稳定，土方量尽可能小，渠内水面高程能控制灌区的地面高程，可采用修畦漫灌方式进行草原灌水。

利用地下水灌溉草原：广大草原地区蕴藏着丰富的地下水资源，由于草原地区降水量少，特别是干旱、半干旱地区，地表水比较缺乏，所以开发地下水源进行灌溉草原是一项重要措施。地下水主要有土壤水和土层滞水、潜水、层间水、裂隙水和泉水 6 种类型。寻找地下水的方法很多，多用钻机或电测仪器探测深层水，广大群众寻找浅层地下水有着丰富经验，通过观察地面自然特殊情况找水，如春季解冻早、复季地面久晒不干，秋季常见有白露（水蒸汽）上升，冬季结冻得早，雪后融化快的地方。再者通过观察地形地势寻找地下水，民间有很多有益找水的谚语："人头有血，山头有水"，山脉的尽头往往是山里地下含层与山前冲积平交接的地方，埋藏有地下水。"大扭头，有水流""两山夹一沟，沟崖有水源""两山加一嘴，必然有泉水"等地方，可以寻找到地下水。

开辟水源的方法有打井，掏泉截潜流，修涝池、水窖等。打井的种类很多，主要有筒井、管井、坎儿井、机井等。

水井的布置要合理，要满足生产需要，据草原地形、水源、草场载畜量、牲畜饮水半径、牲畜饮水定额、饲草饲料地的灌水定额等条件和灌溉及人、畜用水对水质的要求而确定。

（3）草原灌溉方法

漫灌：在草原使用漫灌过程中，一般多以畦灌草原效果为好，可以根据地形情况用土埂围成哇田，用很薄的水层沿畦田纵坡方向流动，水在流动的过程中逐渐下渗，湿润土壤在短期内漫淹草原。此方法优点较大水漫灌能均匀地湿润土壤，防止低洼地块因积水过多而受涝害，节约水量，也不会把肥料冲走，保持土壤良好的状况。一般畦长 150~200 m，畦宽 30~50 m，畦高 20~40 cm，埂底宽 30 cm。修畦埂要根据当地的地形情况畦埂的长、短、面积的大小酌情而定。

沟灌：沟灌多用于人工草地。灌水时水在灌水沟向前流动的过程中，借毛管作用由沟的两侧湿润土壤，沟灌可以避免地面板结，破坏土壤团粒结构，垄上土壤保持疏松状态，空气流通，减少蒸发。同时沟灌可以减少深层渗漏，水在沟内水量大小较均匀，起到节水灌溉的作用。

喷灌：是一种先进的灌水技术，即利用喷灌设备将有压水喷射到空中，形成雨状水滴洒落到草地上。喷灌是现代草原灌水普遍使用的方法，它不受地形的限制，尤其是地形坡度大、干旱缺水的草原喷灌效果更好。喷灌可以减轻劳动强度，节省劳力，灌水工作全部机械化，灌水生产率高。喷灌可以浅浇勤灌，节约水，节约用水 30%~70%，灌水作业速度比较快，特别是在干旱季节，有利于保苗。喷灌可以节约用地 5%~15%，减少沟渠占地，提高土地利用率。喷灌对盐碱化的草原更加适宜，防止次生盐渍化。喷灌不仅均匀，而且调节田间小气候，能促进植物生长发育。喷灌有以上诸多优点，可以显著提高草原生产力。喷灌缺点就是受风力影响较大，风力超过 3 级以上，喷洒不均匀，需要机械设备和能源消耗，投资大。

喷灌系统分为移动式、固定式和半固定式三种。喷灌系统由动力抽水系统、输水系统和喷灌机械所组成。如水源高于灌溉区 20 m 以上时，可利用水源自然落差进行自压式喷灌。

喷灌必须按技术要求进行作业，要有适宜的喷灌强度，水滴直径和喷灌均匀度等。根据草原的牧草生长情况，资金、草原的基础条件，选用适宜的喷灌系统。

（4）灌溉制度　灌溉制度是在一定气候、土壤和农业技术条件下，为获得牧草高产、稳产，满足牧草各个生育阶段对水分的需求，所规定的适时、适量灌水的一种制度。它包括灌水定额、灌溉定额、灌水时间和次数。根据牧草田间需水量及生理特性、土壤水分变化、有效降水量、地下水利用情况而确定灌溉制度。

灌溉定额：指牧草整个生育期内，单位面积上应灌水的总量。

灌水定额：牧草或作物各生育阶段，单位面积上浇灌一次所需要的水量。

灌水时间：是指牧草各生育阶段，每次灌水适合的时间。

灌水次数：满足牧草生育需水要求，在牧草整个生育期内需灌水的次数。

禾本科草地在返青期、拔节期至孕穗期，如缺水需要灌水一次，秋后干旱需灌一次越冬水。每次灌水量为 20~40 mm（10~20 kg/m^2）。经对羊草草地灌水试验表明，5 月 1 日灌水和 6 月 5 日灌水的草地可比对照增 55.65% 和 54.18%。灌水一次和灌水二次差异不显著。灌水量以 10 kg/m^2 最好，可比对照草地增产 64.11%。豆科草地，在返青期、孕蕾期、开花期（收种用）需各灌水一次，每次灌水 15~20kg/m^2 为佳。在一定的自然条件下，产量与田间需水量公式如下：

$$E = K \cdot Y$$

式中，E，牧草田间需水量（m^3/hm^2）；Y，牧草计划产量（kg/hm^2）；K，牧草需水系数，而每生产 1 kg 牧草所耗水量（m^3/kg）。

必须指出，产量与田间需水量的增加并不成正比关系，一般产量增加的幅度较大，田间需水量增加的幅度较小。当田间需水量增加到一定程度时，必须同时增加其他的农业技术措施，如施肥、合理密植、深耕等，才能进一步提高产量，反之会产生减产效果。

第五章
天然草地资源综合利用

第一节 草地资源利用的农学原理

一、草地植物生长发育过程中营养价值的变化

（一）生长发育阶段

植物生长发育阶段是影响牧草营养成分含量和营养价值的最主要因素。随着牧草的生长，结构性组织，如茎秆的需要量增大，因此结构性碳水化合物（纤维素和半纤维素）和木质素含量增加。反映在粗纤维含量上，幼嫩牧草低于200 g/kg DM，成熟植物则增至400 g/kg DM，并且随着牧草的老化，粗蛋白质含量减少，牧草粗纤维和粗蛋白质含量间存在着交互变化关系。有机物质消化率是评定牧草营养价值的主要因素之一，春季的幼嫩牧草有机质消化率高达0.85，冬季的枯草只有0.50。牧草消化率的差异同时受叶茎之比的影响，随着牧草逐渐成熟，叶子的消化率缓慢降低，而茎的消化率却急剧下降，茎所占的比例也不断增大，因此茎对整个牧草消化率的影响大于叶。

（二）牧草种类与气候

牧草的营养价值高低还与植物种类和气候条件有很大的关系。温带由于降水量适中且分布均匀，牧草的生长和成熟相对缓慢，营养成分相对较高。然而，在炎热的气候条件下，牧草成熟较快，其中的粗蛋白质和磷的含量较低，但粗纤维的含量升高。在湿热带，牧草的可利用部分一般呈纤维性而且多汁（含水量较高）；干旱地区的牧草成熟后趋于干燥。在干旱和炎热的气候下，禾本科牧草的消化率较低，热带禾本科牧草的消化率比温带大约低0.1~0.15个单位。温带牧草大多属于C_3植物，而起源于热带的牧草多是C_4植物，蛋白质含量低。同种牧草的各个品种间营养价值差别很小（处于同一生长阶段），但不同种间营养价值相差较大。如豆科牧草的粗蛋白质含量一般都高于禾本科牧草，在同一生长阶段，黑麦草的可溶性碳水化合物比鸡脚草高，干物质消化率也比鸡脚草高0.05~0.06个单位。

（三）土壤与施肥

土壤种类影响牧草的成分，特别是矿物质的含量。植物对土壤矿物质缺

乏的正常反应是限制自身的生长，或减少体组织中矿物质元素的含量。土壤酸度是影响植物摄取某些微量元素的重要因素。钙质土壤中锰和钴难以被吸收，而酸性土壤会导致牧草中钼的含量低。施肥能够显著提高牧草的营养价值。如禾本科牧草施氮肥会增加植物粗蛋白质的含量，从而提高禾本科牧草的营养品质，给豆科牧草施磷肥也会促进植物生长。

（四）其他因素

除上述因素外，影响牧草营养价值的因素还有天气、载畜量等。通常，阴天牧草中可溶性碳水化合物含量较低，而在晴天时较高。干旱时牧草积累钙，土壤湿润时含钙量却较少。降水量充沛时，牧草中磷的含量较高。牧草的净能值通常是秋季低于春季。例如，含代谢能 11 MJ/kg DM 的春季牧草用于育肥的净能值为 5.25 MJ/kg DM，而具有相同代谢能的种植较晚的牧草，净能值只有 4.3 MJ/kg DM。放牧强度也会影响牧草的化学成分。轻度放牧时牧草趋于成熟且消化率降低，使家畜干物质采食量下降。过度放牧使草地上优质牧草的生长势减弱，从而使家畜采食的营养成分降低。

二、草地的可培育性

草地资源具有可培育性，即在人类合理地投入物质和能量的情况下，草地的产草量、营养物质的产量和营养价值均可改善。如可以通过机械方法、化学方法和生物学的方法定向培育草地，使草地在特定的气候条件下牧草产量和质量达到最大。也可以通过疏耙、浅耕翻的方式疏松土壤并合理施肥，改善牧草根系生长的环境，使土壤的物理结构和化学组成都适于植物根系的生长。围栏封育、施肥、灌溉、补播、松土等都是定向培育草地的有效措施。如可在退化草地上补播优良牧草或适应性、抗性强的植物，以增加草地中优良植物的比例。半干旱地区，在新麦草退化草地上补播无芒雀麦和紫花苜蓿，可使干草产量达到 4 500 kg/hm²。在雨季对新麦草人工草地施肥 120 kg/hm²（氮素），产草量比对照提高 1 000 kg/hm²。各种措施的综合使用能较大幅度地提高草地的产量和质量，如平衡施肥结合灌溉，补播结合清除杂草，封育结合松土等。

第二节 草地资源利用的畜牧学原理

一、家畜对牧草的需求

草食家畜的天然食物是草地上的牧草，一年中的大部分时间内，其日粮全部或多数由牧草组成，因而牧草是维持其生长、繁殖及再生产等活动的物质基础。牧草资源的数量与质量直接影响草食家畜的生产性能，而家畜对牧草的需求也随畜种、年龄和生长发育阶段而变化。

草地上的牧草供应有其自身的特点，家畜一年四季的营养需求相对稳定，但是草地上提供的可利用牧草量却是随季节波动的，因此在草地畜牧业生产中应该在缺草季节为家畜贮备一定的饲草料以维持家畜的生产活动，而在牧草旺盛生长的生长季节，牧草的供大于家畜的求时，应该将剩余的牧草以一定的方式贮存起来，以备家畜在缺草时利用。草地畜牧业生产的这种需求产生了饲草料加工与贮藏这门科学与工艺，并随着现代科学技术的发展而不断完善。

二、草地牧草的供应特点

草地上的牧草生产有其特定的规律，一般温带地区的草原植物在春返青后开始生长，此时牧草幼嫩，含水量高，粗蛋白质含量高，而粗纤含量低，草地植物的营养价值最高，但由于牧草刚开始生长，草地的产草量很低；随着牧草生长发育速度的加快，植物进入旺盛的营养生长阶段和生殖阶段，植物积累干物质的能力加强，草地牧草的产草量增加，但植物的粗蛋白质含量随牧草的生长发育而降低，植物变得粗老，消化率降低，因此植物对于家畜的营养价值也降低。

草地上牧草的供应特点是在植物返青生长初期，牧草营养价值高，但产草量低，在植物生长发育的后期，植物茎秆比例增加使植物的干物质产量增加，但是营养价值却降低。因此草地的利用应充分掌握草地牧草的生长特点，在草地上放牧家畜，如果开始过早，草地上的牧草产量不足以满足家畜的营养需要，容易造成家畜的跑青，同时也容易伤害草地植物的生长能力；

草地上的牧草如果利用过晚，虽然牧草产量很高，但是植物的茎秆大部分木质化，造成营养价值大幅度降低，这样对家畜的生产也不利。

通常放牧草地合理的始牧时间是牧草返青后 30 d，而草地合理的终牧时间是牧草停止生长前 15~30 d，以使草地植物有充分的时间贮藏碳水化合物。对于割草地，豆科牧草的合理利用时期是初花期，禾本科牧草是在抽穗期利用。

第三节　放牧地可持续利用的方法

一、放牧对植物和土壤的影响

根据植被对放牧压力的反应，可将植物分为减少者、增长者和侵入者。减少者通常是高质量的多年生牧草，并指示着潜在的自然群落（顶级群落）。假如放牧压力增大，草地基况恶化，减少者大量减少，增加者是一些随放牧压力的增大在数量上有所增加的物种。假如放牧压力继续增加，增加者则减少并从群落中消失，侵入者一般来说都是杂草，并不是潜在自然群落的成员。当草地恶化时，侵入者充分利用重度过牧的干扰来占据群落的空间。基况不好时，群落中牧草产量的大部分来自侵入者。在非常好的基况下，减少者统治整个植物群落，群落与自然潜在群落非常相似。在好的草地基况下，减少者生长很好并占有统治地位，但放牧压力的增大使增加者数量上升，在非常好草地中，牧草产量接近于潜在能力，并且相当稳定，即使在于旱年份也是如此。

一般的草地的主要特征是增加者取代了减少者的地位。减少者在数量上和覆盖度上都有所下降。这种基况的草地，由于植被覆盖度的降低，水土保持能力下降。草地的产量明显下降且不稳定，对降水量的变化很敏感。

基况较差的草地被增加者和野生侵入者所占据，是一个杂草阶段。牧草产量和牧草质量严重下降，有根茎型植物生长，或基本相当于裸地，结果是有可能发生土壤侵蚀。

草地经营者应尽力维持基况好的草地。在这种基况下，减少者在植物群落中占有较高百分比。这些物种具有深根系、最好的牧草价值和潜在的最大牧草产量。在基况不好的草地中，如植被生产力下降，就应减少载畜率或改变放牧管理措施，以阻止进一步的破坏发生。为了提高草地基况，必须改变管理措施。因此，应根据每个牧场基况，合理安排载畜率。

草地放牧利用需要考虑草地放牧强度、放牧频率和放牧季节（grazing season）和家畜的分布。

（一）放牧强度

过牧也就是家畜啃食过多，使植物不能承受，土壤和植被都变得脆弱。以下三方面原因说明残留叶面积的多少是关键：① 剩余的叶面积如能继续进行光合作用，可保证植被在放牧压力下存活，但严重过牧时，植被将死亡或几个星期内停止生长；② 剩余的叶面积可通过光合作用供给植被恢复再生长所需的营养物质；③ 如没有残留组织，贮藏的营养物质可用来维持植物的活动，植物则受到压力。残留叶面积越小，植被所受压力越大。剩余的叶组织最终将腐烂。这些腐化物从几方面影响着草地。它会降低土壤温度，提高水分保持率，并且防止侵蚀。在干旱时期，能使水分得到更有效的利用，稳定牧草产量。在草地上，从没有发生腐化物过多的现象。随着腐化物增加，牧草产量提高到一个临界水平。强度放牧使植被生长点受损而造成对植被的压力。低生长点的植被能逃脱强度放牧的压力，因为它们的生长点贴近地面，家畜不能采食。许多品质好、质量高的牧草，包括禾草、杂类草、灌木，具有隆起的生长点，连续的放牧破坏了生长点，造成牧草额外的压力。

（二）放牧频率

放牧后，植被需要一段时间从放牧压力中恢复过来。牧草的恢复阶段很重要，在此阶段牧草再次生长并贮藏营养物质。在一个有效恢复阶段，不允许再次放牧。干旱时期，放牧后进入休闲阶段，但牧草并没有得到真正的休闲和恢复，这不算有效的休闲。一些牧草一个生长季内就能从放牧压力下恢复过来；另外，一些牧草则需多于一个完全生长季的时间来恢复。休闲阶段一般在春季或早夏放牧之后开始。有一种延期的方式即当牧草处于或接近休眠时再开始放牧。

（三）放牧季节

放牧植被依靠贮藏的营养物质和新生的叶片来实现最大的牧草生产力。放牧植被利用75%~90%的贮藏营养物质来完成牧草生长中最一开始的10%。一旦牧草生长起来，生长的潜能由未被采食的叶面积所决定。早期放牧采食了过多的叶面积，将加大放牧植被的压力。早春开始的持续季节重牧将使草地植被活力下降，甚至死亡。春季放牧应特别小心，尤其对禾草和杂类草。长在河岸边的木本植被，最脆弱的时期处于终牧时。在秋冬季节，家畜采食木本植物的嫩枝、灌木、幼树，因为它们在休眠时营养价值较高。

（四）家畜的分布

放牧家畜在草地上的均匀分布，对草地的合理利用有很大的关系。家畜的物理影响、对植物的选择和采食强度等，往往导致草地利用的参差不齐。家畜在草地上的分布由植被类型、地形和家畜行为决定，可以通过水源开发、设置围栏、添置补盐点、补播不同植物等措施来改善放牧家畜的分布状况。

二、家畜对草地的利用

（一）采食模式

放牧牲畜是有习惯性的生物，它年复一年地利用同一区域直到剩下65％的可利用草地没有被利用，家畜在草场上建立自己的栖息地并且很少偏离那里。牛不愿在大于15°的坡地和起伏较大的地带牧食，也很少在高于水源地70 m的地区觅食，它们也受距水源地的水平距离限制，一般很少在距水源地超过2.5 km处采食。较大的迁移距离会造成能量消耗的增加。绵羊在利用崎岖地带放牧优于牛。绵羊特别不愿在植被丛生或地形突出的地带牧食。它们愿意走3~5 km去找水。同样，迁移距离也会严重影响生产。牛每天需要喝平均40~50 L水。但这也是变化很大的，研究表明，在天热或采食于草条件下，牛会每天饮用150 L的水。绵羊每天需要7.5~10 L的水、马每天需要60~75 L水。牲畜在夏季要寻找荫凉地，这就导致林区和河岸地的过分利用。牲畜通常在早春过度利用南部干燥开阔地而在一年中较热的时候转到河岸或荫凉地区，向北的坡地通常没有被利用。

一些牛的品种较其他品种更适于在贫瘠地区采食。遗憾的是，牲畜育种工作常常选育那些适于在一小块干燥地方牧食却不善于在开阔草场上采食的牧畜，因其易于处置、温顺，同时，基本特征表明，这样的牲畜不会到远处寻找水源，也不会在地形突出地区采食。通过选育偏向于在崎岖地区采食，同时又可繁育适宜牛犊的牲畜品种便能改变这种状况。

（二）草场的选择

牲畜根据采食范围来选择草场，而牧草选择要根据次生化合物（酚、挥发油）的存在、植物形态（如刺、厚角质层、干茎物质）。

1. 适口性

牲畜易于选择那些质地最适宜的食物，相类似的食物它们也会选择。新鲜的要优于干燥的，叶优于茎。适口性会受到纤维含量、苦味、甜味、水分含量以及植物丰富程度的影响。

2. 优先采食的牧草

草场选择比起牲畜繁育更要靠经验。采食是一种能力，一般在牲畜幼龄就要进行采食训练。这通过绵羊减少对多叶大戟和高飞燕草的采食可以证明。

3. 种间差异

不同的食草动物对草场的选择有明显的差异。牛、马和麋鹿偏爱青草，绵羊和羚羊感到药草更适口，而山羊和鹿却喜欢灌木。当不同种类的青草、药草、灌木存在时，牲畜饮食结构会发生季节性变化。

4. 提高质量

草场管理技术可以用于减少有选择的采食行为，提供更高质量的草场。例如，单一栽培冰草易于管理，草场变得一致而选择性会降低，通过施肥来增大叶、茎比和提高水分含量，可使冰草更适口，牲畜更爱吃。

（三）采食时间

牲畜采食、反刍、休息、站立和饮水都表现在不同的时间。如果对这些模式变得熟悉了，牲畜的活动就会有目地去减少那些对它们日常活动所产生的干扰。牲畜也会根据白天的长短和天气情况调整它们的采食时间。

多数采食大约是在黎明和黄昏的时间。极端寒冷或酷热期会使牲畜改变它们的活动时间。它们会寻找棚圈或荫凉去维持体温，减少可能的压力。在一些高海拔较寒冷的地区，因为白天时间短，采食可能会持续一整天。另外，较热的气候区牲畜会在晚上采食以避开白天的炎热。牲畜平常采食行为的变化应使生产人员警惕。频繁吃草和在中午也积极采食的牲畜有可能是因为缺乏高质量或充足数量（或二者均可能）的牧草。当被放置在一个大的群体或新的牧场中时，牲畜常常会改变它们的行为。它们分散开来并且顺着一定地段快速移动，好像是在和畜群中的其他牲畜竞争。这种情况会使草场得到全面利用，不过也会在干旱条件下导致草场的过度践踏和牧草损失。如果牲畜受到狗、肉食动物或不熟悉人的干扰，正常的行为模式也可能被打乱。

（四）采食持续时间

有多种因素影响着牲畜的采食时间和食物选择。怀孕的或正在哺乳的奶牛要比其他牛需要更多的食物能量。因此，它们必须花费更多的时间去觅食来满足营养需要。而牛犊就必须在母畜断奶之后用更多的时间去进食来满足自身需求。喜欢的食物的体积和分布也会影响用于采食的时间。在咬断牧草之前牛先得用舌头来聚拢牧草，并且如果草比较短，它们如果想整口吃草就不得不费更大的力气。而马却能够得到靠近地表面的草。当牧草约 15 cm 高时牛采食达到最大效率，每天约吃 70 kg 的鲜草。如果牧草仅 5cm 高，那么牛每天采食会降到 14 kg。1 头母牛每分钟咬 30~90 口，并且通过头从一侧到另一侧的弧形移动，连续咬草能达到 30 min。1 头在面积广而又贫瘠的草地上的牲畜必须咬更多的次数、迁移更远和采食更长时间才能满足其日粮需求，这样做便会消耗更多的能量去获取食物。在一天 24 h 当中，牛很少采食超过 9 h。然而，在干旱地区，牛有时每天采食将达到 13 h。牛每天的反刍时间从 5~7 h 不等，这取决于它们所吃牧草的纤维含量。反刍作为一种躲避肉食动物的策略，在牛身上建立了一种安全感。当草场茂盛时，青草会增加反刍时间。如果想让牲畜安静时，可增添一些干草或麦秸。牲畜的食草速度也会影响牧食时间。食草快的牲畜会花更多时间悠闲地待在远离自然环境影响和捕食动物危险的棚圈中。嘴比较大的牲畜大口咬食物因此吃得很快，比较而言，嘴较小的牲畜，如绵羊、羚羊和鹿就对它们所吃的食物要挑剔得多。

（五）混合品种放牧

混牧（多品种家畜放牧或公共草地利用）是两种或两种以上的有蹄食草动物在当年草地生产中对其进行的放牧活动。它可以包括家养或野生的食草动物，且放牧活动既可在同一时间也可在当年不同的季节，过去牧场管理人员大大低估了所管理牲畜的种类和比例的重要性。在适度载畜率甚至持续放牧条件下，混牧提供了一种使植被得到全面利用的方法。如果放牧干扰因素被有效控制的话，就有可能使最适牲畜品种组合发挥最大放牧潜力。两种或两种以上不同饮食习性、不同位置、不同偏爱地域和不同习惯牲畜的混牧可产生最佳效果。在一个放牧单元内当植物的差异和地带性差异增大时，混牧的优势随之增加。而且，越多种类的牲畜共同混牧，就有可能越多种的植物被利用，越大比例的放牧单元被完全覆盖。然而，较多的牲畜种类会提高对管理的要求和对迅速调节每一品种适宜载畜率的紧迫性。通过混牧而不是单一放牧一般可使草原上打草的效益增加25%。最佳品种和最佳混合比例产生的效果要等于或大于采用的放牧制度所产生的效果。但是，从单一品种向混牧的转变会受到抢夺竞争的抑制（如牛群中添加绵羊或山羊），除非这种抢夺竞争能被有效控制。

有时混牧会导致植物群落中的牧草被过度利用，但各牲畜品种对牧草空间上广泛的利用不会轻易改变。此外，载畜密度变化会造成不同牲畜品种相互作用方式的变化，结果是导致放牧模式发生变化。

（六）草场利用地段

草场利用地段是反映草场利用程度的牲畜在草场上的分布带或分布单元。草场利用地段分为基本利用地段、次级利用地段和非利用地段。载畜率就是根据草场利用地段来定义的。

牲畜是有选择的采食动物，一方面根据植物种类进行选择，另一方面根据在草原分散后的采食方式进行选择。基本利用草场指那些特别是原分布的林区。非利用地段或三级草场包括完全没有被牲畜利用的地区，甚至当主要和次要利用草场被过牧，牲畜也不能在那些地区采食，因为有密林覆盖，山坡或高地使其不能踏入。这些地区可能有一点牧草或根本没有。为使草场得到有效和可持续利用，草场经营者应定位于使草场利用达到一种理想化水平，即合理利用，这要区别于利用带和植物群落。同时，还应管理牲畜在草原上的分布，草场利用的概念和对草场利用带的认识可帮助经营者们评价所给草场或分布单元的整体分配情况。基本利用草场一般要变为经营者努力减小放牧影响的区域，而次级利用草场要成为牲畜利用更好、更合理化的区域。除非管理措施成功运用于草地收割，否则没有充分利用好的次级利用草场就不应考虑作为有载畜能力部分。非利用草场不应考虑给牛使用；当决定载畜量时草地产量不应包括在内。

第四节　天然草地合理利用模式

放牧利用是天然草地合理利用的重要形式，合理放牧利用可以促进牧草的生长，维持以致提高草地生产力，延长草地的利用年限，不合理的放牧常导致草地退化。因此，发展现代畜牧业，还必须在提高养殖效率上下功夫，培养农牧民掌握科学养殖的专业知识，适时出栏非生产家畜、优化畜群结构、实施畜种改良、提高育肥技术，通过暖牧冷饲延迟放牧、季节轮牧、划区轮牧、牧繁农育等技术模式，提高草地生产水平和饲草资源的有效利用率。

一、夏牧冬饲延迟放牧模式

（一）模式的特点

"暖牧冷饲"模式与国家当前实施的"禁牧、休牧，草畜平衡"政策措施有良好的配合度。草畜平衡管理按"草地资源限量，时间机制调节，经济杠杆制约"的思路进行设计。引导着草地畜牧业从粗放型经营向精细化管理转型，代表着草地畜牧业今后的发展方向。

"暖牧冷饲"模式的技术特点是基于区域性气候特征，依据草地植物的生长节律安排草食家畜生产。在基于草地饲草资源量、家畜需求量、季节性变化以及季节性差异等参数的基础上，确定草地的载畜能力以及可以放牧利用或必须舍饲圈养的时间，建立以不同时间段控制草地放牧的草牧业生产计划和管理制度。其突出的优点包括：

通过提质增效，提高饲草利用和转化。以"休牧"时间作为控制放牧的限制性因子，以草地上饲草可利用量控制放牧强度，改变了传统草地放牧的"无序、无量"掠夺式利用方式，维持着草地植被的健康状况，保证了草地的可持续性利用；充分利用家畜放牧对饲草的直接"收获、利用"。饲草—家畜生产无缝连接，饲草无浪费，有效降低打草、运输、贮藏等中间环节花费，极大提高草地畜牧业生产效益。

通过对"冷饲"期间的饲草料储备，提高草地畜牧业抗击"黑""白"

自然灾害的能力，提升草原牧区的抗灾保畜和生产自救能力，保证草地畜牧业生产的稳定性。

与现行"草地生态奖补"政策密切配合，为"禁牧""休牧"补贴和"草畜平衡奖励"提供明确的、可核实的指标体系以及实施方案。

（二）夏牧冬饲主要内容

由于西藏自治区四季分明的气候特点和饲草生长的季节性节律，草地上可利用饲草量和草食家畜的需求量存在着明显的季节性分异：前一年的11月至第二年的7月，草地上可利用饲草量远少于家畜需求量，而当年的7月至11月，草地上可利用饲草量超过家畜需求量。因此，"暖牧冷饲"是适宜日喀则市放牧为主地区草食家畜生产的基本模式。"暖牧"指的是在夏秋的温暖季节充分利用草原上的天然牧草资源进行放牧，以便充分利用天然饲草资源，降低饲养成本；"冷饲"指的是在冬春冷季通过舍饲圈养的方式进行饲养，保证家畜度过严冬，并避免家畜对春季返青期的牧草啃食伤害。

（1）"暖牧冷饲"首先是确定"暖牧"的时间和可放牧强度 根据日喀则市的气候特点，开牧期可选择在每年的6月中旬至7月中旬。此时，绝大多数牧草已经完成返青及早期生长，并已有一定的生物量积累可供家畜采食。适度的放牧不会对草地造成危害，家畜能够充分利用青鲜牧草健康生长，草牧业经营可达到最优的生产效益。开牧时间可根据各县区的气候及草地条件差异有所调整。也可在开牧前通过对草地进行适时监测更加准确地确定开牧时间。放牧可在11月底结束。放牧期必须要以草定畜，做好草畜平衡安排。在开牧之前，利用草地生产力监测数据（以往的以及即时的草地监测资料），确定草地可利用量的季节性动态变化以及单位面积产量的载畜量，合理设计放牧方案。

（2）"暖牧冷饲"其次要解决"冷饲"的饲养问题 随时间的推移，草地上干枯牧草的营养价值迅速降低，难以满足家畜的营养需求，需要添加精料进行补饲。此时，可进入12月至翌年3月放牧＋补饲的过渡期，以及4—6月开牧期之间的舍饲期。补饲和舍饲都是冬春冷季的饲养方案。依据各地区的具体条件，可采用不同的对策解决冬春冷季的饲养问题。

1.草地打草，自给自足方案

在草地基况好，初级生产力较高，能够打草的地区，可将草地划分为

4~5个区，每年使用3~4个区作为放牧草地，夏秋季放牧。另外，1~2个区用于秋季打草，收获干草用于冬春冷季舍饲。

2. 草地打草 + 外购饲料方案

针对冬春季基础母畜因怀孕、带羔哺乳营养需求高，天然干草难以满足其营养需要的问题，通过外购精饲料来实现对基础家畜的维持饲养。

3. 农牧互补型方案

在有种植条件的地区，劈出少量土地，种植高产的饲草料作物用于冷季饲养。

4. 综合（混合）方案

根据各地的气候、自然以及社会经济情况的不同，可以选择当地的秸秆资源，以及不同的当地其他饲草料资源进行优化组合，以解决冷季的饲养问题。

二、季节轮牧技术模式

季节轮牧是根据地形、气候、牧草生长的季节变化和牲畜采食需要，在不同季节放牧不同区域的放牧方式。高山地区是冬放河谷、春秋放半山、夏季放山巅（山顶、高山）。地势较平坦地区一般进行四季轮牧，根据气候的变化，初冬主要在较远的冬草场放牧，随着温度的降低，放牧路线越来越近，当青黄不接的时候，牲畜就在圈舍附近活动，以减少体力消耗。冬春季节温度较低，在草场较好，交通便利，离定居点较近，背风、向阳、地形低洼的草场放牧。牧民还常根据天气情况进行轮牧，如果天气好，没有下雪，可以选择在离定居点稍远的阴坡草场进行放牧；反之，如果天气不好，气温较低，应该选择在离定居点稍近的阳坡草场，且能避风的地方进行放牧。夏秋季节在海拔较高，离定居点较远的高山草场放牧。季节轮牧技术模式技术简单、实用，能充分利用草场，防止草地退化，但同时也存在流动性大，给牧民生产生活带来不便的不足。

三、划区轮牧技术模式

划区轮牧的理论发源于季节畜牧业，是在国内外长期的、大量的科学试验和生产实践基础上，形成能够协调草原生态与生产功能，促进畜牧业可持续发展的关键技术。新中国成立后，我国各级党委、政府积极采取措施，在主要牧区发展以牧业为中心多种经济，20世纪80年代以来，传统游牧已经逐渐被定居转场的放牧方式所取代。特别是"十二五"以来，国家持续创设完善草原政策体系，确立了"生产生态有机结合、生态优先"的基本方针，支持划区轮牧。天然草地划区轮牧是一种开放的农业技术体系。通过与其他农业和工业技术的结合，针对不同的草地类型、农业系统、不同的家畜类别和生产目标，制订了日臻完善的技术系列，如放牧场轮换体系、延迟放牧—休牧—轮牧体系、条带—跟进放牧体系、日粮放牧体系、轮牧—舍饲体系等，样式繁多，不胜列举。划区轮牧经过国内外长期、大量的科学试验与生产实践，证明能够协调草原的生态功能与生产功能，逐渐成为草地农业系统的核心和农业实现现代化的关键技术。它是先将草地分成若干个季节放牧地，然后把季节放牧地划分为几个轮牧小区，按照一定的顺序依次轮流利用各轮牧小区。通过与其他农业和工业技术的结合，针对不同的草地类型、农业系统、不同的家畜类别和生产目标，制定的一项综合性较强的草地放牧管理技术。其核心是让草地间隔性休牧，进行再生恢复，为牲畜采食提供最佳营养状态的饲草。

（一）划区轮牧的特点

（1）减少草料浪费　家畜局限于一个较小的放牧地段上，短时间、高强度采食牧草，草地利用均匀，减少荒弃。牧场试验证明，合理划区轮牧，可使家畜头数大量增加，甚至可达3~4倍。

（2）可改进植被成分，提高牧草产量和品质　经典试验证明，无论干旱地区还是湿润地区，饲料产量，可消化蛋白质产量都可增加33%~50%。

（3）增加畜产品的数量　划区轮牧可使家畜适当运动，有益健康，又避免家畜活动过多而损耗热能。试验证明，同等质量的放牧地，绵羊体质量和乳牛的奶产量较自由放牧提高40%~100%，甚至更多。

（4）防止家畜寄生虫的传播　家畜体内的寄生性蠕虫卵，随粪便排到体外，大约经过5~6 d，虫卵发育成侵袭性的幼虫，若没有被家畜采食感染，经过一定时间幼虫便会自行死去。划区轮牧作为预防家畜寄生性蠕虫病措施被广泛运用，效果显著。从实际操作角度来看也还存在操作复杂、成本较高、管理不到位等问题。

（二）划区轮牧方案的制定

1. 划区轮牧要点

划区轮牧要点主要包括：轮牧周期、放牧频率（一个放牧季内包含的放牧周期轮牧分区在一个放牧季内轮流放牧次数）、小区放牧日数、放牧小区数、小区面积、小区的形状及轮牧的方法。其中，轮牧周期重点考虑了牧草的再生能力、气候特点、管理条件及利用时期；放牧频率是各小区可放牧的次数，也就是牧草可再生的次数；小区形状和布局，生产上常以自然障碍物为分区边界，故小区形状多呈不规则状；小区布局以牲畜进出、饮水方便，不影响家畜健康和环境为原则。

2. 划区轮牧技术

划区轮牧，在技术上主要包括两个方面，即轮牧小区数目的确定和轮牧小区面积、形状及布局的确定。

具体步骤为：先将草地划分成季节牧场和全年牧场，然后把每个季节牧场或全年牧场划分成若干轮牧分区，按草地载畜量要求组成的畜群在每一个分区内进行定期放牧，如此几个或几十个分区组成一个轮牧单元，最后由一个（或多个）畜群按轮牧单元逐区采食，循环利用。

为提高轮牧小区草地的利用率，应经常采用放牧习性差异较大的不同畜群结构依次利用同一草地，即更替放牧。如牛群放牧后的草地，牧草残存量较多，可由羊群进行放牧利；用羔羊放牧后的草地，可放牧母羊等。据统计，更替放牧可提高草地载畜量5%左右，个别地段最高可提高38%~40%。

长期的放牧实践证明，在划区轮牧中，根据不同家畜所需饲草成分比例，然后再按一定比例组成不同家畜的混合畜群进行放牧。这种放牧法，对草地的利用率更加充分、均匀，而且延长了草地的休闲时间，同时各种家商都能采食到鲜的牧草。

小区数目 = 轮牧周期 / 每小区放牧天数 + 辅助小区数

小区面积 = 畜群头数 × 日食量 × 放牧天数 / 草场可利用产草量

为保持畜群在轮牧区内能横队采食，而且不发生拥挤，小区要有一定的宽度（一般一头家畜所需宽度在0.5~2 m）。一般500只羊的羊群，不考虑小区面积和形状。小区宽度应保持在200~250 m以上，若小区过于狭窄容易造成家畜采食挤。

小区的形状，生产上常随自然地形走势、除碍物分布而定，如林带、沟、河流、山体及湖泊等。小区形状可能是不规则的，如梯形、椭圆形、三角形等，但最好是长方形，长宽比例在（2~3）：1。如果畜群规模较大，小区宽度需要加大时，长宽比例可放大到1：1。

轮牧小区布局，随轮牧草地类型、放牧家畜种类的不同而有所区别。一般应掌握以下原则：① 任何一个轮牧小区到达畜圈或饮水点的距离，均应保持在一定范围之内。② 以河流为饮水源，应将牧场沿河流分区，小区排列顺序应自下游向上游依次排列。③ 放牧场开阔而水源适中，畜圈应扎在草地中央，四周辐射状分设若干轮牧区或小区，固定合理的轮收周期，进行有计划轮牧；草场面积大，可将畜圈和饮水点分设两地；面积较小，以集中一处为宜。④ 轮牧小区间的牧道，其长度应缩小到最小限度，宽度应留有余地。一般情况下，每百头母牛或马群，牧道宽度应在20~25 m以上；500~600只的羊群，牧道宽度不小于30~35 m。⑤ 草地轮牧地段、小区面积、形状、数量确定后，应设立小区标记或用设网围栏加以界定，防治轮牧混乱。

3. 不同草地类型划区轮牧

（1）草甸草原地区 该草地自然条件优越，年均温2~5℃，降水量500 mm以上，且水热同期，牧草生长条件良好，再生能力旺盛，草地生产力较高（青干草产量600~2 000 kg/hm²）。因此，在轮牧方案中，应安排1/3~1/2的小区用于放牧，1/2~2/3的小区用于刈割调制青干草，再生草用于放牧。

（2）干草原地区 该地区气候及自然条件次于草甸草原，年均温3~5℃，降水量300~500 mm，草地生产力一般在400~1 000 kg/hm²，而且再生草生长周期长，尤其是后期再生草生长极慢，因此在组织划区轮牧时，应适当加长轮牧周期，缩减放牧频率，而补充放牧小区不能先割草利用，应采用晚期放牧方式进行合理利用。

（3）荒漠草原地区 该地区气候及自然条件更加恶劣，年均温1~5℃，无霜期150~175 d，年降水量150~300mm，植被稀疏，牧草产量一散在300~800kg/hm²间，而且再生能力弱，产草量少，因此划区轮牧时应降低放牧频率，适当增加小区数目和小区面积，保持草畜平衡。

（4）荒漠地区　该地区年均温较高（在 4~6℃），年降水量 150mm 以下，个别地区不足 100mm，草地植被以旱生或超旱生灌木、半灌木为主，草地生产力 100~400 kg/hm^2，而且无再生草，因此放牧频率只能每年 1 次，划区轮牧以季节牧场为主，根据季节牧场牧草产量动态与畜群季节饲草需要量来划分。

具体技术参照附件 2《草原划区轮牧技术规程》NY/T 1343—2007 执行。

第六章
牧草种子生产技术

适宜日喀则市生产种子的品种主要有燕麦、黑麦、饲用青稞、饲用油菜等一年生牧草，披碱草、老芒麦等多年生牧草。

第一节　燕麦种子生产技术

一、地块选择

宜选择地势平坦、土壤耕作层深厚、土壤疏松、光照条件好、排灌方便、集中连片的地块。具有符合国家农田灌溉水质标准的要求水源。在优良的栽培条件下，各种质地的土壤上均能获得好收成，但以富含腐殖质的湿润土壤最佳。燕麦对酸性土壤的适应能力比其他麦类作物强，但不适宜于盐碱土栽培。

二、播种前准备

1.品种选择

选择适应当地生态条件的优质、高产、抗病逆性强的优良品种。种子质量应达到净度 ≥ 95.0%，发芽率 ≥ 85.0%，水分 ≤ 12.0%。根据当地主要病虫害种类选用适当的种衣剂或拌种剂拌种，如可用 20% 的福克悬浮种衣剂按种子重量 2.5% 拌种防治根腐、地下害虫，用 60% 吡虫啉悬浮种衣剂 300~350 g/100 kg 包衣防治燕麦红叶病，用 50% 多菌灵可湿性粉剂 200~250 g/100 kg 拌种防治燕麦黑穗病。农药使用应符合《农药合理使用准则》GB/T 8321.9—2009 和《农作物薄膜包衣种子技术条件》GB/T 15671—2009 的规定。

2.整地

进行耕翻、耙磨、耢平和压实作业，耕深 25~30 cm，耙深 12~15 cm。

3.施肥

可实行测土配方施肥，也可施有机肥 15~30 t/hm^2 做底肥，或施种肥磷酸二铵 150~225 kg/hm^2，钾肥 75~150 kg/hm^2，实行种、肥分箱施入。施肥应符合《肥料合理使用准则》NY/T 496—2010 的规定。

三、播种

1. 播种时间

4月中旬至5月中旬。积温2 500℃以上的地区，4月中旬播种，每年可种植2茬。

2. 播种量

应根据品种特性、土壤肥力、种子发芽率等确定，播量15~22.5 kg/hm^2。

3. 播种方式

采用机器条播，行距50~70 cm。

4. 播种深度

适宜深度2~3 cm，播种应落籽均匀，覆土严密。

四、田间管理

1. 杂草防除

可采用人工或化学除草。田间杂草较多，可在杂草3~5叶期，使用75%的噻吩磺隆悬浮液45 g/hm^{2}对水450 kg，或二甲四氯粉剂750 g/hm^{2}对水750 kg，选择晴天、无风、无露水时喷雾。农药使用应符合《农药合理使用准则》GB/T 8321.6—2000的规定。

2. 灌溉

在分蘖、拔节、抽穗时视土壤墒情结合燕麦生长情况进行灌溉。

五、病虫害防治

燕麦的主要病害是坚黑穗病、散黑穗病和红叶病；局部地区有秆锈病、冠锈病和叶斑病等。多使用抗病良种及采取播前种子消毒、早播、轮作、排除积水等措施防治。主要害虫有粘虫、地老虎、麦二叉蚜和金针虫等，可通过深翻地、灭草和喷施药剂等防治。野燕麦是世界性的恶性杂草，可通过与中耕作物轮作，剔除种子中的野燕麦种子，或在燕麦地播种前先浅耕使野燕麦发芽，然后整地灭草，再行播种等方法防治，也可采用化学除莠剂。

六、收获

落粒性强的燕麦种子，当 60%~70% 的种子达到成熟时即可收获。收获时间确定的方法：将穗夹在两指间，轻轻拉动，多数穗上有 1~2 个小穗被拉掉即可收获，一般在 7—8 月。

收获应选择晴朗天气无露水时采用机械或是人工收获。留茬高度为5~7cm；或只收穗。收获的整株或穗应及时晾晒。脱粒后应对种子及时进行干燥处理，使其含水量降至 ≤ 13%。种子干燥可采用自然干燥和人工干燥。干燥后的种子应进行清选、除芒、分离杂物，提高种子的净度。种子清选一般采用具有风选、筛选等功能的成套机械设备进行。请选技术指标按照《牧草与草坪草种子清选技术规程》NY/T 1235—2006 执行，清选后的种子达到《禾本科草种子质量分级》GB 6142—2008 规定的质量标准。

七、运输和贮藏

种子贮藏库要求防水、防虫、防鼠、防火、干燥通风，库内要控制温度和湿度。种子应分品种、批次整齐堆放，专人管理避免混杂，定期进行质量检验，每次检验结果应详细记录。

八、主要燕麦品种的特性

1. 青燕 1 号

生育期 82~122 d。幼苗直立，株高 1.4 m 左右。抗逆性强，抗倒伏。

2. 白燕 2 号

生育期 80~100 d。幼苗直立，株高 1.5 m 左右。株型紧凑，分蘖力强，叶片深绿色。粮草兼用、活秆成熟、抗病性强。

3. 白燕 7 号

生育期 87~150 d。幼苗直立，深绿色，株高 1.5 m 左右，抗旱、抗倒伏，抗燕麦红叶病、白粉病、黑穗病。

4. 加燕 2 号

生育期 140 d 左右。株高 1.6 m 左右。粮草兼用、中晚熟、抗旱、种子不落粒。

5. 甜燕麦

属草籽兼用品种。生育期 120~135 d。生长整齐，株高 1.4~1.6 m，茎叶有明显甜味，适口性好。抗倒伏、不耐旱。

6. 青海 444

属草籽兼用型品种，生育期 100~120 d。株高 1.2~1.8 m。抗旱、耐寒、抗倒伏。

7. 林纳

生育期 100~130 d，株高 1.0~1.5 m。

8. 青引 1 号

属粮草兼用型品种，生育期 100 d 左右。株高 1.2~1.7 m，耐寒，抗倒伏。

9. 青引 2 号

属粮草兼用型品种，生育期 100 d 左右。株高 1~1.6 m，耐寒，抗倒伏，再生性强。

10. 青引 3 号

粮草兼用，生育期 100 d 左右，株高 1~1.5 m。抗旱，抗倒伏，耐寒、耐贫瘠。

各品种在南木林县海拔 3 830 m 的艾玛乡采取行距 27 cm，播种量 166.5 kg/hm²，底肥磷酸二铵 165 kg/hm²，尿素 50 kg/hm²，人工条播措施下种子生产情况见表 6-1：

表 6-1　燕麦试验示范种子生产情况

品种	播种日期（月.日）	收获日期（月.日）	物候期	植株高度（m）	种子产量（kg/hm²）
青燕 1 号	4.16	9.30	完熟期	1.13	1 590
青引 1 号	4.16	9.30	完熟期	1.71	3 975
青引 2 号	4.16	9.30	完熟期	1.47	2 070
青引 3 号	4.16	9.30	完熟期	1.47	4 365
白燕 7 号	4.16	9.30	完熟期	1.54	5 010
加燕 2 号	4.16	9.30	完熟期	1.63	4 740
甜燕麦	4.16	9.30	完熟期	1.41	5 010
青海 444	4.16	9.30	完熟期	1.88	4 830
领袖	4.16	9.30	完熟期	1.14	3 480

第二节 黑麦种子生产技术

一、地块选择

宜选择地势平坦、土质疏松的中高等肥力地块种植。具备一定的农机具（小麦播种机、饲草收割机等）及灌溉条件。

二、播种前准备

1.品种选择

选择适应当地生态条件、品质好、抗病、抗倒等适应性强的品种。种子质量应选用符合《禾本科草种子质量分级》GB 6142—2008 规定的一级和（或）二级的种子。精选种子，播前晾晒 1~2 d。测定千粒重及发芽率（发芽率须在 85% 以上），害虫易发区应进行种子处理，建议采用酷拉斯或高巧+ 立克秀等复合药剂拌种，起到防虫、防病、促进生长的综合效果，复合药剂拌种时请按说明书使用药剂，以免伤害种子，影响发芽率。

2.选茬

前茬以大豆、玉米或高粱茬为宜，大麦、小麦茬次之。

3.整地

宜秋整地。应达到田面平整，无墒沟、伏脊、坷垃。深耕 20~25 cm，整平、耙细、镇压。将有机肥和全部磷、钾肥及 1/2 氮素化肥随整地施入。播前须检查土壤墒情，足墒下种，缺墒浇水，过湿散墒。播种适宜土壤含水量：黏土为 20%，壤土为 18%，砂土为 15% 为宜。

4.施肥

应按照《肥料合理使用准则》NY/T 496—2010 的要求执行。尽量多施有机肥，有机肥施用量应在 30 m^3/hm^2 以上。合理确定氮、磷、钾肥用量，全生育期应施纯氮 14~16 kg、五氧化二磷 6~9 kg 和氧化钾 4~5 kg。

三、播种

1.播种期

宜在日平均气温稳定在 0~2℃、表土层解冻 3~4 cm 时播种。

2.播种量

每公顷 225~255 kg。

3.播种方式

宜 15 cm 等行距播种。

4.播种深度

播深 2~4 cm。播后及时覆土，并根据墒情适当镇压。

5.施种肥

每亩可施 8~15 kg 磷酸二铵和 50 kg 商品有机肥做种肥。

四、田间管理

1.补种

出苗后查看苗情，若缺苗及时补种，补种宜浸种催芽。

2.耙青

麦苗出齐后及时耙青，墒干时碌青。

3.灌溉

墒情较差、出苗不好的麦田宜及早灌溉，晚播且口墒差的麦田及时浇蒙头水。在分蘖、拔节、抽穗时视墒情进行灌溉。

4.施肥

采草田每次刈割后和分蘖初期施尿素 75~150 kg/hm^2。施肥可与灌溉相结合或在小雨时进行。采种田宜在扬花末期和灌浆期，分两次喷施磷酸二氢钾，22.5~30.0 kg/hm^2，加水 450 kg，进行叶面喷洒。

5.防倒伏

对于有旺长趋势的麦田，宜及时进行深中耕，控旺转壮，蹲秸壮秆；也可在拔节初期和拔节后期喷施壮丰胺或矮壮素。

6.杂草防除

及时采用化学、人工或机械等方法进行杂草防除。农药使用应符合《农药合理使用准则》GB/T 8321.6—2000 的规定。

五、病虫害防治

小黑麦对白粉病免疫，高抗三锈病（条锈病、叶锈病、秆锈病），虫害发生较轻，一般不需防治。杂草防除可采取人工除草，也可化学防除。化防方法为：在杂草苗期，每公顷用 72% 的 2，4-D 丁酯乳油 750 mL，或 75% 巨星干悬浮剂 15 g，或 72% 的 2，4-D 丁酯乳油 300 mL+75% 巨星干悬浮剂 7.5 g，对水 600 kg，进行茎叶喷雾。

六、收获

一般以小黑麦进入完熟期收割为宜，具体时间根据各地天气、种子成熟程度及实际情况而定。收割前应注意种子的水分情况。收割工作做到统一组织，专机收割，收割前应对收割机进行清机检查，杜绝机械混杂。

七、运输和贮藏

1. 运输

运输工具清洁、干燥、有防雨设施，严禁与有毒、有害、有腐蚀性、有异味的物品混运。

2. 贮藏

分类、分级存放在清洁、避光、干燥、通风、无污染和有防潮设施的地方，防虫、防霉烂、防鼠。严禁与有毒、有害、有腐蚀性、易发霉、发潮、有异味的物品混存。

八、主要黑麦品种的特性

甘引 1 号

生育期 90~120 d。茎秆丛生，高 1.50~1.8 m。叶条形，长 10~20 cm，宽 5~10 mm。穗长 8~15 cm（芒除外），籽粒呈纺锤形，淡褐绿色，表皮光滑，籽粒饱满。耐寒，适应性强，适宜在高寒地区种植。日喀则市草原站在南木林艾玛饲草试验示范地 2018 年的试验表明：该品种不仅牧草产量高，且种子能成熟。行距 27 cm，播种量 135 kg/hm²，种子产量 3 945 kg/hm²。

第三节　饲用青稞种子生产技术

一、地块选择

土壤耕作层深厚、土壤疏松、光照条件好、排灌方便、中等或中等以上肥力的地块。具有符合国家农田灌溉水质标准的要求水源。一般在海拔4 500 m以下区域。连续种植青稞不超过二年。

二、播种前准备

1.品种选择与处理

选择适应当地生态条件的优质、高产、抗病性强的优良品种。播前晒种后，进行种子精选，种子质量应符合粮食种子的要求，达到种子分级标准二级以上，其纯度不低于95%，净度不低于96%，发芽率不低于87%，种子含水量不高于13%。用20%卫福按种子重量的0.35%，对水1 kg进行包衣，或用立克秀按种子重量的0.2%进行包衣，对水1 kg，晾干后播种，防治青稞条纹病、黑穗病等种传病害。

2.土壤处理

种植青稞的地块要在冬前进行深耕细耙，精细晒垡，使土壤疏松，提高土壤的保水保肥能力。在播前进行扎扭诱发灭草，扎扭时间15~25 d。

3.地下害虫药剂防治

每亩用50%辛硫磷乳油1 kg，掺拌细砂土10 kg，均匀撒在地表后耕翻；或每亩用3%辛硫磷颗粒剂1.5~2.5 kg，掺拌细砂土20~30 kg，对水2~4 kg，均匀混合后，撒在地表后耕翻；也可施用0.38%苦参碱乳油500倍液，或80%的敌百虫可湿性粉剂，用少量水溶化后和菜籽饼70~100 kg拌匀，于傍晚撒在幼苗根的附近地面上诱杀，防治地老虎、蛴螬、金针虫等地下害虫。

4.燕麦草药剂防治

播前土壤耕翻、整地后，每亩用野麦畏0.25~0.3 kg，对水2.5~4 kg，拌细砂土20 kg，均匀撒于地表，或采用喷雾器喷撒后，用耙子耙2~3次，深度 3~5 cm，使燕麦畏与土壤混匀后，再进行播种。

5. 整地

在前茬作物收获后，统一采用机耕，及时深翻，此后再到翌年春播之前，深浅结合，先深后浅，多次耕翻及时耙糖，打碎土块，使土地平整，上虚下实。保证播种时土壤含水量 15.5%~18.5%。

6. 施基肥

选用质量合格的肥料，不得施用工业废弃物，城市垃圾和污泥，不得施用未经腐熟和重金属超标的有机肥。根据土壤肥力，确定相应施肥量和施肥方法。农家肥和化肥混合施用，增施农家肥，合理使用化肥，提倡根据测土进行配方施肥。

7. 施肥量

根据春青稞对氮、磷、钾等元素的需求比例和测土结果进行配方施肥。施肥量应根据品种、土壤肥力和产量指标而定，具体施肥量参见主要青稞品种特性及栽培技术要点。

三、播种

1. 播种时间

当春季气温，稳定在 7~8℃时，为春青稞最佳播种期。一般在日喀则及周边地区以 4 月下旬至 5 月上旬播种为宜。

2. 播种方式

建议采用机械播种。

3. 播种深度

一般播种深度以 5 cm 左右为宜。

4. 播种量

每亩播种量 180~225 kg/hm²，行距调为 15 cm。

四、田间管理

1. 灌水

在青稞生产中应根据土壤墒情及时浇水。重点抓好头水、拔节、灌浆三次水；其次，视土壤墒情灌好分蘖、孕穗和麦黄三次机动水。头水一般掌握在出苗后 25 d 左右，即植株处于三叶一心期至四叶一心期为宜。对弱苗可适当早浇拔节水，还要增加灌水次数；对壮苗应适时适量浇好拔节水；对旺苗应采取适当推迟或不灌拔节水。灌浆期间，虽处于雨季，但若遇短期干旱要适时进行浇水，如后期遇旱还应再适量浇一次麦黄水。

2. 追肥

肥水管理上采取前促后控、促控结合。在青稞三叶一心期至四叶一心期，追施尿 112.5~150 kg/hm^2。在拔节后，对壮苗田块，一般可不追肥；对弱苗田块，视苗情每亩追施 2.5kg 尿素外，还要及时进行灌水；对旺苗田块，应采取推迟或不灌拔节水、不追拔节肥。在青稞灌浆前期，可用 15~30 kg/hm^2 尿素或磷酸二铵加水 50 kg 进行叶面喷施以延长叶片寿命，增加粒重。

3. 中耕除草

西藏农田主要杂草以白茅，冰草、野燕麦草、野油菜和灰灰菜为主，在搞好土壤处理灭草的基础上，开展中耕除草、化学灭草等，消灭草害，增温保墒，提高地力，达到培育壮苗的目的。

4. 中耕锄草

青稞在三叶一心期至四叶一心期，在田间进行第一次中耕松土，灭除田间杂草；在拔节前进行第二次中耕除草；在青稞拔节后期对野燕麦草、野油菜等大株杂草，应及时拔除，生长期间应严格控制野燕麦等杂草的生长。

5. 化学锄草

在十字花科杂草发生较重的地块，在青稞四叶一心期至五叶一心期，每公顷用 72% 的 2，4-D 丁酯乳油 1 125~1 200 mL，加水 450~600 kg，均匀喷雾，灭除野油菜、灰灰菜等双子叶杂草。在防治时应注意风向并远离油菜等十字花科作物，以免对十字花科作物产生药害而减产。

生育后期要合理运用肥水，防止倒伏，力争粒重和穗粒数增加。

五、病虫害防治

按照"预防为主，综合防治"的植保方针，坚持绿色植保原则，优先采用农业防治、物理防治、生物防治的方法。在化学防治上，选用高效低毒、低残留、残效期短的农药；严格控制农药的用量，并注意轮换用药、合理混用。禁止在生产中使用国家禁止在麦类作物上使用的农药品种。青稞病虫害防治应及早进行，对种传病害进行种子处理。

1. 农业防治

选用抗（耐）病优良品种，实行轮作倒茬，合理品种布局，进行测土配方施肥，施足腐熟的有机肥，适量施用化肥，合理密植，清洁田园等田间管理，降低病虫源数量。对青稞生育后期出现的条纹病和黑穗病等，应及时拔除，对病株深埋，控制病源，严防再度传染。

2. 生物防治

保护天敌，创造有利于天敌生存的环境，选择对天敌杀伤力低的农药。利用 0.38% 苦参碱乳油 300~500 倍液防治蚜虫以及地老虎、蛴螬等地下害虫与利用食蚜蝇和肉食性瓢虫防治蚜虫。

3. 物理防治

采用黑光灯、高频振式杀虫灯等物理装置诱杀鳞翅目成虫。

4. 化学防治

（1）黑穗病　播前种子精选后，用 20% 卫福胶悬剂或 0.3% 立克秀按种子量的 0.2% 包衣，晾干后播种。

（2）条纹病　播前种子精选后，用 20% 卫福胶悬剂或 0.3% 立克秀按种子量的 0.2% 包衣，晾干后播种。

（3）条斑病　在发病初期，用龙克菌 500~600 倍液，喷雾防治。当病情严重时，过 7~10 d 喷第二次药液；或用 72% 农用硫酸链霉素可湿性粉剂 225 g/hm^2，对水 15 kg 喷雾。

（4）锈病　播前用 25% 的粉锈宁可湿粉剂 25~40 g，对水 5~10 kg，拌种 50~100 kg，晾干后播种。在青稞发病初期，用 20% 粉锈宁乳油 375~600g/hm^2，对水 50 kg，均匀喷洒。

（5）蚜虫　发生初期，用的吡虫啉（10% 大功臣可湿性粉剂）225~625 g/hm^2，对水 225~625 kg/hm^2；或用 2.5% 保德 225~625 mL/hm^2，对水 225~300 kg/hm^2 喷雾。

（6）飞蝗　飞蝗 2~3 龄盛发期，用 4.5% 氯氰菊酯 50 mL，对水 15 kg 喷雾。

（7）西藏穗螨　发生初期，用 50% 三氯杀螨醇 1 000~1 500 倍液，或 40% 硫磺胶悬剂 500 倍液喷雾，另用 40.7% 乐斯本（毒死蜱）乳油 1 050~1 500 mL/hm²，或三氟氯氰菊酯（2.5% 功夫乳油）300~450 mL/hm² 喷雾。

（8）地老虎、蛴螬　用 50% 辛硫酸磷乳油 15 kg/hm²、拌细砂土 300~450 kg/hm²，制成毒土撒施，或用地虫杀星拌细砂土 300~450 kg/hm²，撒施后耕翻。在成虫盛发期，用 50% 辛硫磷乳油 500 倍液喷雾防治 2~3 次，杀死成虫。

六、收获和贮藏

1.收获时期
应在籽粒腊熟末期适时收获。

2.机械收获
未发生倒伏的青稞可采用机械分段收获或联合收割机一次收获。分段收获，先用割晒机将青稞割倒后人工扎捆，在田间或运回晒场将穗部朝上码垛。割茬高度为 15~18 cm，割晒损失率不超过 1%，清洁率大于 95%。当籽粒含水量下降到 18% 以下时，应及时用脱粒机脱粒，脱粒损失率不得超过 2%。联合收割机，收获时间应稍晚于分段收获，但不宜过晚造成损失。

3.人工收割
未发生倒伏或已发生倒伏的青稞可采用人工收割，人工收割要减少断穗，落粒，并要捆好、穗部朝上码好垛。当子粒含水量下降到 18% 以下时，应及时用脱粒机脱粒，脱粒损失率不得超过 2%。

4.脱粒包装
禁止在公路、沥青路面及粉尘污染严重的地方脱粒、晒谷。脱粒后及时晾晒、扬净，当籽粒含水量为 13% 左右时，而后可进行精选和包装。

七、运输和贮藏

1.运输
运输工具应清洁、干燥、有防雨设施，严禁与有毒、有害、有腐蚀性、有异味的物品混运。

2.贮藏
分类、分等级存放在清洁、避光、干燥、通风、无污染和有防潮设施的地方，做好防虫、防霉烂、防鼠。严禁与有毒、有害、有腐蚀性、易发霉、发潮、有异味的物品混存。若进行仓库消毒、熏蒸处理，所用药剂应符合国家有关食品卫生安全的规定。

种子质量应达到纯度≥95.0%，净度≥98.0%，发芽率≥85.0%，水分≤9.0%。

3. 生产档案

建立田间生产技术档案，对生产技术、病虫草害防治和收获各环节所采取的主要措施进行详细记录。

八、主要春青稞品种的特性及栽培技术要点

1. 藏青 320

（1）品种特征特性　杂交品种。生育期 120 d 左右，株高 105~110 cm，籽粒饱满、品质好，苗势壮，抗寒能力强，分蘖力中等，成熟一致，熟性较好，穗下垂。适宜于海拔 3 500~4 000 m 河谷农区中等肥水条件下种植，也可在半高寒农区种植。

（2）栽培技术要点　适时早播，播期一般在 4 月 15 日至 5 月 10 日。播种量 165~225 kg/hm^2。施肥量为厩肥 22 500 kg/hm^2，磷酸二铵 150 kg/hm^2，尿素 150~300 kg/hm^2。播前严格包衣或药剂拌种，并在中后期及时防治蚜虫。

2. 喜马拉 19 号

（1）品种特征特性　杂交品种。生育期 120 d 左右，株高 114 cm 左右，抗逆性较强，适应性较广，叶色浓绿，茎秆弹性好。为中晚熟品种，是日喀则等地区近十年的主要推广品种。适宜在海拔 3 400~4 200 m 中等水肥条件下的河谷水浇地种植。

（2）栽培技术要点　适宜播期在 4 月中旬至 5 月中旬，播种量 165~225 kg/hm^2。施肥量为厩肥 22 500 kg/hm^2，磷酸二铵 150 kg/hm^2，尿素 150~300 kg/hm^2。播前严格包衣或药剂拌种，并在中后期及时防治蚜虫。

3. 藏青 85

（1）品种特征特性　杂交品种。生育期 120 d，株高 80~90 cm。属中晚熟类型，耐肥水、抗倒伏能力较强，轻感黑穗病、条纹病、锈病。适宜在海拔 3 500~4 100 m 河谷农区中上等肥水条件下种植。

（2）栽培技术要点　播期一般在 4 月中旬，播量 225~300 kg/hm²。播前施足底肥，每亩施农家肥 30 000~37 500 kg/hm²，化肥总施用量掌握在 525 kg/hm² 左右较为合适。生长期重施分蘖肥，追施尿素 112.5~150 kg/hm²。播前严格包衣或药剂拌种，并在中后期及时防治蚜虫。

4. 藏青 148

（1）品种特征特性　杂交品种。生育期为 113 d，株高 87.9 cm，分蘖力强，抗倒伏，易感条纹病和黑穗病。适宜在海拔 3 500~3 800 m 中等或中上等水肥条件下种植。

（2）栽培技术要点　适时早播，播期一般在 4 月中旬至 5 月中旬，播量为 219 kg/hm²。施肥量为厩肥 22 500 kg/hm²，磷酸二铵 150 kg/hm²，尿素 150~300 kg/hm²。播前严格包衣或药剂拌种，并在中后期及时防治蚜虫。

5. 藏青 311

（1）品种特征特性　杂交品种。生育期 115 d，株高 89.5 cm，该品种株型较紧凑，茎秆弹性好，抗倒、抗病能力较强。适宜于海拔 3 800~4 100 m 农区的中上等肥水条件下种植。

（2）栽培技术要点　适时早播，播期一般在 4 月中旬至 5 月中旬，播量为 180 kg/hm²。施肥量为厩肥 22 500 kg/hm²，底肥可施磷酸二铵 150 kg/hm²、尿素 75 kg/hm²，同时用 37.5 kg/hm² 尿素做种肥；分蘖肥施尿素 112.5 kg/hm²，并酌情施孕穗肥。播种时进行药剂拌种，并在中后期及时防治蚜虫。

6. 藏青 25

（1）品种特征特性　杂交品种。生育期 110~118 d，株高 100 cm 左右，该品种较抗倒，喜肥水，轻感条纹和坚黑穗病。适宜在海拔 4 000 m 以下河谷农区中高肥水条件下种植。

（2）栽培技术要点　适时早播，播期一般在 4 月中旬至 5 月中旬，播量为 225 kg/hm²。要求最低施肥量为厩肥 22 500 kg/hm²，底肥施磷酸二铵 150 kg/hm²、尿素 75 kg/hm²；分蘖肥施尿素 112.5 kg/hm²，并酌情施孕穗肥。播前进行药剂拌种，并在中后期及时防治蚜虫。

7. 喜马拉 22 号

（1）品种特征特性　杂交品种。生育期 125~130 d，株高 90~100 cm，该品种耐肥、抗倒伏能力较强，适应性较广，叶色浓绿，茎秆弹性好。适宜在海拔 4 100 m 以下河谷农区中等水肥条件下种植。

（2）栽培技术要点　适时早播，播期一般在 4 月中旬至 5 月中旬，播量为 225 kg/hm^2。施肥量为厩肥 22 500 kg/hm^2，底肥施磷酸二铵 225 kg/hm^2、尿素 75 kg/hm^2；分蘖肥施尿素 150 kg/hm^2，并酌情施孕穗肥。播前进行药剂拌种，并在中后期及时防治蚜虫。

8. 藏青 690

（1）品种特征特性　杂交品种。生育期 102 d，株高 95.6 cm，该品种属早熟、中产春性品种，较抗倒伏，轻感条纹病、黑穗病，抗逆性中等。该品种适宜在海拔 3 600~4 500 m 的高寒、半高寒农区种植。

（2）栽培技术要点　播期一般在 4 月中旬至 5 月上中旬。播量 210 kg/hm^2。施肥量为厩肥 15 000 kg/hm^2，磷酸二铵 150 kg/hm^2，尿素 225 kg/hm^2。播前严格包衣或药剂拌种，并在中后期及时防治蚜虫。

9. 藏青 3179

（1）品种特征特性　杂交品种。全生育期 100~106 d，株高 80~90 cm，该品种茎秆弹性好，抗倒、植株整齐、株型较紧凑，丰产性好，较抗黑穗病和条纹病。适宜在海拔 4 000 m 以上高寒农区无霜期较短、灌溉条件差的地方种植。

（2）栽培技术要点　播期一般在 4 月中旬 5 月中旬。播量 210 kg/hm^2。施肥量为厩肥 15 000 kg/hm^2，磷酸二铵 150 kg/hm^2，尿素 225 kg/hm^2。播前严格包衣或药剂拌种，并在中后期及时防治蚜虫。

10. 藏青早 4 号

（1）品种特征特性　选育品种。在拉萨地区生育期 100 d 左右，株高 90~100 cm，该品种分蘖力中等，成穗率较高，耐旱力强，苗期抗寒力强，较耐瘠薄，成熟时不易折颈断穗，抗倒力较差，较抗撒黑穗病，易感条纹病。适宜在海拔 3 900 m 以上的半农半牧区适宜种植的粮草兼备的品种。

（2）栽培技术要点　该品种在高寒农区适当早播，在河谷农区适当晚播。播量 210 kg/hm^2。施肥量为厩肥 15 000 kg/hm^2，磷酸二铵 150 kg/hm^2，尿素 112.5~150 kg/hm^2。播前严格包衣或药剂拌种，并在中后期及时防治蚜虫。

第四节　饲用油菜种子生产技术

一、地块选择

土壤耕作层深厚、土壤疏松、光照条件好、排灌方便、中等或中等以上肥力的地块。具有符合国家农田灌溉水质标准的要求水源。一般在海拔4 100~4 300 m以下区域。前茬以青稞、小麦等作物为宜，不宜与十字花科作物连作。

二、播种前准备

1. 品种选择

选择适应当地生态条件的优质、高产、抗病逆性强的优良品种。种子质量应达到纯度≥95.0%，净度≥98.0%，发芽率≥85.0%，水分≤9.0%。

2. 土壤处理

冬前深耕细耙，种植地块要在冬前进行深耕细耙，精细晒垡，使土壤疏松，提高土壤的保水保肥能力。在播前进行扎扭诱发灭草。

3. 地下害虫药剂防治

每公顷用3%地虫杀星（辛硫磷）颗粒剂37.5~52.5 kg，掺拌细砂土300~450 kg，对水30.0~60.0 kg，均匀混合后，撒在地表后耕翻；或每公顷用50%辛硫磷乳油15.0 kg，掺拌细砂150.0 kg，均匀撒在地表后耕翻；或80%的敌百虫可湿性粉剂，用1.2~1.5 kg水溶化后和菜籽饼1 050~1 500 kg拌匀，于傍晚撒在幼苗根的附近地面上诱杀，防治地老虎、蛴螬等地下害虫。

4. 燕麦草药剂防治

播前土壤耕翻、整地后，每公顷用40%野麦畏3.75~4.5 kg，对水37.5~60.0 kg，拌细砂土300.0 kg，均匀撒于地表；或采用喷雾器喷撒后，用耙子耙2~3次，深度3.0~5.0 cm，使野麦畏与土壤混匀后，再进行播种。

5. 施基肥

选用质量合格的肥料，增施有机肥，根据土壤肥力，确定相应施肥量和施肥方法，有机肥和化肥混合施用，增施农家肥，合理施用化肥，提倡测土配方施肥。

6.施肥量

根据油菜品种对氮、磷、钾等元素的需求比例和测土结果进行配方施肥。施肥量应根据品种、土壤肥力和产量指标而定。一般每公顷施底肥有机肥 1.5 万 ~2.3 万 kg，磷酸二铵 150.0 kg，尿素 75.0 kg，氯化钾 30.0~45.0 kg。

7.整地

在前茬作物收获后，统一采用机耕，及时深翻，此后再到翌年春播之前，深浅结合，先深后浅，多次耕翻及时耙耱，打碎土块，使土地平整，上虚下实。保证播种时土壤含水量 15.5%~18.5%。

三、播种

1.播种时间

适宜播期为 4 月 20 日至 5 月 10 日。随着海拔增高，适当推迟播种期。

2.播种方式

机械播种，用马拉播种机播种；撒播，每亩用细砂土 5.0~7.5 kg 与种子混匀后进行撒播，撒籽均匀，然后耙平。

3.播种深度

播种深度以 2.0 cm 为宜。

4.播种量

机播播种量 7.5~11.3 kg/hm²；撒播播种量 15~22.5 kg/hm²。条播行距 20~30 cm。

四、田间管理

1.定苗

三叶期，间除密苗、弱苗，留壮苗；四叶期至五叶期定苗。每公顷留苗 22.5 万 ~45.0 万株。

2.灌水

油菜生长期间应根据土壤墒情及时浇水。三叶期至四叶期要小水漫灌，整个生育期一般控制为前期少，中期多，后期适当。现蕾至开花阶段，适当增加灌水次数。

3. 追肥

随灌水早施苗肥。三叶期至四叶期每公顷追施尿素 37.5 kg，对底肥充足、比较肥沃的田块，苗期少追肥或不追肥；蕾苔期每公顷随灌水追施尿素 75.0 kg。初花期每公顷喷施硼砂 0.75~1.50 kg。

4. 除草

日喀则市农田主要杂草以白茅、冰草、野燕麦草、野油菜和灰灰菜为主，前期采用中耕除草，中期采取人工拔除，有条件的地方采用化学除草。

5. 中耕除草

中耕深度把握先浅后深再浅的原则。三叶期至四叶期通常只锄一寸左右的表土，灭除田间杂草；在油菜抽薹期对野燕麦草、野油菜和阔叶类等杂草及时拔除，生长期间严格控制野燕麦草等杂草的生长。

6. 化学除草

单播油菜田野燕麦叶片长到 2~3 叶时，用"高盖"10.8% 高效氟吡甲禾灵乳油 20.0~40.0 mL 对水 15.0~20.0 kg；或爱秀 80 mL 对水 15.0~20.0 kg 喷雾灭除。

五、病虫害防治

按照"预防为主，综合防治"的植保方针，坚持绿色植保原则，优先采用农业防治、物理防治、生物防治的方法。在化学防治上，选用高效低毒、低残留、残效期短的农药；严格控制农药的用量，并注意轮换用药、合理混用。禁止在生产中使用国家禁止在油料作物上使用的农药品种。

（一）化学防治措施

1. 主要病虫害及防治

（1）菌核病 轮作为重点的综合防治措施，重视基肥，增施磷肥，避免过量使用氮肥。用 50% 多菌灵 500~1 000 倍液喷雾（注：集中喷射在植株中下部），每隔 7~10 d 喷一次，一般喷 2~3 次。

（2）白锈病 选用抗病品种，用 10% 的盐水浸种 2 小时，后用清水洗净晾干后播种。及时排除田间积水。用 25% 粉锈宁可湿性粉剂 30.0~50.0 g

拌 1.0 kg 种子；在发病初期用 25% 可湿性粉剂每公顷 525.0~1 050.0 g，对水 1 125.0~1 500.0 kg，每隔 6~8 d 喷药 1 次，连喷 2~3 次（注：喷药时要均匀的喷到整个病株）。

（3）霜霉病　合理轮作，选用抗病品种，发现有花枝肿胀时及时剪除，带出田外烧毁或深埋。用 25% 瑞毒霉每公顷 1.5~2.25 kg，对水 750.0~1 125.0 kg，6~8 d 喷药 1 次，连喷 2~3 次（注：喷药时应使药液喷到整株，否则影响药效）。

2. 主要虫害及防治

（1）蚜虫　黄板诱蚜，消灭虫源，生物防治。每公顷用溴氰菊酯 2.5% 乳油 300.0~600.0 mL，或高效氯氰菊酯 4.5% 乳油 750.0~1 125.0 mL，对水 225.0~300 kg 喷雾防治，7 d 1 次，喷施 2~3 次来防治蚜虫等效果显著。

（2）地老虎　① 进行冬灌、除草、灭幼虫。② 利用黑光灯、青稞酒渣（拌药）等进行人工捕杀，或每天早晨在新被害植株周围人工捕杀幼虫。③ 每公顷用 5% 辛硫磷颗粒（地虫杀星）37.5~52.5 kg，掺细砂土 300.0~450.0 kg，均匀撒在地表，后耕翻。

（3）蛴螬　① 进行冬灌、除草、灭幼虫。② 每公顷用 5% 辛硫磷颗粒（地虫杀星）37.5~52.5 kg，掺细砂土 300.0kg~450.0 kg，均匀撒在地表后耕翻。③ 在金龟子盛发期成虫集中处，用 80% 敌百虫乳油 500~800 倍液喷雾。

（4）小菜蛾　① 实行轮作，以减少田间菌源、虫源；加强田间管理，深沟高畦，合理密植，雨后清除积水，收获后及时清除病虫残体，带出田间集中销毁，以减少田间病虫菌，同时深翻土壤，加速病虫残体的腐烂、分解和死亡。② 每公顷用溴氰菊酯 2.5% 乳油 300.0~600.0 mL，或高效氯氰菊酯 4.5% 乳油 50.0~75.0 mL，对水 15.0 kg~20.0 kg 喷雾防治。

（5）菜粉蝶　① 进行冬灌、除草、灭幼虫。② 500 倍液 ~700 倍液青虫菌 6 号、B.t. 乳剂喷雾防治。③ 每公顷用溴氰菊酯 2.5% 乳油 300.0~ 600.0 mL，或高效氯氰菊酯 4.5% 乳油 750.0~1 125.0 mL，对水 225.0~300.0 kg 喷雾防治。

（二）其他防治措施

1. 农业防治

选用抗逆性强的优良品种，实行轮作倒茬，合理品种布局，科学施肥，合理密植，清洁田园等，降低病虫基数。

2. 生物防治

保护天敌，创造有利于天敌生存的环境，选择对天敌杀伤力低的农药。利用 0.38% 苦参碱乳油 300~500 倍液防治蚜虫以及地老虎、蛴螬等地下害虫与利用食蚜蝇和肉食性瓢虫防治蚜虫。

3. 物理防治

采用黑光灯、频振式杀虫灯等物理装置诱杀鳞翅目成虫。

六、收获

1. 收获

当油菜田间 70% 以上的角果变黄时收获。宜在早晚有露水时收获。收获后堆放 7~15 d，单收、单打，自然晾干脱粒，晒干扬净。

2. 包装

脱粒后及时晾晒、扬净，当籽粒含水量下降至 9% 时，进行精选、包装。包装材料应清洁、卫生、干燥、无异味，符合商品种子卫生安全的要求。

七、运输和贮藏

1. 运输

运输工具清洁、干燥、有防雨设施，严禁与有毒、有害、有腐蚀性、有异味的物品混运。

2. 贮藏

分类、分级存放在清洁、避光、干燥、通风、无污染和有防潮设施的地方，防虫、防霉烂、防鼠。严禁与有毒、有害、有腐蚀性、易发霉、发潮、有异味的物品混存。

3. 产品质量

种子质量应达到纯度 ≥ 95.0%，净度 ≥ 98.0%，发芽率 ≥ 85.0%，水分 ≤ 9.0%。

4. 生产档案

建立田间生产技术档案，对生产技术、病虫草害防治和收获各环节所采取的主要措施进行详细记录。

八、主要油菜品种的特性及栽培技术要点

1. 藏油 10 号

（1）品种特性　杂交品种。生育期 140 d 左右，株高 194 cm，幼苗抗寒、抗旱、抗倒。适宜在西藏海拔 3 500~4 100 m 区域种植。

（2）栽培技术要点　在河谷农区适宜播期为 3 月中旬至 4 月初，高寒地区 4 月中旬为宜，可适时晚播。一般每公顷播量撒播 15 kg，机播 7.5 kg，播种深度 3 cm 左右。单播株数 33 万 ~37.5 万株 /hm²，行距 23 cm，株距 13 cm，混播株数 15 万株 /hm² 左右。三至四叶期间苗，五至六叶期定苗和补苗，定苗期及时灌水。基肥以尿素为佳，追肥以要苗生长定量，蕾苔期追尿素 75.0~150.0 kg 为宜。混播时应与生育期长短类似的作物一起种植，适时收获以防爆角落粒。

2. 藏油 4 号

（1）品种特性　杂交品种。生育期 136 d 左右，株高 172.7 cm，中感霜霉病，轻感白锈病，抗寒、抗倒。适宜在 3 500~4 100 m 河谷农区中等肥水条件下种植。

（2）栽培技术要点　该品种适应于"一江两河"主要农区种植，播期为 3 月 15 日至 4 月 5 日；播种密度为 37.5 万株 /hm²；施复合肥 225.0~300.0 kg/hm² 做底肥；按时间苗和定苗，定苗不能迟于现蕾期，第一次灌小水，第二次灌水量加大，要及时防治病虫害。

3. 藏油 1 号

（1）品种特性　杂交品种。生育期 140 d 左右，株高 180.0 cm，生长势强，整齐一致，适宜性广，丰产性好，耐寒，耐旱，秆硬抗倒，抗霜冻，不抗白锈病。适宜在海拔 4 000 m 以下中下等田块种植。

（2）栽培技术要点　适宜单播，也可与其他豆类混播。在拉萨地区适时播种为 3 月底至 4 月初，一般播种量为条播 12 kg/hm²，点播不超过 7.5 kg。单播株数在 22.5 万株 /hm² 左右，行距 0.8 尺，株距 0.5 尺；混播株数 15 万株 /hm² 左右。3~4 片真叶时间苗，5~6 片真叶时定苗。定苗期及时灌水，蕾苔期追施复合肥 60 kg 左右为宜，化肥为基肥使用，以三元复合肥为最

佳。混播时应于生育期长短类似的品种一起种植，可适时收获，以防炸角落粒。

4. 藏油 6 号

（1）品种特性　杂交品种。生育期 128 d 左右，株高 198.0 cm，抗霜霉病较强，熟期适中，个体发育健壮、苗期抗寒力较强、丰产性好，适宜于河谷农区在海拔 4 000 m 以下种植，是一个较理想的单混播兼用型品种。

（2）栽培技术要点　适宜单播，也可与其他豆类混播。在拉萨地区适时播种为 3 月底至 4 月初，一般每公顷播种量为条播 12 kg，点播不超过 7.5 kg。单播株数在 25.5 万株 /hm^2 左右，行距 0.8 尺，株距 0.5 尺；混播株数 15 万株 /hm^2 左右。3~4 片真叶时间苗，5~6 片真叶时定苗。定苗期及时灌水，蕾苔期追施复合肥 60.0 kg 左右为宜，化肥为基肥使用，以三元复合肥为最佳。混播时应于生育期长短类似的品种一起种植，可适时收获，以防炸角落粒。

5. 山油 3 号

（1）品种特性　选育而成的中熟品种。生育期 132 d 左右，株高 169.6 cm，抗寒、抗旱性强，适应性广，抗倒，轻感霜霉病。该品种适应于"一江两河"海拔 3 800 m 以下农区种植。

（2）栽培技术要点　播期为 3 月 15 日至 4 月 5 日；播种密度为每公顷 37.5 万株；每公顷施底肥 112.5~150.0 kg 复合肥；按时间苗和定苗，蕾薹期追施尿素，黄熟期及时收获、脱粒。

6. 年河 1 号

（1）品种特性　杂交品种。生育期 150 d 左右，株高 180.0 cm，抗逆性强，主茎粗壮抗倒，耐寒性强，高产、稳产，肥水需求量大，轻感霜霉病。适宜在海拔 4 100 m 以下区域种植。

（2）栽培技术要点　适宜早播，在沿江河谷地区适时播种期以三月中下旬至四月上中旬为宜。播前精耕细作，施足基肥，灌足底墒，保证播种质量，播种深度 2~3 cm，每公顷播种量条播或点播为 7.5kg 左右，撒播以 15.0 kg 为好。间苗在四片真叶时最好，5~6 片真叶时定苗，定苗单播留株 30.0 万株 /hm^2 为好，行距 0.6 尺，株距 0.5 尺。定苗、补苗时及时灌水，蕾苔期追施 60.0~90.0 kg 复合肥，注意花期的田间管理，在黄熟期及时收获以防炸角落粒。

7. 年河 15 号

（1）品种特性　杂交品种。生育期 114 d 左右，株高 164.4 cm，中感霜霉病，轻感白锈病，抗寒、抗倒。该品种适应在"一江两河"海拔 4 100 m 以下主要农区种植。

（2）栽培技术要点　播期为 3 月 15 日至 4 月 5 日；播种密度为 37.5 万株 /hm²；每公顷施复合肥 225.0~300.0 kg 做底肥；按时间苗和定苗，定苗不能迟于现蕾期，第一次灌小水，第二次灌水量加大，要及时防治病虫害。

8. 年河 16 号

（1）品种特性　杂交品种。生育期 131 d 左右，株高 157.0 cm。适宜在海拔 4 100 m 以下河谷农区种植。

（2）栽培技术要点　4 月下旬播种为宜，每公顷播量 12.75~22.5 kg，施复合肥 150.0~300.0 kg 作底肥，2~3 片真叶间苗、4~6 片真叶定苗，行距 × 株距为（25~30 cm）×（10~15 cm），每公顷留苗 27.0 万 ~30.0 万株。

9. 年河 17 号

（1）品种特性　杂交品种。生育期 121 d 左右，株高 155.0 cm，抗寒、抗逆性强，适应性广，抗倒伏。轻感霜霉病。适宜在海拔 4 100 m 以下河谷农区种植。

（2）栽培技术要点　四月中旬到四月下旬为宜。每公顷播量 7.5~15.0 kg，亩施复合肥 150~300.0 kg，作底肥，2~3 片真叶时间苗，间去丛苗、高脚苗、弱小苗，4~6 片真叶时定苗，行距 25.0~30.0 cm，株距 10.0~15.0 cm，播种深度 2.0~3.0 cm，单播留苗 27.0 万 ~30.0 万株 /hm²，播前墒情要足，整地要细，肥水较差的田块可适当增加播种量，在地力差的田块应以基肥为主，按苗情长势适当追施速效肥。适时收获以防成熟后炸角落粒。

10. 藏油 3 号

（1）品种特性　杂交品种。生育期 120~135 d 左右，株高 115 cm，幼苗抗寒、抗旱、抗倒。适宜在海拔 3 500~4 100 m 区域种植。

（2）栽培技术要点　在河谷农区适宜播期为 3 月中旬至 4 月初，高寒地区 4 月中旬为宜，可适时晚播。一般每公顷播量撒播 15.0 kg，机播 7.5 kg，播种深度 3.0 cm 左右。单播株数 33.0 万 ~37.5 万株 /hm²，行距 23.0 cm，株距 13.0 cm，混播株数 15 万株 /hm² 左右。三至四叶期间苗，五至六叶期定苗和补苗，定苗期及时灌水。苗期根据苗情进行追肥，蕾苔期追尿素 75.0~150.0 kg 为宜。混播时应与生育期长短类似的作物一起种植，适时收获以防爆角落粒。

11. 墨竹工卡小油菜

（1）品种特性　农家品种。生育期 80~90 d，株高 50.0~70.0 cm。适宜在西藏海拔 4 300 m 以下区域种植。

（2）栽培技术要点　该品种适宜在高寒、半高寒农区种植。适宜播期为 4 月中旬至 4 月下旬。施足基肥，以有机肥和磷酸二铵为主，播前精细整地，播种量 30.0~45.0 kg/hm²，3~4 片真叶时间苗，保苗 37.5 万株 /hm²，5~6 片真叶时定苗并及时灌水，生育期追施尿素 37.5kg~75.0 kg，当田间角果 80% 变黄时收获。

12. 帕当油菜

（1）品种特性　地方选育品种。生育期 135 d，株高 150 cm。适宜在西藏海拔 3 900 m 以下区域种植。

（2）栽培技术要点　在沿江河谷地区适时播种期为 4 月中旬至 5 月中旬，播种深度 2.0~3.0 cm。每公顷机播为 9.0 kg 左右。单播留株 33 万株/hm²，行距 23 cm，株距 13 cm，混作留株 22.5 万株 /hm²，应占混作的二分之一或三分之一。间苗在 3~4 片真叶时为好，5~6 片真叶时定苗最佳，定苗时补苗，并及时灌定苗水，蕾苔期追施三元复合肥为最佳。黄熟期及时收获，以防落粒。

第五节　饲用蚕豆种子生产技术

一、地块选择

宜选择地势高燥、平坦、排水良好、土层深厚疏松、中性或微碱性壤土地块。具有符合国家农田灌溉水质标准的要求水源。一般在海拔 3 800 m 以下区域种植，前茬以青稞、小麦等作物为宜，不宜与豆科作物连作。

二、播种前准备

1. 种子的选择

选择适应当地生态条件的优质、高产、抗性强、商品性好的蚕豆优良品种或地方品种。种子质量符合《粮食作物种子》GB 4404—2010 质量分级标准规定的种子。对于硬实率高的种子，播种前可粗沙拌种用石碾擦伤种皮或日晒夜露 3~4 d。有条件的可接种根瘤菌，每千克种子用根瘤菌 15~20 g，加少量水与种子充分拌匀后播种。

2. 土壤处理

冬前深耕细耙，种植地块要在冬前进行深耕细耙，精细晒垡，使土壤疏松，提高土壤的保水保肥能力。在播前进行"扎扭"诱发灭草，"扎扭"时间 15~25 d。

3. 地下害虫药剂防治

每公顷用 3% 地虫杀星（辛硫磷）颗粒剂 37.5~52.5 kg，掺拌细砂土300~450 kg，对水 30.0~60.0 kg，均匀混合后，撒在地表后耕翻；或每公顷用50% 辛硫磷乳油 15.0 kg，掺拌细砂 150.0 kg，均匀撒在地表后耕翻；或 80%的敌百虫可湿性粉剂，用 1.2~1.5 kg 水溶化后和菜籽饼 1 050~1 500 kg 拌匀，于傍晚撒在幼苗根的附近地面上诱杀，防治地老虎、蛴螬等地下害虫。

4. 燕麦草药剂防治

播前土壤耕翻、整地后，每公顷用 40% 野麦畏 3.75~4.5 kg，对水37.5~60.0 kg，拌细砂土 300.0 kg，均匀撒于地表；或采用喷雾器喷撒后，用耙子耙 2~3 次，深度 3.0~5.0 cm，使野麦畏与土壤混匀后，再进行播种。

5. 施基肥

选用质量合格的肥料，增施有机肥，根据土壤肥力，确定相应施肥量和施肥方法，有机肥和化肥混合施用，增施农家肥，合理施用化肥，提倡测土配方施肥。

6. 施肥量

根据蚕豆品种对氮、磷、钾等元素的需求比例和测土结果进行配方施肥。施肥量应根据品种、土壤肥力和产量指标而定。一般每公顷施底肥有机肥 1.5万 ~2.3 万 kg，磷酸二铵 150.0 kg，尿素 75.0 kg，氯化钾 30.0~45.0 kg。

7. 整地

在前茬作物收获后，统一采用机耕，及时深翻，此后再到翌年春播之前，深浅结合，先深后浅，多次耕翻及时耙耱，打碎土块，使土地平整，上虚下实。保证播种时土壤含水量 20%~30%。

三、播种

1. 播种时间

春播和夏播均可，以 5 月上旬至 6 月上旬为宜。播种时土壤含水量 20%~30%。

2. 播种量

条播播种量为 18~22.5 kg/hm^2，穴播播种量 2~5 粒/穴。

3. 播种方法

可采用机械条播，条播行距 30~50 cm，播种深度 3~5 cm。穴播应在平整土地后，穴距 30 cm，耙耱覆土，播后及时镇压。

四、田间管理

出苗后及时查苗，如有缺苗断垄应及时补苗。

1. 杂草防除

应及时灭除杂草。可在苗前进行土壤处理，采用生物、人工、机械方法进行苗期、苗后和中耕除草。主要杂草以白茅、冰草、野燕麦草、野油菜和灰灰菜为主，全生育期中耕除草 3~4 次，化学除草应选用安全有效的除草剂。野燕麦、旱雀麦等杂草长至 2~3 叶期，采用大骠马防除野燕麦，每公顷用大骠马 750~900 mL 对水 375~450 L，均匀喷雾防治。也可用 12.5% 盖草能 20~40 mL，对水 50 L 喷雾，可有效防除野燕麦、旱雀麦等杂草。

2. 灌水

蚕豆一般灌水 2~3 次，三叶至四叶期灌头水，在蚕豆生产过程中保证水分供应，根据土壤墒情及时给水，低洼地块注意排水。

3. 追肥

蚕豆三叶至四叶幼苗期，用磷酸二氢钾 1.5~3.0 kg 对水 600~900 kg 喷施，苗弱时追施尿素 22.5 kg/hm^2。

五、病虫害防治

应注意及时防治田间病虫害，可用物理或生物防治，也可二者兼用。按照"预防为主，综合防治"的植保方针，坚持绿色植保原则，优先采用农业防治、物理防治、生物防治的方法。在化学防治上，选用高效低毒、低残留、残效期短的农药；严格控制农药的用量，并注意轮换用药、合理混用。禁止在生产中使用国家禁止在油料作物上使用的农药品种。

1. 主要病害及防治

病害如叶斑病、根腐病、赤斑病等，可选用多菌灵、粉锈宁、百菌清、代森锰锌等防治。

（1）白锈病 选用抗病品种，用 10% 的盐水浸种 2 h，后用清水洗净晾干后播种。及时排除田间积水。用 25% 粉锈宁可湿性粉剂 30.0~50.0 g 拌 1.0 kg 种子；在发病初期用 25% 可湿性粉剂每公顷 525.0~1 050.0 g，对水 1 125.0~1 500.0 kg，每隔 6~8 d 喷药 1 次，连喷 2~3 次（注：喷药时要均匀的喷到整个病株）。

（2）霜霉病 合理轮作，选用抗病品种，发现有花枝肿胀时及时剪除，带出田外烧毁或深埋。用 25% 瑞毒霉每公顷 1.5~2.25 kg，对水 750.0~1 125.0 kg，6~8 d 喷药 1 次，连喷 2~3 次（注：喷药时应使药液喷到整株，否则影响药效）。

2. 主要虫害及防治

虫害如蚜虫、蓟马等，可选用阿维菌素、苦参碱等防治。

（1）蚜虫 黄板诱蚜，消灭虫源，生物防治。每公顷用氯氟.吡虫啉（叫停）7.5% 悬浮剂 450.0 g，或溴氰菊酯 2.5% 乳油 300.0~600.0 mL，或高效氯氰菊酯 4.5% 乳油 750.0~1 125.0 mL，对水 225.0~300 kg 喷雾防治，7 d 1 次，喷施 2~3 次来防治蚜虫等效果显著。

（2）地老虎 ① 进行冬灌、除草、灭幼虫。② 利用黑光灯、青稞酒渣（拌药）等进行人工捕杀，或每天早晨在新被害植株周围人工捕杀幼虫。③ 每公顷用 5% 辛硫磷颗粒（地虫杀星）37.5~52.5 kg，掺细砂土 300.0~450.0 kg，均匀撒在地表，后耕翻。

（3）蛴螬 ① 进行冬灌、除草、灭幼虫。② 每公顷用 5% 辛硫磷颗粒（地虫杀星）37.5~52.5 kg，掺细砂土 300.0~450.0 kg，均匀撒在地表后耕翻。③ 在金龟子盛发期成虫集中处，用 80% 敌百虫乳油 500~800 倍液喷雾。

六、收获

籽粒变硬或摇动时有响声的植株达到 80%，豆叶大部分脱落进入完熟期，种粒水分降至 14%~15% 时要适时早收。用机械脱粒时要防止损伤豆粒。

七、运输和贮藏

1.运输

运输工具清洁、干燥、有防雨设施，严禁与有毒、有害、有腐蚀性、有异味的物品混运。

2.贮藏

当种子含水量下降至 13% 时分类、分级存放在清洁、避光、干燥、通风、无污染和有防潮设施的地方，防虫、防霉烂、防鼠。严禁与有毒、有害、有腐蚀性、易发霉、发潮、有异味的物品混存。

3.生产档案

建立田间生产技术档案，对生产技术、病虫草害防治和收获各环节所采取的主要措施进行详细记录。

八、主要饲用蚕豆品种的特性

1.青海9号

（1）品种特征特性 青海引进品种。该品种属中早熟抗病高产品种，在一江两河地区的河谷农区生育期 150~160 d，株高 120~130 cm、株型紧凑、耐密植、茎秆坚韧、抗倒伏。适宜在海拔 3 700 m 以下的河谷农区种植。

（2）栽培技术要点 该品种适宜在拉萨河谷地区种植，于3月下旬播种，每公顷播种量 300kg 左右。施肥以农家肥为主，施农家肥 15 000~30 000 kg/hm²，尿素 75 kg/hm² 左右，磷酸二铵 225~300 kg/hm² 做底肥；灌水 3~4 次，中耕锄草 2~3 次，当开花至 10~12 层时应摘心打顶。除草 2~3 次，当开花至 10~12 层时适时摘心打顶，注意防治蚜虫。

2. 青海 10 号

（1）品种特征特性　该品种籽粒乳白色，生育期 155 d，适宜在海拔 3 700 m 以下的河谷农区种植。

（2）栽培技术要点　该品种选择在肥水条件较好的水浇地种植。拉萨地区适宜 3 月下旬播种，每公顷播量 300~375 kg。施肥以农家肥为主，施农家肥 15 000~30 000 kg/hm²，尿素 75 kg/hm² 左右，225~300 kg/hm² 做底肥；灌水 3~4 次，中耕锄草 2~3 次，当开花至 10~12 层时应摘心打顶。除草 2~3 次，当开花至 10~12 层时适时摘心打顶，注意防治蚜虫。

3. 青海 11 号

（1）品种特征特性　青海引进品种。该品种籽粒乳白色，生育期 155 d，适宜在海拔 37 00 m 以下的河谷农区种植。

（2）栽培技术要点　该品种选择在肥水条件较好的水浇地种植。拉萨地区适宜 3 月下旬播种，每公顷播量 300 kg。施肥以农家肥为主，施农家肥 15 000~30 000 kg/hm²，尿素 75 kg/hm² 左右，225~300 kg/hm² 做底肥；灌水 3~4 次，中耕锄草 2~3 次，当开花至 10~12 层时应摘心打顶。除草 2~3 次，当开花至 10~12 层时适时摘心打顶，注意防治蚜虫。

4. 云南 83324

（1）品种特征特性　云南引进品种。该品种籽荚大、粒大、绿皮、蔬菜型蚕豆品种，株高 80 cm 左右，生育期 132 d，适宜在海拔 3 700 m 以下的河谷农区种植。

（2）栽培技术要点　该品种选择在肥水条件较好的水浇地种植。拉萨地区适宜 3 月下旬播种，每公顷播量 300~375 kg。施肥以农家肥为主，施农家肥 15 000~30 000 kg/hm²，尿素 150 kg/hm² 左右，磷酸二铵 300 kg/hm² 做底肥；灌水时采用细水慢灌。苗期注意防治根瘤象、花期注意防治蚜虫。施肥以农家肥为主。

5. 陵西一寸蚕豆

（1）品种特征特性　青海引进品种。该品种生育期 145~150 d，株高 100~120 cm，种皮浅绿色。适宜在海拔 3 700 m 以下的河谷农区种植。

（2）栽培技术要点　拉萨地区适宜 3 月下旬播种，播量 300~375 kg/hm²。

施肥以农家肥为主，施农家肥 15 000~30 000 kg/hm²，尿素 150 kg/hm² 左右，磷酸二铵 300 kg/hm² 做底肥；灌水时采用细水慢灌，防止涝渍。苗期注意防治根瘤象，花期注意防治蚜虫。

第六节　垂穗披碱草种子生产技术

一、地块选择

对土壤要求不严，各种类型的土壤均能生长。能适应 pH 值 7.0~8.1 的土壤，并且生长发育良好。抗旱力较强，根系入土深可达 88~100 cm，能利用土壤中的深层水。不耐长期水淹，过长则枯黄死亡。垂穗披碱草具有广泛的可塑性。喜生长在平原、高原平滩以及山地阳坡、沟谷、半阴坡等地方。

二、播种前准备

牧区新垦地种植时，应在土壤解冻后深翻草皮，反复切割，交错耙耱，粉碎草垡，整平地面。可当年播种垂穗披碱草，或先种一年生作物，如燕麦、油菜等，二、三年后再播建垂穗披碱草草地，头两年可不施肥，耕地种植时，应在作物收获后浅耕灭茬。蓄水保墒，翌年结合翻耕施足底肥，有机肥 15 000~22 500 kg/hm²，过磷酸钙 225~300 kg/hm²。然后耙耱整平地面，进行播种。

三、播种

种子田必须播种 I 级种子。播前要检验待播种子的品质，判定级别，计算出实际播种量。机播时还要做断芒处理。

牧区建立垂穗披碱草人工草地在土壤解冻后即可播种，宜早不宜迟，最迟不过 6 月下旬。可采用燕麦等一年生作物保护播种，提高人工草场播种当年的牧草产量。保护播种的播种期应以保护物的最适播期为准。

土壤解冻至 6 月中旬均可播种。种子田播种量 15~22.5 kg/hm²。用燕麦、油菜保护播种时，燕麦、油菜的播种量是其单播的 1/3~1/2。与中华羊茅、草地早熟禾、苜蓿混播时，垂穗披碱草的播量不低于其单播量的 60%~70%。

垂穗披碱草可条播。条播播种量15~22.5 kg/hm²，生产田条播行距15~25 cm，种子田条播行距25~30 cm，播深3~5 cm。有灌水条件的地区，应早播，有利提高当年产量。坡地（<25°）条播，其行向与坡地等高线平行。播种后要做出苗检测，缺苗或漏播地段应及时补播。

四、田间管理

播种后，特别是牧区，最好是设置围栏，妥善保护。垂穗披碱草播种当年，幼苗生长缓慢，易受杂草危害，应选用适宜的化学除莠剂，如2，4-D丁脂乳油或人工除草1~2次。垂穗披碱草对水肥反应敏感，产量高峰期过后，应结合松耙追施有机肥15 000~22 500 kg/hm²，以提高产草量，延长利用年限。利用5年的草地可延迟割草，采用自然落粒更新复壮草丛，也可人工播种达到更新的目的。

五、病虫害防治

1. 病害

禾草秆锈病、禾草叶锈病、禾草香柱病、禾草条锈病、禾草秆黑粉病

2. 虫害

亚洲飞蝗、宽须蚁蝗、小翅雏蝗、狭翅雏蝗、西伯利亚蝗、草原毛虫类、秆蝇类、粘虫、麦长管蚜、麦二叉蚜、禾缢管蚜、意大利蝗、无网长管蚜、蛴螬、蝼蛄类、金针虫类、小地老虎、黄地老虎、大地老虎、白边地老虎、大垫尖翅蝗、小麦皮蓟马、麦穗夜蛾、跳甲类、叶蝉类。

六、收获

收种应在全田果穗60%变黄时进行，迟则种子脱落。收种留茬在5~7 cm为宜。

七、运输和贮藏

1. 运输

运输工具清洁、干燥、有防雨设施，严禁与有毒、有害、有腐蚀性、有异味的物品混运。

2.贮藏

分类、分级存放在清洁、避光、干燥、通风、无污染和有防潮设施的地方，防虫、防霉烂、防鼠。严禁与有毒、有害、有腐蚀性、易发霉、发潮、有异味的物品混存。

八、主要垂穗披碱草品种的特性

1.阿坝垂穗披碱草

披碱草属多年生疏丛型上繁禾草。根系发达，茎秆基部膝曲。株高90~120 cm，茎秆细。茎叶灰绿色，叶长 11~13 cm，穗状花序较紧凑，灰紫色，小穗多偏于穗轴一侧，每节具 2~3 个小穗。适应性强，对土壤要求不严，在瘠薄的土宽壤中生长良好。抗寒，在四川阿坝海拔 3 000~4 500 m 的地区可安全越冬，耐贫瘠、耐旱、抗病虫害。

2.康巴垂穗披碱草

疏丛型禾草。须根系，秆直立，株高 60~120 cm。叶片条形、扁平，穗状花序，长 10~16 cm。颖果长圆形，外稃延长成芒，芒稍展开或向外反曲，种子千粒重 2.4 g。适应性强，耐寒、较耐瘠薄，抗倒伏能力相对较差，再生能力中等。返青早，青草期长，叶层高，叶量丰富。适宜在海拔1 500~4 700 m 的高寒牧区种植。

3.野生垂穗披碱草

西藏地区野生披碱草拥有很好的遗传多样性，目前西藏地区应用的披碱草种子资源都来源于青海及其他高寒地区的种质资源，本地的野生披碱草尚未得到有效利用和开发。通过西藏野生牧草种质资源开发项目，进行的野生垂穗披碱草的选育和驯化种植情况详见表6-2。

表 6-2　野生垂穗披碱草种植试验情况统计

采集地点	2017 年种植情况						2018 年收获情况		
	播量（kg/hm²）	条播行距（cm）	播期（月.日）	复合肥（kg/hm²）	施肥方法	物候期	株高（cm）	种子（kg/hm²）	测产日期（月.日）
康马县	45	27	5.3	1 200	撒施	完熟	88.0	374	9.7
昂仁县	45	27	5.3	1 200	撒施	完熟	89.6	480	9.7

（续表）

采集地点	2017 年种植情况						2018 年收获情况		
	播量 (kg/hm²)	条播行距 (cm)	播期 (月.日)	复合肥 (kg/hm²)	施肥方法	物候期	株高 (cm)	种子 (kg/hm²)	测产日期 (月.日)
南木林	45	27	5.3	1 200	撒施	完熟	93.7	617	9.7
加查县	54	27	5.3	1 200	撒施	完熟	89.3	281	9.7
巴青县	41	27	5.3	1 200	撒施	完熟	97.3	497	9.7
当雄县	41	27	5.3	1 200	撒施	完熟	86.0	597	8.3
扎囊县	41	27	5.3	1 200	撒施	完熟	94.0	1 001	9.7

第七章
草产品加工及贮藏技术

本书涉及区域主要是燕麦、小黑麦、青稞、披碱草、羊茅、梯牧草等禾本科牧草和紫花苜蓿等豆科牧草及部分农作物秸秆的加工贮藏技术以及青贮技术。

第一节 干草加工与贮藏

一、干草的定义与种类

（一）干草的定义

干草在实际生产中有广义和狭义之分。广义上的干草包括所有可饲用的干制植物性原料，基本上涵盖了哈里斯国际饲料分类体系中的第一类饲料——粗饲料，即所有干物质粗纤维含量≥18%，以风干状态存在的饲料和原料，如干制的牧草、饲料作物，以及农作物的秸秆、藤、蔓、秧、皮壳与可饲用的灌木、树叶等。而狭义的干草是特指牧草或饲料作物在量质兼优时期刈割，经自然或人工干燥使其水分达到安全含水量以下并能保持青绿颜色，可长期贮存的饲草。本章重点论述狭义干草的加工和贮藏。

（二）调制干草的意义

优质的干草具有颜色青绿、叶量丰富、质地柔软、气味芳香、适口性好、易消化的特点，是草食家畜的日粮组成中必不可少的重要成分。特别是在当前草食家畜饲养化、集约化生产的趋势下，干草的作用越来越被畜牧业生产者所重视。新鲜饲草通过调制干草，可实现长时间保存和商品化流通，保证草料的异地异季利用，调制干草可以缓解饲草饲料在一年四季中供应的不均衡性，也是制作草粉、草颗粒和草块等其他草产品的原料。制作干草的方法和所需设备可因地制宜，既可利用太阳能自然晒制，也可采用大型的专业设备进行人工干燥调制，调制技术较易掌握，制作后取用方便，是目前常用的加工保存饲草的方法。

（三）干草的分类

按照牧草的植物学分类划分，可将干草划分为禾本科、豆科、菊科等，在每个科里，可根据饲草品种的名称命名干草名，如苜蓿干草为豆科干草，燕麦干草为禾本科干草。

按照栽培方式，可将干草划分为天然草地干草和人工草地干草。其中，人工草地干草又可根据栽培模式划分为单一品种干草和混播草地干草。

按照干燥方法划分，可将干草划分为晒制干草和烘干干草两类，这种分类方法可提示消费者所购干草的质量。一般而言，烘干干草质量优于晒制干草，是进一步加工草粉和草块的原料。

按照最终加工调制的产品类型，可将干草划分为散干草和干草捆。

二、干草调制技术

（一）原料收割

豆科牧草以现蕾期至开花初期收割为宜，留茬 5 cm 左右，越冬前最后一次刈割的留茬高度在 8 cm 以上；禾本科牧草以孕穗期至扬花期刈割为宜，留茬 5 cm 左右。在实际生产中，应根据牧草种类的不同和地区气候条件的差异对适时刈割期进行适当调整（表 7–1，表 7–2）。

表 7–1　不同生育期紫花苜蓿营养成分变化　　　　　　（单位：%）

生育期	干物质	占干物质比例				
		粗蛋白	粗脂肪	粗纤维	无氮浸出物	粗灰分
营养生长	18.0	26.1	4.5	17.2	42.2	10.0
花前	19.9	22.1	3.5	23.6	41.2	9.6
初花	22.5	20.5	3.1	25.8	41.3	9.3
盛花	25.3	18.2	3.6	28.5	41.5	8.2
花后	29.3	12.3	2.4	40.6	37.2	7.5

资料来源：贾玉山、玉柱，2018

表 7–2　几种禾本科牧草的适时刈割期

种类	适时刈割期	种类	适时刈割期
羊草	扬花期	小黑麦	抽穗期—初花期
燕麦	抽穗期—初花期	黑麦草	抽穗期—初花期
冰草	抽穗期—初花期	芦苇	孕穗期
老芒麦	抽穗期	鸭茅	抽穗期—初花期
无芒雀麦	孕穗期—抽穗期	针茅	抽穗期—扬花期
披碱草	孕穗期—抽穗期	青稞	抽穗期—初花期

（二）干燥方法

调制干草主要有自然干燥法和人工干燥法两种，不论采用哪种方法，干燥的过程越短越好。由于干燥方法的不同，牧草中所含的养分会有所不同，其中以人工快速干燥和阴干法效果最好。原料干燥要均匀，使养分损失降到最低限度。

1. 自然干燥法

自然干燥法是国内外许多国家和地区仍然采用的主要方法，简便易行，成本低廉。即在天气状况良好的条件下，选择最佳刈割期收割牧草，然后调制晾晒成青干草。自然干燥时，要采取各种措施，加快干燥速度，并在尚未完全干燥前使幼嫩组织和叶片等不受损失至关重要。自然干燥方式较多，如田间干燥法（平铺晒草法、小堆晒草法）、草架干燥法（独木架、三脚架、铁丝长架和棚架）等，具体生产中可根据实际条件、天气情况、生产规模以及加工要求来决定具体采用何种干燥方式。但正常情况下，此法干燥时间较长，受气候及环境影响大，营养成分损失较多。

（1）田间干燥法　田间干燥法即在牧草收割后在田间直接晾晒，通过创造良好的通风条件来尽快缩短干燥时间。牧草在刈割以后，应尽量摊晒均匀，每隔一段时间进行翻晒通风一次，使之充分暴露在干燥的空气中，从而加速干燥速度。可采用双草垄干燥法，将刈割的牧草晾晒 6~7 h 使之凋萎，当含水量为 40%~50% 时，用侧向搂草机的一组搂耙，或用两个左右侧搂耙联挂，搂成双行草垄，继续日晒 4~5 h，含水量下降为 35%~40%，用集草器集成小草堆，让牧草在草堆中干燥 1.5~2 d，就可以调制成含水量为 15%~18% 的青干草。运用此干燥方法的最大优点是成本较低，故在干旱少雨地区被普遍采用；但其缺点也较大，首先此法晒制干草受天气影响较大，另外，在暴晒的过程中，干草所含的胡萝卜素、叶绿素等营养物质会大量流失。长时间的露天晾晒也容易导致干草腐败变质，从而降低其商业价值和利用价值。

（2）草架干燥法　在经常下雨的地区，采用田间干燥法调制青干草较困难时，可采用草架干燥法。在草架上晾晒干草可以大大提高干燥速度，保证干草的营养品质。干草架有三角架、铁丝长架、独木架等形式。一般牧草刈割后进行自然晾晒半天至 1 d，待水分降至 40%~50% 时，自下而上均匀堆放在搭制好的草架上，或捆成直径 20 cm 左右的小草捆，顶端朝里码放。同时应注意最底的一层牧草应高出地面，不与地面接触。这样既有利于通风干燥，也避免牧草因接触地面而吸潮。堆放完毕后，将草架两侧的牧草整理平顺，雨水可沿其侧面流至地表，减少雨水浸入草内。草架干燥可加快干燥速度，获得优质青干草；缺点是需要设备和较多劳动力，成本偏高。实践证明，在阴湿地区采用草架干燥法可明显加快干燥速度并有效防止幼嫩部分脱落。

（3）阴干法　为了保存牧草的幼嫩部分并减少干燥后期阳光暴晒对胡萝卜素的破坏，可在牧草含水量降至 35%~40% 时，进行搂草、集草和打捆等作业，然后将草捆放在草棚内阴干。打捆干草堆垛时，必须留有通风道以便加快干燥。

2. 人工干燥法

自然干燥晒制的干草营养品质较差，特别是在雨季，若无机械烘干设备，会造成饲草霉烂，损失较大。采用人工干燥法可加快干燥速度，降低营养损失，制成优质青干草，但是成本较高，能源消耗较大。人工干燥时，多用牧草联合收割机，同时完成刈割、切碎等工序，并将茎秆较粗硬的牧草压扁，以利干燥。人工干燥法通常分为常温鼓风干燥法、高温快速干燥法等。

（1）常温鼓风干燥法　将刈割后的牧草在田间晾晒至含水量为 50% 左右时，置于设有通风道的草棚下，用普通鼓风机或电风扇等吹风装置，进行常温吹风干燥。需要分层进行干燥。第一层牧草先堆 1.5~2 m 高，经过 3~4 d 干燥后，再堆 1.5~2 m 高的第二层草。如条件允许，可继续堆第三层草，总高度不要超过 4.5~5 m。草堆中每立方米每小时送入 300~350 m^3 的空气。这种方法在牧草收获时期白天或夜间温度高于 15℃、相对湿度低于 75% 时使用效果较好。如果遇上阴雨天，空气相对湿度大于 75%，而气温只有 15℃左右，第一天牧草水分超过 40% 时，就应昼夜鼓风干燥。

（2）高温快速干燥法　常用以下两种方法：一种是在收割的同时将牧草切短至 3~15 cm，随即用烘干机迅速脱水，使其水分含量降至 15%~18%，即可贮藏；另一种是将牧草收割后在天气晴朗时就地晾晒 3~4 h，使其水分含量由 80%~85% 降至 65% 左右，再将原料切碎送入烘干机中，使水分含量迅速下降至 15% 左右。目前采用的烘干机多为连续作业的气流滚筒式烘干机，入口温度为 400~600℃，出口温度为 60~140℃。烘干机的温度很高，但牧草本身温度不超过 30~35℃，所以营养物质损失较少。这种方法的特点是加工时间短，工作效率高，几乎不受天气条件的影响，而且调制出的青干草色、香、味俱佳。但其成本较高，而且会造成牧草中芳香类氨基酸的损失，在高温过程中还会使部分蛋白质发生变性。

（3）茎秆压扁干燥法　调制青干草时要采取各种措施加快干燥速度，并保护幼嫩组织和叶片等不受损失。但是要达到均匀而快速的干燥效果，必须创造有利于水分迅速散失的条件。压扁茎秆可使牧草植株各部分干燥速度趋于一致，从而缩短干燥时间。压扁茎秆后破坏了角质层、维管束和表皮，消除了茎秆角质层对水分蒸发的阻碍，并使之暴露于空气中，加快了茎内水分的散失速度，使茎秆和叶片的干燥时间差距缩短，减少了可利用营养物质的损失。多个试验证明，茎秆压裂后，干燥时间可缩短 1/3~1/2。

茎秆压扁一般与刈割同时作业，多用割草压扁机。割草压扁机的类型很多，一般都由切割器的割台、拨禾轮和压扁器等组成。按切割器的类型有往复式和旋转式两种。按割台的类型有螺旋推送式、输送带式和不设输送装置 3 种。在某些大型自走式割草压扁机上，可选择配用螺旋推送式割台和输送带式割台。螺旋推送式割台的割草压扁机一般采用由凸轮控制的弹齿式拨禾轮。作业时，拨禾轮将牧草拨向切割器，切割下来的牧草由螺旋推送器送往压扁器。压扁后的牧草向后抛扔，通过膨松板和集条板，在机具后地面集成草条。压扁器常是一对表面带槽的钢辊或橡胶辊，直径约 200 mm，由动力同时驱动做相对旋转，牧草在两辊间隙中通过时被压扁。这种类型的割草压扁机输送能力强，适用于收获产量较高的牧草。输送带式割台的割草压扁机采用偏心弹齿式或压板式拨禾轮。其切割、输送和铺条过程与割晒机相似。不同的是由输送带铺放的草条经压扁器捡拾并压扁后再铺放到地而。这种割草压扁机输送能力差，适用于收获产量较低的牧草。卸去压扁器后，可用于收割小麦等谷物。不设输送装置的割草压扁机是由拨禾轮将割下的牧草直接拨送给压扁器。压扁器的长度接近切割器的割幅。压扁后的牧草铺放成宽而薄的草条，利于干燥。适用于潮湿的高产草场。

上述割草压扁机都采用辊式压扁器。在欧洲一些国家还发展了冲击式和梳刷式牧草处理装置，对割下的牧草进行冲击或刷去牧草茎秆的表层角质膜，以加速水分蒸发。这些类型的牧草处理装置多与旋转式切割器配合使用。

值得一提的是，压扁处理在一定程度上会造成细胞液的渗出，导致茎秆营养损失。而且在阴雨天，茎秆压扁后营养物质易被淋失，从而产生不良效果。因此采用这种方法时，需密切关注天气状况。

（4）干燥剂干燥法　牧草刈割后，水分要从植物体内向外散失，在水分散失的第二个阶段，受叶片表皮角质层的影响，在一定程度上阻止了水分的散失。使用干燥剂可使植物表皮的化学、物理结构发生变化，使气孔张开，改变表皮的蜡质疏水性，从而增加了水分的散失，缩短干燥时间。常见的化学干燥剂有 K_2CO_3、$CaCO_3$ 和 $NaHCO_3$ 等。化学干燥剂对豆科牧草的干燥效果较好，对燕麦等禾本科牧草干燥作用不明显，但能影响其干草品质（朱正鹏，2006）。

（5）低温冻干法　在我国青海、甘肃等高寒牧区，常将燕麦或毛苕子等夏播或复种（如播在小麦或其他早熟作物之后），当霜冻来临之前，这些饲料作物正处抽穗（或现蕾）、开花或灌浆时期，经霜冻后，不刈割使其就地冻干，或收割后自然晾晒冻干，即可获得优质青干草，称之为冻干草。调制燕麦冻干草具有下列优点：① 可避开 7—8 月阴雨天气对晒制青干草的不利影响。② 燕麦冻干草的调制简单易行，也避免了打草季节劳动力不足的问题。③ 燕麦冻干草质量高、适口性好、色绿、味正。叶片、嫩枝等很少脱落。在甘肃陇东等地，利用麦茬复种燕麦调制的冻干草，颜色深绿，叶量丰富，是当地家畜冬春季节重要的补充饲料。冻干草有利于胡萝卜素的保存。同一燕麦品种，其冻干草的胡萝卜素含量比夏秋季晒制的干草高 1 倍以上。④ 冻干草易安全贮藏，即使处于含水量较高的初冬季节，也不易发霉变质。

燕麦冻干草的调制方法：调节燕麦的播种期，使其在霜冻来临时，达到开花或灌浆期。霜后 1~2 周内进行刈割。此时植物茎秆经霜冻后，变脆易割，生产效率较高。刈割后的草垄铺于地面冻干脱水，不需翻动，即可堆垛贮藏。根据研究，在甘肃省夏河县桑科草原，燕麦于 6 月中下旬播种，播种量 265~300 kg/hm²，到 9 月下旬刈割，经冻干脱水可收获含水量 25%~30% 的燕麦冻干草 13 800~15 490 kg/hm²。

（三）草产品加工类型

1.散干草

牧草含水量降至 15%~18% 时即可进行堆垛。常见的垛形有方形和圆形两种。通常方形垛宽 4~5 m，高 6~7 m，长 8 m 以上；圆形垛直径 4~5 m，高 6~7 m。

2.干草捆

干草捆是目前应用最广泛的草产品，其他草产品基本上都是在干草捆的基础上进一步加工获得，干草捆主要通过自然晾晒使牧草失水干燥并打捆而得。干草捆有加工成本低、工艺简便、贮藏时间长、营养保存完好、饲喂时取用方便等优点。干草打捆后贮藏，草捆紧实密度大，相对体积小，便于贮藏、运输和取用。干草打捆是饲草产品商化生产的一个要环节，是牧草商品化生产的主导技术，在国外早已得到广泛应用。美国出口的草产品中 80% 以上都是干草捆。干草捆又可以根据草捆的形状分为方草捆和圆草捆；根据草捆的加工密度分为高密度捆（200~350 kg/m³）、中密度捆（100~200 kg/m³）和低密度捆（<100 kg/m³）。目前国内外打捆机的种类较多，主要有捡拾打捆机和固定式高密度二次打捆机。捡拾打捆机在田间捡拾干草条，边捡拾边压制成草捆。固定式高密度二次打捆机固定作业，人工或机械从入口喂草，将饲草或作物秸秆压制成高密度草捆。目前的机械化作业多采用捡拾打捆机进行田间作业。各种打捆机由于成捆原理、构造等不同，压成草捆的形状、密度、大小等都不同（表 7-3）。

表 7-3　常见的草捆参数

参数	小方草捆		大草捆		
	一般压缩	高压	一般压缩	一般压缩	高压
密度（kg/m³）	80~130	最大 200	80~120	50~100	125~175
形状	方形	方形	圆柱形	方形	方形
最大截面面积（cm²）	42.5×55	42.5×55	直径 150~180	150×150	118×127
长度（cm）	50~120	50~120	120~168	210~240	250
单捆重（kg）	9~36	最大 56	300~500	300~500	500~600

资料来源：贾玉山、玉柱，2018

打捆机喂入量、压缩力及压缩密度是打捆机最主要的技术参数，它们三者之间关系的协调，直接影响着草捆的质量。打捆时饲草由捡拾器、输送喂入装置、压缩室草捆密度装置、草捆长度控制装置、打捆装置等自动地将饲草压缩捆绑后推出压缩室，经放捆板落地等一系列的工艺过程来完成打捆作业。大量的实验证明，喂入量对饲草压缩过程有很大的影响，喂入量不同，所得到的压缩力和压缩密度也不同；在相同的压缩密度下，不同喂入量所对应的压缩力也不同。随着喂入量的增加，压缩力增加，当喂入量增加到一定的程度后压缩力开始下降。当喂入量一定时，压缩密度取决于压缩力的大小，它们之间有一个临界值。

打捆时压缩的过程分为松散与压紧两个阶段。在松散阶段，压缩力随压缩密度的增加而很快上升；在压紧阶段，压缩力随压缩密度的增加而下降，压缩力和压缩密度之间也有个临界值。

草捆在仓库里贮存 20~30 d 后，当含水量降到 12% 以下时，即可进行二次压缩打捆，规格一般为 30 cm × 40 cm × 55 cm，单捆重量为 32 kg 左右，高密度打捆的目的主要是降低运输成本。二次打捆的草捆在生产中存在一定的问题，因为密度太大，家畜采食时比较费力，造成家畜能量的消耗。打捆时应注意的问题如下。

（1）在干草打成草捆前，要求其必须干燥均匀而无湿块，含水量在 20% 以下，对于捡拾打捆机，要求搂集成规则的草条，无乱团，以防止湿块和乱团发霉，产生热量而自燃。

（2）对干草尤其是豆科青干草进行打捆时，应选择在早晚反潮或有露水时进行，以减少叶片及营养物质的损失。降低打捆时叶片损失的一个方法，就是向干草表面喷洒有机酸（最常用的是丙酸），这样能使打捆时干草的含水量达到 30%，而不是安全防腐所要求的 15%~20%。

（3）打捆时，打捆机的前进方向应与刈割和摊晒的方向一致。打捆的前进速度要足够慢，使干草被干净、整齐地送进打捆机。

（4）打捆作业对机具的要求较高，必须认真检修和调试，打捆缠线机要准确作业，以防穿线针对孔不正和散捆故障的发生，同时牵引速度要均匀适当，不然会造成打捆失败和断针损失。

燕麦干草质量标准、检测方法及质量分级判定规则参照附件 3 团体标准《燕麦　干草质量分级》T/CAAA 002—2018。

3．草粉

将适时刈割的燕麦草经人工快速干燥，粉碎后即成为草粉。在自然干燥条件下，牧草的营养物质损失达 30%~50%，胡萝卜素的损失高达 90% 左右。而经人工强制通风干燥或高温烘干，可大大减少营养物质的损失，一般损失仅为 5%~10%，胡萝卜素的损失一般不超过 10%。以长干草形式贮存，营养损失仍然较大。若及时加工成草粉，与其他方法相比较，其营养成分损失最少。目前，草粉加工已逐渐形成一种产业，为适应饲养业的专业化、集约化发展，许多国家都建立了大型专业化的草粉加工厂。在最佳刈割期收获，进行田间快速干燥或人工高温快速干燥，生产大量优质干草粉。

青干草粉生产要选择分蘖多、叶量丰富、草量高的牧草品种，单播或禾本科与豆科木草混播。为了提高蛋白质含量，可在抽穗期至开花期刈割。生产青干草粉时采用的自然干燥的方式和原理与调制青干草相同。青干草粉的品质取决于适时刈割的牧草所采用的干燥方法。因此，生产草粉时常采用营养损失较少的人工高温快速干燥方法。其工艺要求是从收割、切碎、运输、干燥、粉碎到包装、贮存等环节，都是流水作业。另外，常温鼓风干燥比高温快速干燥简便易行，耗能少，可以根据具体情况选择采用。

干燥后一般用锤式粉碎机粉碎，草屑长度应根据畜、禽种类与年龄而定，一般牧草的加工利用为 1~3 mm；对家禽类和仔猪来说，草屑长度为 1~2 mm；其他大家畜可长一些。

优质青干草粉营养丰富，含可消化蛋白为 16%~20%，各种氨基酸占 6%；优质青干草粉粗纤维含量不超过 35%。此外，还含有叶黄素、维生素 C、维生素 K、维生素 E、维生素 B、微量元素及其他生物活性物质等。因此，青干草粉是畜、禽配合饲料不可缺少的组成部分。添加青干草粉饲喂兔子或鸡、鸭，有助于提高其繁殖率和产蛋率。但燕麦青干草粉含纤维素较多，因此在配合饲料中的比例不宜过大。

4．草颗粒

为了减少青干草粉在贮存过程中的营养损失和便于贮运，生产中常把草粉压制成草颗粒。一般草颗粒的容重为散草粉的 2~2.5 倍，可减少与空气的接触面积，从而减轻氧化作用。在压粒的过程中还可加入抗氧化剂，以防止胡萝卜素及其他营养物质的损失。刚生产出的青干草粉能保留 95% 左右的胡萝卜素，但置于纸袋中贮藏9个月后，胡萝卜素损失65%；而草颗粒只损失6.6%。并可显著减少运输和贮藏的费用。草颗粒的压制一般采用颗粒饲料加工的饲料成型工艺。草粉容重小、流动性差，颗粒机的压模厚度和压模孔径选择要适当。

另外，将适时刈割的燕麦草快速干燥后，切成8~15 cm长的草段（有时在干燥前切碎），然后可压制成草饼或草块。在压制草饼、草块时还可添加糖蜜、矿物质等其他营养成分。

5. 草块

牧草草块加工分为田间压块、固定压块和烘干压块3种类型。田间压块是由专门的干草收获机械——田间压块机完成的，能在田间直接捡拾干草并制成密实的块状产品，产品的密度约为700~850 kg/m³。压制成的草块大小为30 mm×30 mm×（50~100）mm，田间压块要求干草含水量必须达到10%~12%，而且至少90%为豆科牧草。固定压块是由固定压块机强迫粉碎的干草通过挤压钢模，形成大约32 mm×32 mm×（37~50）mm的干草块，密度为600~1 000 kg/m³。烘干压块由移动式烘干压饼机完成，由运输车运来牧草，并切成2~5cm长的草段，由运送器输入干燥滚筒，使水分由75%~80%降至12%~15%，干燥后的草段直接进入压饼机压成直径55~65 mm、厚约10 mm的草饼，密度为300~450 kg/m³。草块压制过程中可根据饲喂家畜的需要，加入尿素、矿物质及其他添加剂。

三、干草贮藏

调制的优质青干草，如果贮藏不当，不仅会造成营养物质的大量损失，甚至会发生草垛霉烂，发热引起火灾等事故，影响畜牧业生产，因此能否安全合理地贮藏，是影响青干草质量的又一重要环节。

（一）青干草的贮藏

青干草贮藏过程中，由于酶类和霉菌、酵母菌等微生物的活动而引起的发热现象，不仅会引起青干草养分的损失，甚至发生变质不能利用，草堆内温度增高引起的营养物质损失，主要是糖类分解加强，其次是蛋白质分解为氨化物，温度越高，蛋白质的损失越大，可消化的蛋白质越少，干草的颜色越呈暗色，饲草的消化率越低。

1. 青干草贮藏方法

青干草贮藏过程中，由于贮藏方法和设备条件等的不同，营养物质的损失有明显的差异。例如，散干草露天堆藏，营养损失常达 20%~40%，胡萝卜素损失高达 50% 以上。即使正确堆垛，由于受自然降水等外界条件的影响，经 9 个月的贮藏后，垛顶、垛周围及垛底的变质或霉烂草层厚度常达 0.4~0.9 m。而在草棚或草库保存，营养物质损失一般不超过 3%~5%，胡萝卜素损失为 20%~30%。高密度的草捆，贮藏期间营养物质损失一般在 1% 左右，胡萝卜素损失为 10%~20%。当青干草含水量降至 15%~18% 时即可进行堆藏。但若采用常温鼓风干燥，含水量在 50% 以下，便可堆藏于草棚或草库内，进行吹风干燥。

（1）露天堆垛　散干草主要采取堆垛法进行贮藏，堆垛的形式有长方形、圆形等。其中，露天堆垛是我国传统的青干草存放形式。此法虽经济简便，但易遭雨淋、日晒、风吹等不良条件的影响，使青干草褪色，不仅损失养分，还可能霉烂变质。因此，堆垛时应尽量压紧，加大密度，缩小与外界环境的接触面，垛顶用厚塑料布覆盖，以减少损失。垛址应注意选择地势平坦干燥、排水良好、背风和取用方便的地方。堆垛时中间必须尽力踏实，四周边缘要整齐，中央比四周高。含水量较高的青干草，应当堆在草垛的上部，过湿或结成团的干草应挑出。收顶时应从草垛高度的 1/2 或 1/3 处开始，从垛底到顶应逐渐放宽约 1 m 左右（每侧加宽 0.5 m）。另外，堆垛不能拖延或中断，最好当天完成。

（2）草棚堆藏　干草棚或贮草棚可大大减少青干草的营养损失。草棚贮藏干草时，应使棚顶与干草保持一定的距离，以便通风散热。

（3）草捆贮藏　目前，美国、加拿大等发达国家青干草的贮藏基本上采用打捆后贮存，我国也开始普遍采用。青干草打捆后，单位质量干草体积减小，质量大，便于堆藏、运输和取用，尤其是青干草在打捆后易于成为商品在市场上流通，操作中损失也较少，是散干草无法比拟的。经压缩打捆的干草一般可节省一半的劳力，而且在集草装卸过程中叶片、嫩枝等细碎部分不会损失。体积的压缩使得干草捆的贮藏和运输更经济，也缩小了青干草与日光、空气、风雨等外界环境的接触面积，从而减少营养物质特别是胡萝卜素的损失。贮藏的干草捆不易发生火灾，贮藏安全。干草打捆还可缩短晾晒时间。青干草含水量较高时即可打捆堆垛，从而缩短了晾晒时间。但含水量较高时，草垛中间应设置通风道，以利于继续风干。一般禾本科牧草含水量在25%以下，豆科牧草在20%以下即可打捆贮藏。草捆取用方便，可以减少饲喂损失。不论何种类型的干草捆，均以室内贮存为最好，避开风雨侵蚀，即使贮存数年其营养价值也不会有大的损失。

2. 半干草贮藏

在湿润地区、雨季或调制叶片易脱落的豆科牧草时，为了适时刈割牧草加工优质干草，可在半干时进行贮藏，以缩短牧草的干燥期，避免低水分牧草在打捆时叶片脱落。在半干牧草贮藏时要加入防腐剂，以抑制微生物的繁殖，预防牧草发霉变质。贮藏半干草选用的防腐剂对家畜无毒，具有轻微的挥发性，且在干草中分布均匀。

（1）氨水处理　氨和铵类化合物能减少高水分干草贮藏过程中的微生物活动。氨已被成功地用于高水分干草的贮藏过程。牧草适时刈割后，在田间短期晾晒，当含水量为35%~40%时即可打捆，并加入25%的氨水，然后堆垛用塑料薄膜覆盖密封。氨水用量是干草重的1%~3%，处理时间根据温度不同而异，一般在25℃时，至少处理21 d，氨具有较强的杀菌作用和挥发性，对半干草的防腐效果较好。用氨水处理半干豆科牧草后，可减少营养物质损失，与通风干燥相比，粗蛋白含量提高8%~10%，胡萝卜素含量提高30%，干草的消化率提高10%。用3%的无水氨处理含水量40%的多年生黑麦草，贮藏20周后其体外消化率为65.1%，而未处理者为56.1%。

（2）尿素处理　尿素通过酶作用在半干草贮藏过程中提供氨，其操作要比氨容易得多。高含水量干草中存在足够的脲酶，使尿素迅速分解为氨。添加尿素与对照（无任何添加）相比，草捆中减少了一半真菌，降低了草捆的温度，提高了牧草的适口性和消化率。禾本科牧草中添加尿素，贮藏8周后，与对照相比，消化率从49.5%上升到58.3%，贮藏16周后干物质损失率减少6.6%。用尿素处理高含水量紫花苜蓿（含水量为25%~30%）干草，4个月后无霉菌发生，草捆温度降低，消化率均较对照要高，木质素、纤维素含量均较对照低。用尿素处理紫花苜蓿时，每吨紫花苜蓿干草使用40 kg尿素。

（3）有机酸处理　有机酸能有效防止高含水量（含水量25%~30%）干草的发霉和变质，并减少贮藏过程中营养物质的损失。丙酸、乙酸等有机酸具有抑制高含水量干草表面霉菌活动和降低草捆温度的作用。对于含水量为20%~25%的小方捆来说，有机酸的用量应为0.5%~1.0%；含水量为25%~30%的小方捆，使用量不低于1.5%。研究表明：打捆前含水量为30%的紫花苜蓿，每100 kg喷0.5 kg丙酸处理与含水量为25%的未进行任何处理的相比，粗蛋白含量高出20%~25%，并且具有较好的色泽、气味（芳香）和适口性。

（4）微生物防腐剂处理　目前，国外在干草贮藏时，利用微生物的竞争特性，选用适当的微生物在空气存在的条件下，与干捆中的其他腐败微生物进行竞争，从而抑制其他腐败细菌的活动。从国外引进的先锋1155号微生物防腐剂是专门用于紫花苜蓿半干草的微生物防腐剂。这种防腐剂使用的微生物是从高含水量苜蓿干草上分离出来的短小芽孢杆菌菌株。在含水量为25%的小方捆和含水量为20%的大圆草捆中使用效果明显，其消化率及家畜采食后的增重情况都优于对照。

3. 青干草贮藏注意事项

（1）防止垛顶塌陷漏雨　干草堆垛后2~3周内，多易发生塌陷现象，因此，应经常检查，及时修整。

（2）防止垛基受潮　草垛应选择地势高且干燥的场所，垛底应尽量避免与泥土接触，要用木头、树枝、石砾等垫起铺平，高出地面40~50 cm，垛底四周挖一排水沟，深20~30 cm，底宽20 cm，沟口宽40 cm。

（3）防止干草过度发酵与自燃　干草堆垛后，养分继续发生变化，影响养分变化的主要因素是含水量。凡含水量在17%以上的干草，由于植物体内酶及外部微生物活动而引起发酵，使温度上升到40~50℃。适度的发酵可使草垛紧实，并使干草产生特有的芳香味；但若发酵过度，会导致青干草品质下降。实践证明，当青干草水分含量下降到20%以下时，一般不会发生发酵过度的情况；如果堆垛时干草水分在20%以上，则应设通风道。含水量较高的青干草堆垛后，前期发酵过热，到60℃以上时微生物停止活动，但氧化作用继续进行。当温度上升至150℃左右时，接触新鲜空气即可引起自燃，一般发生在贮藏后30~40 d。因此，堆贮的青干草含水量超过 25% 时，则有自燃的危险。当发现垛温上升到 65℃以上时，应立即穿垛降温或倒垛。

（4）减少胡萝卜素的损失 草堆外层的干草因阳光漂白作用，胡萝卜素含量最低；草垛中间及底层的干草，因挤压紧实氧化作用较弱，因而胡萝卜素损失较少。因此，贮藏青干草时，应注意尽量压实，集中堆大垛，并加强垛顶的覆盖等。

（5）打捆干草最好在棚内贮藏 棚顶与干草垛保持一定的距离，以利通风散热。如果打捆时干草含水量较高，则草垛中间应设置通风道，以利于继续风干。露天堆垛贮藏，垛外层的草捆会因风吹日晒雨淋而增大损失，应加盖篷布或塑料布。

（二）干草粉的贮藏

青干草粉属于粉碎性饲料，颗粒较小，比表面积大，与外界接触面积大。在贮运过程中，一方面营养物质易于氧化分解而造成损失；另一方面青干草粉吸湿性较大，在贮运过程中容易吸潮结块，微生物及害虫易乘机侵染和繁殖。因此，贮藏优质青干草粉必须采取适当的技术措施，尽量减少营养物质的损失。低温密闭贮藏能大大减少青干草粉中维生素、蛋白质等营养物质的损失。将青干草粉装在坚固的牛皮纸袋内，置于棚下或仓库内，在常温条件下贮藏 9 个月后，胡萝卜素的损失达 80%~85%，维生素 B_1 损失 41%~54%，维生素 B_2 损失 80% 以上，粗蛋白损失 14% 左右。而在低温（3~9℃）条件下贮藏，胡萝卜素损失减少 1/3，粗蛋白、维生素 B_1、维生素 B_2 以及胆碱等损失很小。

在我国北方寒冷地区，可以利用自然条件进行低温密闭贮藏。青干草粉安全贮藏的含水量在 13%~14% 时，要求温度在 15℃以下；含水量在 15% 左右时，相应温度为 10℃以下；碎干草的安全贮藏含水量为 15%~17%。另外，还可以使用抗氧化剂和防腐剂等进行贮存。贮藏青干草粉的库房，应保持干燥、凉爽、避光、通风，注意防火、防潮、防止鼠害及其他酸、碱、农药等造成的污染。要特别注意贮存环境的通风，以防吸潮。

第二节　青贮加工与贮藏

一、青贮定义与原理

（一）青贮饲料的定义

青贮饲料是指经过在青贮容器中厌氧条件下发酵处理的饲料产品。新鲜的、萎蔫的或半干的青绿饲料（牧草、饲料作物、多汁饲料及其他新鲜饲料），在密闭条件下利用青贮原料表面附着的乳酸菌的发酵作用，或者在外来添加剂的作用下促进或抑制微生物发酵，使青贮原料 pH 值下降而保存饲料，这一过程称为青贮。乳酸菌是青贮发酵过程中主要的有益微生物，它在厌氧条件下占主导地位。乳酸菌大量繁殖而产生乳酸，从而抑制不良微生物的生长繁殖，保存青贮原料的营养价值。

（二）青贮原理

青贮是复杂的微生物发酵的生理生化过程，是在原料具有一定的水分、糖分及厌氧的条件下，利用其自身存在的乳酸菌进行发酵，使乳酸菌大量繁殖，将青贮原料中的淀粉和糖分解成以乳酸为主的小分子有机酸，当有机酸积累到一定浓度，pH 值下降到 4.2 时，即可抑制丁酸菌、霉菌等有害菌、腐败菌的生长繁殖，当 pH 值下降到 3.8 以下时，乳酸菌自身繁殖也被抑制，青贮饲料中所有微生物都处于被抑制状态，停止活动，基本处于稳定平衡状态，经过 40 d 左右的时间，青贮发酵即告完成（表 7-4）。

表 7-4　青贮发酵过程物质变化

阶段	环境条件	变化原因	物质变化	期限
1	好气	植物细胞	碳水化合物氧化成二氧化碳和水	1~2 阶段一般
2	好气	好气性细菌	碳水化合物氧化成乙酸	3 d 左右
3	厌氧	乳酸菌	碳水化合物氧化为乳酸	4~6 d
4	厌氧	乳酸菌	乳酸增加到 1.0%~1.5%，pH 值 4.2 以下，进入稳定期	2~3 周
5	厌氧	梭状芽孢杆菌	乳酸生成量不足，碳水化合物、乳酸转化为丁酸，氨基酸转化为氨	2~3 周后

资料来源：贾玉山、玉柱，2018

（三）生产青贮饲料的意义

青贮饲料作为饲料体系中的重要组成部分，是畜牧业的物质基础，在畜牧养殖中发挥着重要作用。一是青贮饲料能有效保存饲草的营养价值，且适口性好，消化率高。二是青贮可以扩大饲料来源，有利于畜牧业发展。三是调制青贮饲料不受气候等环境条件的影响，并可长期保存。四是家畜采食青贮饲料，可减少消化系统和寄生虫病的发生。五是调制青贮饲料，可节省加工调制与饲料贮藏的成本。实践证明，为反刍动物均衡供给优质青贮饲料是充分发挥动物遗传潜力、提高动物产品的产量与质量、保障动物健康的重要前提。以奶牛为例，为了使奶牛保持较高的产奶水平，必须全年均衡供给优质青贮饲料，在高产奶牛的饲养过程中，青贮饲料已经成为其日粮中不可缺少的成分。在西欧，有超过半数以上的青绿饲草都通过青贮的方式加以利用和保存，有些地方甚至达到80%。

二、青贮容器

（一）青贮容器主要类型

1. 青贮塔

用砖和水泥建成的圆形塔，国外用不锈钢、硬质塑料或水泥筑永久性大型塔，坚固耐用，密封性能好。直径一般为6 m，高10~15 m。青贮成熟后，根据结构可由顶部或腹部取料。

2. 青贮窖（池）

有地下式和半地下式两种，其深度根据地下水位的高低来确定。在地下水位高的地方采用半地下式，贮量少的一般用圆形青贮窖；而量多时，以长方形为好。青贮窖要上大下小，底部砌成弧形，应倾斜以利排水。最好用砖石砌成永久性的，以保证密封和提高青贮效果。

3. 地面青贮

地面青贮是目前使用最广泛的一种青贮方式，大型养殖场几乎全部用地面青贮，主要是操作方便，贮量大。常用的砖壁结构的地上青贮池，其壁高2~3 m。顶部呈隆起状，以免受季节性降水（雪）的影响。通常是将饲草逐层堆积压实，装满后顶部用塑料膜密封，并在其上压以重物。有的地方还用堆贮，就是将青贮原料按照青贮操作程序堆积于地面，压实后，垛顶及四周用塑料薄膜封严，然后用真空泵抽出空气呈厌氧状态，塑料外面可用草帘等物覆盖保护。目前绝大多数青贮装满密封时用普通的塑料薄膜，顶部90 cm厚度青贮料的有机质损失可达25%。随着化工技术的发展，隔氧膜在青贮密封上的应用已经比较普遍，与一层或者两层普通塑料薄膜相比，隔氧膜密封后的青贮料表层不会发霉或腐烂，45 cm以内有机质的损失也显著降低，青贮料的中性洗涤纤维含量、粗灰分含量更低，产生的乳酸也较多，发酵品质更优。

完善的青贮设施是青贮成功的基础，青贮设施（青贮窖、青贮池）应具备结构合理、结实紧密、内壁光滑、便于防疫等特点。因此，青贮窖（池）应单独设区，与畜舍和贮粪场保持适宜的卫生间距，且应设在地势较高不积水的地方。青贮窖（池）的内壁和底部应用红砖水泥砌筑严密，壁层厚度需不少于20 cm，并用水泥砂抹光表面，壁层外部应用素土夯实封固，其容量和形状应依据实际生产饲养规模而定。一般而言，青贮设施越大，原料的损耗就越小，质量就越好。在实际应用中，要考虑到饲养家畜头数的多少，每日由青贮窖内取出的青贮料厚度不少于10 cm，同时，必须考虑如何防止窖内二次发酵。

4. 堆积式青贮

在平坦干燥的地面上垂直堆成2~3 m高的草堆。最初青贮堆表面直接暴露在空气中，这会造成很大的氧化损失。从20世纪50年代开始，塑料膜应用于农业生产。用塑料膜覆盖在压实后的青贮料上，可以使其氧化损失显著降低。在现代青贮技术中，将适量青贮原料堆放在置于平坦地面的塑料膜上，然后覆盖上另一块塑料膜，用密封带或其他合适的方法将两块塑料膜密封起来，之后在垛顶和草堆周围压上旧橡胶轮胎，并在草堆外围放置沙袋，以防塑料膜被风揭开。

5. 拉伸裹包青贮

近年来，以拉伸膜裹包形式贮存的饲料大量增加，这种制作青贮饲料的方法在英国等许多国家广泛应用。目前，世界上有两种类型的拉伸膜裹包青贮，小型拉伸膜裹包青贮和大型缠绕式青贮。小型拉伸膜裹包青贮是指将收获的新鲜牧草、玉米秸秆、稻草、甘蔗尾叶、地瓜藤、芦苇等各种青绿植物，用打包机高密度压实打捆，然后将每个圆捆或方捆用专用青贮塑料拉伸膜裹包起来，形成一个最佳的发酵环境。经这样打捆和裹包起来的草捆，处于密封状态，在厌氧条件下，经3~6周，最终完成乳酸型自然发酵的生物化学过程。大型缠绕式青贮是指将压制的方捆或圆捆，采用特制的机械，紧紧排列在一起，外面缠以拉伸膜，制成大型呈条状的青贮饲料。

6. 塑料袋青贮

近年来，随着塑料工业的发展，国外一些饲养场采用质量较好的塑料薄膜制成袋，装填青贮饲料，袋口扎紧，堆放在畜舍内，使用很方便。小型袋宽一般为50 cm，长80~120 cm，每袋装填40~50 kg。大型"袋式青贮"技术，特别适合于苜蓿、玉米秸秆、高粱等的大批量青贮。该技术是将牧草饲料切碎后，采用袋式灌装机械将原料高密度地装入由塑料拉伸膜制成的专用青贮袋，在厌氧条件下，完成青贮发酵过程。此技术可青贮含水量高达60%~65%的饲草。一个33 m长的青贮袋可灌装近100 t饲草，灌装机灌装速度可高达60~90 t/h。

（二）青贮容器的要求

制作青贮饲料时，无论青贮容器的类型和形式如何，都必须达到下列要求：

1. 选址

一般要在地势较高、地下水位较低、土质坚实，离畜舍较近，制作和取用青贮饲料方便的地方。

2. 容器的形状与大小

永久性青贮容器的形状一般为长方形，可建成地下式、地上式或半地下式；青贮容器的深浅、大小可根据所养家畜的头数、饲喂期的长短和需要贮存的饲草的数量进行设计。青贮容器的宽度或直径一般小于深度，宽：深为1:1.5或1:2，以利于青贮饲料借助本身重力而压得紧实，减少空气，保证青贮饲料质量。

3. 密封

青贮容器要能够便于密封，并能防止空气的进入，四壁要平直光滑，以防止空气的积聚，并有利于牧草饲料的装填压实。

4. 青贮容器底部

青贮容器底部从一端到另一端须形成一定的斜坡，或一端建成锅底形，以便使过多的汁液能够排出。

5. 能防冻

地上式青贮容器，必须能很好地防止青贮饲料冻结。

（三）青贮容器的容量及容量估测

青贮容器的容量大小与青贮原料的种类、水分含量、切碎压实程度及青贮容器的种类等有关。

1. 圆形窖和圆形青贮塔容量计算公式

容量 = π × 青贮塔（窖）半径的平方 × 青贮塔（窖）的深度 × 单位体积内的容重

2. 长形青贮窖的容量计算公式

容量 = 窖长 × 窖深 × 窖宽 × 单位体积内的容重

三、青贮加工技术

（一）青贮原料

1. 青贮饲料种类

可用作青贮原料的饲用植物种类很多，理想的青贮原料应具有以下特点：富含乳酸菌可发酵的碳水化合物；含有适当的水分，一般认为，适合乳酸菌繁殖的含水量为 65%~75%，豆科牧草的含水量以 60%~70% 为宜；具有较低的缓冲能；适宜的物理结构，以便青贮时易于压实。实际上，很多饲用植物不完全具备上述条件，调制青贮时，必须采用诸如田间晾晒凋萎或加水、适度切短或使用添加剂等技术措施使其改善。

大部分禾本科牧草如燕麦、黑麦草、鸭茅、羊草等均可调制青贮饲料；大部分豆科牧草，如紫花苜蓿、白三叶、白花草木犀等也可调制青贮饲料；饲料作物如玉米、甜高粱、小麦等均可调制青贮饲料。

2. 适期收割

优质青贮原料是调制优良青贮饲料的物质基础。青贮饲料的营养价值，除了与原料的种类和品种有关外，还与收割时期有关。一般早期收割其营养价值较高，但收割过早单位面积营养物质收获量较低，同时易引起青贮饲料发酵品质的降低。因此依据牧草种类，在适宜的生育期内收割，不但可从单位面积上获得最高 TDN 产量，而且不会大幅度降低蛋白质含量和提高纤维素含量。牧草含水量适中，可溶性碳水化合物含量较高，有利于乳酸发酵和制成优质青贮饲料。

根据青贮品质、营养价值、采食量和产量等综合因素的影响，禾本科牧草的最适宜刈割期为抽穗期至灌浆期，而豆科牧草开花初期最好。专用青贮玉米（即带穗整株玉米），多采用在蜡熟期收获（玉米粒乳线达到1/3~2/3时，含水量为70%左右，淀粉含量为30%左右，留茬15~20 cm，加工全株青贮玉米），并选择在当地条件下初霜期来临前能达到蜡熟期的早熟品种。兼用玉米（即籽粒做粮食或精料，秸秆作青贮饲料的玉米），目前多选用籽粒成熟时茎秆和叶片大部分呈绿色的杂交品种。

（二）青贮饲料加工工艺

1. 高水分青贮

高水分青贮是指将刚刈割的牧草立即进行青贮调制，以避免晾晒及气候影响造成损失。刚刈割下来的牧草，含水量一般在75%~85%。这种调制方法时省力，操作简单，成本低，但由于青贮原料含水量高，容易产生大量渗出液，引起严重烂窖和二次发酵，不利于青贮饲料的长期保存。在甘肃省甘南州夏河县将乳熟期的饲用燕麦（含水量75%~80%）刈割后直接捆裹青贮，效果非常好。因此，高水分青贮尽管有风险，但也因具体情况不同而异，对含水量不太高、碳水化合物含量丰富的禾本科饲草，刈割后直接青贮还是比较容易成功的。

2. 普通青贮

普通青贮在原料含水量为65%~70%时调制，既避免了青贮原料因过度晾晒造成的营养损失，使其保持青绿多汁的状态，又能为微生物的生长繁殖提供充足的水分。一般要获得65%~70%的含水量，都需要对燕麦等牧草经过一定程度的晾晒；为确保干物质含量，全株玉米则等到含水量为70%左右时收割，无需晾晒。覃方锉等（2014）对燕麦青贮时含水量的研究发现，与65%~70%的含水量相比45%~50%含水量下燕麦青贮的品质有所下降，其粗蛋白含量降低，中性洗涤纤维和酸性洗涤纤维明显升高，其乳酸含量也显著降低。

（1）调节水分　适时收获的原料含水量通常为75%~80%。调制出优质青贮饲料，必须调节含水量。对于含水量过高或过低的青贮原料，青贮时均应进行处理。水分过多的原料，青贮前晾晒凋萎，使其含水量达到要求后再进行青贮；有些情况下如雨水多的地区通过晾晒无法达到合适的含水量，可以采用混合青贮的方法，以期达到适宜的含水量。水分过低的原料，在青贮时要添加适量水分以利于发酵。

（2）切碎和装填　原料的切碎和压裂是促进青贮发酵的重要措施。切碎的优点概括起来如下：① 装填原料容易，青贮容器内可容纳较多原料（干物质），并且节省时间；② 改善作业效率，节约压实时间；③ 易于排出青贮容器内的空气，尽早进入密封状态，阻止植物呼吸，形成厌氧条件，减少养分损失；④ 如使用添加剂时，能均匀撒在原料中。

切碎的程度取决于原料的粗细、软硬程度、含水量、饲喂家畜的种类和铡切的工具等。对牛、羊等反刍动物来说，禾本科、豆科牧草及叶菜类等宜切成 2~3 cm，玉米和向日葵等粗茎植物宜切成 0.5~2 cm，柔软幼嫩的植物也可不切碎或切长一些。对猪、禽来说，各种青贮原料应切得越短越好。

切碎的工具多种多样，有碎机、甩刀式收割机和圆筒式收割机。无论采取何种切碎措施均能提高装填密度，改善干物质回收率、发酵品质和消化率，增加采食量，尤其是圆筒式切碎机的切碎效果更好。利用粉碎机切碎时，最好在贮容器旁进行，切碎后立即装入容器内，这样可减少养分损失。青贮前，应将青贮设施清理干净，容器底可铺一层 10~15 cm 切短的秸秆等软草，以便吸收青贮汁液。窖壁四周衬一层塑料薄膜，以加强密封和防止漏气漏水。装填时应边切边填，逐层装入，时间不能延长，速度要快，一般小型容器当天完成，大型容器 2~3 d 装满压实。

（3）压实　切碎的原料在青贮设施中要装匀，尽量压实，尤其是靠近壁和角的地方不能留有空隙，以减少空气利于乳酸菌的繁殖和抑制好气性微生物的活动。但是，不能过度压实，以免引起梭状芽孢杆菌的大量繁殖。小型青贮容器可人力踩踏，大型青贮容器则用拖拉机来压实。用拖拉机压实时注意不能带进泥土、油垢、金属等污染物，压不到的边角可人力踩压。

（4）密封与管理　原料装填压实之后，应立即密封和覆盖。其目的是隔绝空气与原料接触，并防止雨水进入。青贮容器不同，其密封和覆盖方法也有所差异。以青贮窖为例，在原料的上面盖一层 10~20 cm 切短的秸秆或青干草，草上盖料薄膜，再压上 50 cm 的土，窖顶呈馒头状以利于排水，窖四周挖排水沟。密封后，尚需经常检查，发现裂缝和空隙时用湿土抹好，以保证高度密封。

3. 半干青贮

半干青贮又称为低水分青贮，当青贮原料含水量降至 45%~55% 时，半干植物细胞质的渗透压达到 55~60 个大气压，使腐败菌、丁酸菌的生命活动及其生理繁殖受到抑制。此时虽然乳酸菌也受到一定抑制，但仍可进行一定程度的乳酸发酵。半干青贮一般要求将青贮料切碎，以获得紧实的厌氧环境。半干青贮可显著降低青贮料中的 NH_3–N 含量。优质半干青贮饲料呈深绿色，结构完好，湿润清香，蛋白质降解少，营养物质含量高，青贮料品质好。半干青贮料兼有干草和一般青贮料的优点。含水量少，干物质含量比普通青贮高，减少了贮运费用，降低了管理成本。

半干青贮时，原料中的含糖量以及青贮过程中产生的乳酸量或 pH 值的变化没有普通青贮那么关键，从而较普通青贮扩大了原料的范围。尤其为那些普通青贮难以成功的高蛋白牧草提供了更好的青贮方法。用同样原料调制成的半干青贮料，较干草和普通青贮料质量高，饲喂效果好。但是，调制半干青贮料的关键是刈割后晾晒预干的时间要比普通青贮长。为了保证半干青贮料的质量，预干的时间越短越好。在南方地区，青绿饲料生产较丰富的春夏季节，因阴天较多、湿度高，较难进行预干处理。因此，半干青贮受气候条件的限制仍然较大。含水量的降低速度与原料中养分的损失以及需氧菌的繁殖关系密切。9 h 内含水量降到 55% 的原料中养分仅损失 2%，而 24~26 h 才达到这一含水量，养分损失可达 7%。雨季含水量降到 55% 需要 72 h，养分损失高达 16%。由于半干青贮的原料含水量较低，因此原料的长度比普通青贮要更短一些。半干青贮一般密封 45 d 以上，就可取用。

4. 混合青贮

一些青贮原料干物质含量偏低、过于干燥，可发酵碳水化合物含量少，如果把两种以上的青贮原料进行混合青贮，彼此取长补短，不但容易青贮成功，还可以调制出品质优良的青贮饲料。混合青贮有以下三种类型。

（1）青贮原料干物质含量低，可与干物质含量高的原料混合青贮。例如，甜菜叶、块根与块茎类、瓜类等，可与农作物秸秆或糠麸等混合青贮。

不但提高了青贮质量，而且可免去建造底部有排水口的青贮设施或加水的工序。

（2）可发酵碳水化合物含量太少的原料进行青贮难以成功，可与富含糖的原料混合青贮，如豆科牧草与禾本科牧草混合青贮。

（3）为了提高青贮饲料营养价值，调制配合青贮饲料。常用混合青贮，沙打旺与玉米秸秆混合青贮（按1∶1或沙打旺占60%~70%）；沙打旺与野草混合青贮；苜蓿与玉米秸秆混合青贮（按1∶2或1∶3）；苜蓿与禾本科牧草或其他野草混合青贮；红三叶与玉米（或高粱）秸秆混合青贮；玉米秸秆与马铃薯茎叶混合青贮；甜菜叶与糠麸混合青贮等；还有玉米、向日葵与其他饲料混合青贮，以及豌豆与燕麦混合青贮，均可收到良好的效果。

5. 添加剂青贮

除在青贮原料装填入青贮设施时加入适当的添加剂外，其他操作程序均与常规青贮方法相同。目前青贮饲料添加剂种类繁多，根据使用目的、效果可分为发酵促进剂、发酵抑制剂、好气性腐败菌抑制剂及营养性添加剂等四类。其目的分别是促进乳酸发酵、抑制不良发酵、控制好气性变质和改善青贮饲料的营养价值。

（1）发酵促进剂

1）乳酸菌制剂。添加乳酸菌制剂是人工扩大青贮原料中乳酸菌群体的方法。原料表面附着的乳酸菌数量少时，添加乳酸菌制剂可以保证初期发酵所需的乳酸菌数量，取得早期进入乳酸发酵优势。近年来随着乳酸菌制剂生产水平的提高，选择优良菌种或菌株，通过先进的保存技术将乳酸菌活性长期保持在较高水平。目前主要使用的菌种有植物乳杆菌、肠道球菌、戊糖片球菌及干酪乳杆菌。值得注意的是菌种选择应是那些盛产乳酸，而少产乙酸和乙醇的同质型的乳酸菌。一般每100kg青贮原料中加入乳酸菌培养物0.5 L或乳酸菌制剂450 g。因乳酸菌添加效果不仅与原料中可溶性糖含量有关，而且也受原料缓冲能力、干物质含量和细胞壁成分的影响。所以乳酸菌添加量也要考虑乳酸菌制剂种类及上述影响因素。

对于猫尾草、鸭茅和意大利黑麦草等禾本科牧草，乳酸菌制剂在各种水分条件下均有效，最适宜的水分范围为轻度到中等含水量；苜蓿等豆科牧草的适应范围则比较窄，一般在含水量中等以下的萎蔫原料中利用，不能在高水分原料中利用。调制青贮的专用乳酸菌添加剂应具备如下特点：① 生长旺盛，在与其他微生物的竞争中占主导地位；② 具有同型发酵途径，以便使六碳糖产生最多的乳酸；③ 具有耐酸性，尽快使 pH 值降至 4.0 以下；④ 能使葡萄糖、果糖、蔗糖和果聚糖发酵，则戊糖发酵更好；⑤ 生长繁殖温度范围广；⑥ 在低水分条件下也能生长繁殖。

2）酶制剂。添加的酶制剂主要是多种细胞壁分解酶，大部分商品酶制剂是包含多种酶活性的粗制剂，主要是分解原料细胞壁的纤维素和半纤维素，产生被乳酸菌可利用的可溶性糖类。目前酶制剂与乳酸菌一起作为生物添加剂引起关注。酶制剂的研究开发也取得了很大进展，酶活性高的纤维素分解酶产品已经上市。作为青贮添加剂的纤维素分解酶应具备以下条件：① 添加之后能使青贮早期产生足够的糖分；② 在 pH 值 4.0~6.5 范围内起作用；③ 在较宽温度范围内具有较高活性；④ 对低水分原料也起作用；⑤ 在任何生育期收割的原料中都能起作用；⑥ 能提高青贮饲料营养价值和消化性；⑦ 不存在蛋白分解活性；⑧能与其他青贮添加剂相媲美的价格水准，同时能长期保存。

3）糖类和富含糖分的饲料。通过旺盛的乳酸发酵，产生 1.0%~1.5% 的乳酸，pH 值降至 4.2 以下后，就能制备优质青贮饲料。为了达到此目的，通常原料中的可溶性含糖量要求 2% 以上。当原料可溶性糖分不足时，添加糖和富含糖分的饲料可明显改善发酵效果。这类添加剂除糖蜜以外，还有葡萄糖、糖蜜饲料、谷类米糠类等。糖蜜是制糖工业的副产品，其加入量禾本科为 4%，豆科 6%。一般葡萄糖、谷类和米糠类等的添加量分别为 1%~2%、5%~10% 和 5%~10%。此外糖蜜饲料其所含的养分也是家畜营养源。

（2）发酵抑制剂

1）无机酸。由于无机酸对青贮设备、家畜和环境不利，目前使用不多。

2）甲酸。加甲酸青贮是 20 世纪 60 年代末开始在国外广泛使用的一种方法。即通过添加甲酸快速降低 pH 值，抑制原料呼吸作用和不良细菌的活动，使营养物质的分解限制在最低水平，从而保证饲料品质。添加甲酸降低了乳酸的生成量，同时更明显降低了丁酸和氨态氮生成量从而改善发酵品质。甲酸添加青贮饲料具有乳酸和总酸含量少等特点，表明适当添加甲酸可抑制青贮发酵。另外，添加甲酸也能减少青贮发酵过程中的蛋白质分解，所以蛋白质利用率高。浓度为85%的甲酸，禾本科牧草添加量为湿重的0.3%，豆科牧草为0.5%，混播牧草为0.4%。通常苜蓿的缓冲能较高，需要较多的甲酸添加量，有人建议苜蓿适宜添加水平为5~6 L/t。甲酸添加量不足时，pH值不能达到理想水平，从而不能抑制不良微生物的繁殖。由于干物质含量的原因，中等水分（65%~75%）原料的添加量要比高水分（75%以上）原料多，其添加量应增加0.2%左右。此外对早期刈割的牧草，因其蛋白质含量和缓冲能较高，为了达到理想pH值，有必要增加0.1%的添加量。在欧美各国也有与其他添加剂混用，如甲醛＋甲酸、甲酸＋丙酸＋乳酸＋抗氧化剂等。混合使用甲酸与甲醛比单独使用对青贮发酵的抑制效果要好。

3）甲醛。甲醛具有抑制微生物生长繁殖的特性，还可阻止或减弱瘤胃微生物对食入蛋白质的分解。因为甲醛能与蛋白质结合形成复杂的络合物，很难被瘤胃微生物分解，却在真胃液的作用下分解，使大部分蛋白质为家畜吸收利用。因此甲醛可起保护蛋白质完整地通过瘤胃的作用。一般可按青贮原料中蛋白质的含量来计算甲醛添加量，有的学者建议甲醛的安全和有效用量为30~50 g/kg粗蛋白质。

（3）好气性变质抑制剂 有乳酸菌制剂、丙酸、己酸、山梨酸和氨等。对牧草或玉米添加丙酸调制青贮饲料时，单位鲜重添加0.3%~0.5%时有效，而增加到1.0%时效果更明显。在美国玉米青贮中也广泛采用氨。

（4）营养性添加剂 营养性添加剂主要用于改善青贮饲料营养价值，而对青贮发酵一般不起作用。目前应用最广的是尿素，将尿素加入青贮饲料中，可降低青贮物质的分解，提高青贮饲料的营养物质；同时还兼有抑菌作用。在美国，玉米青贮饲料中添加0.5%的尿素，粗蛋白质提高8%~14%，所以在肉牛育肥中广泛使用。

6. 青贮收获示例

（1）燕麦青贮收获 燕麦青贮在灌浆期至蜡熟期进行收割。感官指标，燕麦最下端小穗最下部位籽粒呈黏稠乳白色，因为燕麦籽粒成熟度不一致，穗上部的籽实已经成熟，而穗下部的籽实仍在灌浆；在同一个小穗上也是基部籽实达到完熟，而下部籽粒进入蜡熟期。理化指标，干物质为28%~35%

最佳。燕麦与豆科牧草混播的最佳刈割期为燕麦蜡熟期和箭筈豌豆结荚期，这时单位面积粗蛋白含量最高，而中性和酸性洗涤纤维含量较低。生长季内刈割2次会降低燕麦干草产量，但却显著提高了品质；青贮燕麦适时收获不仅可以获得较高的干物质产量，而且消化率和蛋白质含量也较高，达到了高产优质的目的。收割方式：直收青贮法、分步青贮法、粉碎机法。

直收青贮法：干物质到达28%~30%开始收割。大型设备直接收割模式，自走式收割机进入地头收割粉碎装车，粉碎长度2~3 cm。收割时间控制在10 d内，干物质后期上升快速，每天增长0.5%~1%，如收割设备不足时在干物质25%左右可开始收割，在10 d之内完成收割，否则干物质容易超出40%，如干物质超40%，可加入清水调制干物质35%。

分步青贮法：干物质到达20%~28%开始收割。步骤为：割草—晾晒萎蔫—捡拾粉碎。晾晒萎蔫，割草后进行晾晒萎蔫至干物质到达28%~35%进行粉碎装车。粉碎长度2~3 cm，留茬高度≥15 cm（在搂草过程，防止尘土导致灰分过高）。收割时间控制在10 d内。割草机割草：查看天气预报，3~5 d天气晴朗进行割草。灌浆初期收获时，滚轮压扁对小麦籽粒损伤较小；如在后期收割需调节滚轮间隙，防止滚轮脱掉籽粒。晾晒和搂草：割草后进行翻晒，缩短自然晾晒的时间，收割时干物质在20%~28%，晾晒达到28%~35%进行捡拾粉碎。搂草的主要作用，帮助快速晒干水分达到粉碎标准；合并草行方便捡拾粉碎，提高收获效率。搂草不可过低或切近地面，容易把土地的杂物及泥土带入青贮中，导致灰分偏高。捡拾粉碎：晾晒后的作物达到要求后及时收割。收割过程中注意观察粉碎长度，过长需要调节刀距，并磨刀。捡拾粉碎过程控制在白天进行，夜晚地面返潮、露水影响青贮质量。

粉碎机收割：干物质到达28%~35%开始收割。人工或割草机割草，运至粉碎加工点或青贮窖旁使用粉碎机进行粉碎加工。粉碎长度为2~3 cm，留茬高度≥10 cm（不可接地收割，下层木质素高无营养价值）。人工不足或粉碎设备较少时，需要在干物质25%开始进行收割，以确保收割时间，满足牧场需求；当天到货的原料全部粉碎完毕，并对粉碎点进行清理，防止污染青贮窖，减少隔夜粉碎，避免原料发热和植物代谢活动消耗大量营养物质。涉及人工操作，需要对工人进行安全培训，并对危险区域进行隔离或挂警示牌。

（2）苜蓿青贮收获　制作苜蓿青贮最好选择现蕾期—初花期收割。当苜蓿80%以上的枝条出现花蕾时称为现蕾期；当约有20%的小花开花时，这个时期就是苜蓿的初花期。留茬最佳高度控制在8~15 cm，留茬太低容易伤及苜蓿根部新萌发的枝丫，影响苜蓿的再生，且在搂草过程中容易带入泥土，影响青贮苜蓿的品质，也会造成苜蓿青贮的灰分太高。制作苜蓿青贮时，适量的提高留茬高度，可以有效减少苜蓿中灰分，降低梭菌含量，提高发酵的品质。

收割苜蓿最好选择具有压扁功能的收割机，此机械可以一边收割一边压扁茎枝，使叶片和茎枝同步干燥、快速干燥、植株完整，营养全面，因而提高了苜蓿的价值。且苜蓿茎秆中空，在压窖过程中不宜压实，经过压扁功能的收割机后可以有效提高青贮苜蓿的压窖密度。将压扁收割后的整株苜蓿进行晾晒，晾晒时草幅尽量要宽，至少占割幅的70%左右，以便于快速脱水，根据日照、风速、气温等，一般田间晾晒2~6 h即可，如遇阴天可适当延长晾晒时间，遇到雨天要停止收割。现蕾期至初花期的苜蓿含水量一般在70%~80%，不宜制作青贮，需将水分晾晒萎蔫后控制在55%~65%，即折断茎秆时感觉无水但不宜折断时最好。当苜蓿青贮原料含水量达到55%~65%时，采用捡拾切碎机进行原料的捡拾切碎，切割长度控制在1~3 cm。将粉碎后的苜蓿拉运到青贮制作点，准备制作青贮。

紫花苜蓿青贮和半干青贮饲料的质量标准、检测方法及质量分级参见团体标准《青贮和半干青贮饲料　紫花苜蓿》T/CAAA 003—2018附件4。

第三节　农作物秸秆加工与贮藏

一、农作物秸秆开发利用现状

（一）农作物秸秆定义及种类

凡纤维素含量（以干物质计）20%以上的农副产物，统称为农业纤维素类物质。农作物秸秆属于农业资源中自然资源的可更新资源，它是与生物过程有关的资源。农作物秸秆是农业纤维类物质的主要部分。所谓秸秆饲料，就是作物收获籽实（块根）后的地上茎叶蔓、皮壳及牧草等直接作为饲料或经物理、化学和生物等方法加工和调制后作饲料。依来源可将秸秆饲料分为：禾本科作物秸秆，如玉米秸秆、稻草、小麦秸秆等；豆科作物秸秆，如黄豆秸秆、苜蓿秸秆、沙打旺秸秆、箭豌豆秸秆等；其他作物秸秆，如甘薯藤、马铃薯蔓等。

稻草、小麦秸秆和玉米秸秆是我国三大作物秸秆资源，也是世界各国的主要秸秆资源。据估测，全世界每年各种秸秆的总产量在 20 亿~30 亿 t，我国农村农作物秸秆年产量为 5 亿~6 亿 t。我国在秸秆利用方面存在很大的浪费现象，大部分秸秆主要被用作燃料、造纸原料和秸秆还田，或者被焚烧而浪费，用于家畜饲料的还不到 20%。其主要原因是秸秆营养价值低，适口性差。因此，通过各种加工方法提高秸秆的营养价值和适口性，充分利用这部分资源，对于缓解我国饲料供应紧张的矛盾具有重要的意义。

（二）农作物秸秆开发利用现状

据调查显示，我国 40%~50% 的秸秆作为生活能源的燃料，15%~20% 的秸秆作为肥料就地燃烧还田或直接翻入土层中还田，另有 2% 左右作为造纸工业、建筑业及手工业的原料，仅 25%~35% 的秸秆被用作草食家畜的饲料，资源浪费及潜在的环境污染现象严重。我国作为粮食生产大国，农作物秸秆作为一种可持续获得的绿色生物资源，其开发利用潜力非常巨大。如果能充分有效地利用这些资源，不但可成为发展节粮型畜牧业的有效途径之一，实现农业的可持续发展，而且对缓解日益严重的能源危机和环境保护问题具有十分重要的意义。当前，我国秸秆资源的利用主要体现在以下几方面。

1. 秸秆作为能源燃料

我国有 40%~50% 的秸秆被作为成本低廉的生活燃料，但由于普通炉灶的燃烧效率低，往往造成能源的极大浪费。随着生物技术、能源科学与环境科学的发展，农作物秸秆作为可再生生物质能源的价值受到广泛的关注。可再生生物质能源是利用有机物质作为燃料，通过气体收集、气化、燃烧等技术产生的能源。生物质常温固化成型技术，通过将粉碎的秸秆在不添加任何黏合剂的条件下，压缩成高密度的燃料颗粒、块等。成型后的秸秆煤炭体积仅占秸秆原料的 1/30，而其燃烧效率却提高 70% 以上。此技术的突出优点是含硫低、燃烧能值高、无污染物排放，有"绿煤"的美誉，是一种新型的清洁能源。

秸秆气化技术是另一种生物质能源的高效转化方式，包括秸秆热解气化技术和秸秆生物气化技术。秸秆热解气化技术是依据空气流体力学及热学原理，使气化炉中的农作物秸秆在密闭缺氧状态下将碳、氢、氧等元素转化为一氧化碳、氢气、甲烷等可燃气体。秸秆生物气化技术是利用多种微生物的厌氧降解原理，将秸秆直接投入沼气池产生沼气，沼液、沼渣还可直接作为有机肥使用。与秸秆热解气化技术相比，生物气化具有反应条件温和、沼气热值高（秸秆生物制沼所产生的沼气中含有50%~70%的甲烷）的优点。同时，秸秆生物气化技术与用畜禽粪便生产沼气相比，具有原料来源充足、运输方便、价格低廉、沼液零排放的特点，解决了沼气大面积推广和集中供气的原料问题。由此，对秸秆进行气化或液化处理创造新型燃料，建立秸秆沼气站、气化站等是当代农村能源开发中一项重要的举措。

此外，农作物秸秆中的纤维素、半纤维素可降解为发酵性的葡萄糖或木糖等，用于制取化工原料甲醇等，实现了农业废弃物的工业转化。

2. 秸秆还田

秸秆免耕覆盖还田或直接粉碎还田，不仅可提高土壤有机质、矿物质含量，起到培肥地力的效应，还具有良好的保墒作用及增加土壤孔隙度、降低土壤容重、改善土壤团粒结构和理化性质的效应。农作物秸秆还可堆贮在一起，经过高温充分腐熟发酵后制成堆肥、沤肥，或将秸秆饲喂家畜后的排泄物直接施入土壤，从而提高土壤肥力，实现物质循环。此外，将秸秆通过粉碎、酶化、配料、混料等工序生产秸秆复合肥，对于促进土壤养分转化、优化农业生态环境具有良好的效果。

3. 秸秆用作饲料

利用揉搓丝化、氨化、碱化、微贮等技术调制适口性好、营养价值高的秸秆饲料，对秸秆资源的高效转化利用、节粮型畜牧业结构的建立及中国特色饲料工业格局的形成意义重大。

4. 秸秆的其他应用

秸秆富含纤维素、木质素等有机物，以秸秆为基料栽培食用菌，克服了以棉籽壳作基料货源紧缺、价格昂贵、产量提高缓慢的缺点，提高了食用菌的产量和品质，据测算，1 kg秸秆用作基料可生产金针菇、草菇

0.5~1.0 kg，平菇、香菇 1.0~5.0 kg。栽培食用菌所使用的下脚料还可作为有机肥还田，有机质含量相当于秸秆和粪便直接还田的 3 倍。

除上述用途外，秸秆还可用于造纸、生产人造板、可降解材料、彩瓦等。将上述各项技术集成产业化所体现的农作物秸秆高效生态循环利用工程是秸秆利用未来的发展方向。

（三）限制农作物秸秆利用的因素

秸秆作为一种农业生产副产品，数量巨大，但由于其纤维素和木质素含量高，粗蛋白含量低，因此适口性和消化率均较差。

1. 营养价值低

秸秆由大量的有机物、少量的无机物和水分组成，其中有机物中大部分是纤维素类的碳水化合物，由纤维素类物质和可溶性糖类组成；此外还有少量的粗蛋白和粗脂肪。主要营养特点是：纤维类物质含量高；粗蛋白含量低；缺乏维生素；钙、磷含量低，硅酸盐含量高（表7-5）。

表 7-5　我国主要秸秆资源的营养组成　　（单位：%）

类别	粗蛋白	粗脂肪	粗纤维	NDF	ADF	无氮浸出物	粗灰分	钙	磷
玉米秸秆	6~7	1~2	23~31	63~65	29~39	42~57	5~9	0.22~0.24	0.09~0.27
小麦秸秆	3~6	>1	32~41	42~53	29~34	32~42	5~9	0.21~0.26	0.03~0.08
稻草	3~6	>1	29~33	49~61	31~34	38~49	12~16	0.21~0.30	0.04~0.13
大豆秸秆	6~13	6~7	27~32	—	—	38~39	4~10	0.61~1.39	0.03~0.23
甘薯藤	7~19	2~3	14~36	—	—	45~50	8~13	1.06~1.41	0.22~0.33

资料来源：中国饲料数据库，1998。NDF：中性洗涤纤维；ADF：酸性洗涤纤维

2. 秸秆的消化率低

据中国饲料数据库资料，牛对玉米秸秆中的粗蛋白、粗脂肪、粗纤维、无氮浸出物的消化率分别是 46%、55%、66% 和 61%，而猪对粗蛋白、粗脂肪的消化率为零，对于粗纤维和无氮浸出物也仅能消化利用其中的 30%

和25%。由此可见，秸秆中的潜能及其有限的营养物质不能被家畜消化利用。秸秆的消化率低是由各种限制消化因素共同作用的结果（表7-6）。

表7-6　不同家畜对秸秆的消化率 （单位：%）

种类	家畜	消化率			
		粗蛋白	粗脂肪	粗纤维	无氮浸出物
玉米秸秆	牛	46	55	66	61
	猪	0	0	30	25
稻草	牛	5	38	71	53
	猪	0	0	18	10
小麦秸秆	牛	12	41	54	44
	猪	0	0	20	15

资料来源：中国饲料数据库，1998

秸秆消化率低的原因：一是木质素和纤维素消化率低是影响秸秆消化率的主要因素；二是秸秆的表皮膜（禾本科）和蜡质层（豆科）妨碍秸秆的消化利用；三是秸秆中纤维素分子多以"结晶型"分子存在，具有高抗蚀性。要使家畜能够利用秸秆中的纤维素，秸秆必须经过适当处理，打破"结晶型"分子力，将纤维素释放出来。

3. 消化能低

秸秆的总能含量一般为15.5~25.0 MJ/kg，与干草相近，但其消化能只有7.8~10.5 MJ/kg，比干草消化能12.5 MJ/kg低得多，也远低于其他饲料中所含的消化能值。分析表明，秸秆纤维水平及其消化率是影响消化能的主要因素。虽然秸秆的NDF含量较高，但家畜在采食时，体增热会大幅度增加，从而降低了代谢能用于维持和生产的效率。以体重40 kg左右育肥羔羊为例，其对饲料消化能的要求为17.0~18.8 MJ/kg，而秸秆中所含消化能与羔羊需要相差较多。由此看来，以秸秆为主要饲料的牛、羊等家畜，难以从中获取所需要的消化能。

二、秸秆饲料的加工技术

（一）秸秆的物理加工方法

秸秆的物理加工就是利用水、机械和热力等作用来改变秸秆的物理性状，使秸秆软化、破碎、降解，适口性提高，减少动物咀嚼时间，便于瘤胃微生物分解木质素与糖类的复合体，提高动物对秸秆饲料的消化率，进而提高单位重量秸秆饲料的利用率。同时还可消除混杂于秸秆中的泥土和沙石等有害物质。物理加工法包括机械加工、蒸煮、热喷、浸泡、压块或制粒、微波、照射等方法。

1. 机械加工

机械加工是指利用机械将粗饲料铡短、粉碎或揉搓，这是粗饲料利用最简便而又常用的方法，尤其是比较粗硬的秸秆饲料，加工后便于咀嚼，减少能耗及饲喂过程中的饲料浪费。同时，机械加工后的秸秆饲料与瘤胃微生物的接触面积大大增加，便于瘤胃微生物的降解发酵。秸秆饲料加工后易于和其他饲料配合利用，提高过瘤胃速度，增加家畜采食量。但过分地切短或粉碎处理，大大缩短了秸秆在瘤胃中的停留时间，养分来不及充分降解发酵，便进入真胃和小肠，造成纤维类物质消化率的下降和瘤胃内挥发性脂肪酸生成率发生变化。因此，秸秆饲料的切短和粉碎不但影响其本身的结构，而且对动物的生理机能也有重要影响。秸秆的切短长度和粉碎程度，根据使用目的和畜种的不同而定。一般喂牛可略长些，以 3~4 cm 为宜；马、骡、驴，2~3 cm；羊，1.5~2.5 cm，老弱和幼畜应更短些。粉碎的秸秆颗粒直径一般为 0.7~1.0 cm，如过细，在家畜胃内形成食团，马、骡易引发疝痛，牛、羊则易出现反刍停滞现象。

揉搓技术利用揉搓设备将粗硬的秸秆揉搓成柔软的丝状物后，再根据反刍家畜对粗蛋白、能量、粗纤维、矿物质、维生素等的营养需要，与精料和各种添加剂按照一定比例混合配制成全混合日粮（TMR）。TMR 技术的应用显著改善了单独饲喂农作物秸秆适口性差、消化率低的状况；便于控制生产，家畜的生产性能、饲料利用率相应提高。秸秆的水分含量、成分直接影响机械加工的精细程度、能耗及后处理过程（如酶水解）的效率。

2. 蒸煮

蒸煮可降低纤维素的结晶度，软化秸秆，增加适口性，提高消化率，是一种较早采用的调制秸秆的方法。此法主要用于饲喂种猪、育肥牛和低产乳牛。蒸煮时可采用加水直接蒸煮法或通气蒸煮法。加水直接蒸煮法是将秸秆与水按 1∶1 或 1∶1.5 的比例，同时添加少量豆饼和适量食盐，在 90℃水温条件下蒸煮 0.5~1.0 h。通气蒸煮法是将切碎的秸秆置于四周布满洞眼的通气管上，通入蒸汽蒸 20~30 min，5~6 h 后取出饲喂即可。

3. 热喷

热喷是将预先切碎的秸秆连同添加剂装入热喷机内，而后通入热饱和蒸汽，经过一定时间（1~30 min）高压处理，然后对物料突然释压，迫使物料从机内喷爆出来，从而使秸秆的结构和某些化学成分发生改变。热喷物料冷却后，即可直接饲喂家畜，也可与其他辅料混合配制成混合饲料。

处理压力：一般为 0.05~1.0 MPa；

喷放压力：一般为 0.45~1.6 MPa；

喷放速度：一般以 150~300 m/s 为宜。

4. 浸泡

浸泡的目的主要是软化秸秆，提高其适口性，便于家畜采食，并可清洗掉秸秆上泥土等杂物。同时，浸泡处理可改善饲料采食量和消化率，并提高代谢能利用效率，增加不饱和脂肪酸比例。其方法是在 100 kg 水中加入食盐 3~5 kg，将切碎的秸秆分批在桶内浸泡 24 h 左右。

浸泡秸秆喂前最好用糠麸或精料调味，每 100 kg 秸秆可加入糠麸或精料 3~5 kg，如果再加入 10%~20% 优质豆科或禾本科干草、酒糟、甜菜渣等效果更好，但切忌再补饲食盐。此法在东北地区广泛应用，效果良好。

5. 压块制粒

秸秆经粉碎后与其他辅料混合配制成块状或颗粒饲料，适口性好，便于咀嚼，使粉碎秸秆通过消化道的速度减慢，消化率提高，动物的采食量和生产性能相应提高。

颗粒饲料的大小因家畜而异。乳牛、马为 9.5~16 mm，犊牛为 4~6 mm，鸭和鹅为 4~6 mm。

将上述的 TMR 饲料颗粒化，即按照不同动物不同生长期的营养需要与揉搓成丝状的秸秆混配制成颗粒饲料，动物采食量、日增重、饲料转化率均显著提高。研究表明，采用颗粒化的 TMR 饲喂山羊，每只羊每月增重 4.6 kg，较对照组提高 50.33%；饲喂肉牛，日增重较对照提高 0.12 kg，料肉比降低 0.73。

6.微波

微波处理可降解秸秆中的木质素和半纤维素，改变植物纤维的超分子结构，使纤维素结晶区尺寸发生变化，从而提高植物纤维的酶水解效率。研究表明，经微波处理的秸秆纤维表面形态变异较大，未经微波处理的秸秆纤维表面光滑，处理后变得粗糙，并出现许多细小孔洞。

7.照射

γ射线等照射秸秆，可使秸秆的粗纤维含量减少，无氮浸出物含量增加。饲喂家畜后有机物、粗纤维和无氮浸出物的消化率提高，瘤胃挥发性脂肪酸产量增加，主要是由于照射处理增加了秸秆的水溶性物质含量，易被瘤胃微生物有效利用所致。

8.其他方法

从广义来讲，秸秆的干燥、补喂精饲料等也属于物理处理。干燥的目的是更好地保存秸秆。补喂精饲料可以改善秸秆的利用效率，但过量补喂精饲料后易引起瘤胃pH值下降、纤维分解菌数量和活性下降，从而降低秸秆的转化率。

（二）秸秆的化学加工方法

化学加工是利用酸、碱等化学物质对秸秆进行处理，降解秸秆中木质素、纤维素等难以消化的组分，使之更易被消化液和瘤胃微生物所利用，从而提高秸秆饲料的营养价值。化学加工方法包括氨化处理、碱化处理和脱木质素技术。目前大部分采用碱化处理秸秆，常用方法包括氢氧化钠处理、氢氧化钙处理和氨化处理。碱化处理主要针对粗老秸秆。不同秸秆碱化处理的效果不同，禾本科秸秆碱化效果优于豆科秸秆。这是因为禾本科秸秆中木质素和纤维素间以酯键相连，而豆科秸秆多为糖苷键相连，酯键易与碱起皂化反应而断裂，而糖苷键却不与碱发生反应。以下主要介绍氨化处理与其他碱化处理。

1.氨化处理

（1）堆垛氨化法　堆垛氨化法是指在预先铺放厚度0.2 mm左右的聚乙烯塑料薄膜上，将秸秆以散草或草捆堆成方形垛，垛顶和四周用塑料薄膜覆盖，密封或抽真空后，注入氨源进行氨化的方法。向阳、背风、平整、中部微凹及排水良好的地方适宜堆垛氨化。

通常选用的氨化剂有液氨、氨水和尿素。当用液氨处理秸秆时，用量按秸秆重量的3%计；如果以20%的氨水作氨源，一般每氨化100 kg秸秆氨水用量为11~12 kg；以尿素作氨源，一般每氨化100 kg秸秆尿素用量为4~5 kg，使用时事先将尿素配成溶液，每堆30~45 cm厚的秸秆均匀喷洒一次尿素溶液，以确保氨化效果。氨贮时间视外界气温而定，一般炎热夏季15~20 d，寒冷冬季则需30~60 d。

（2）窖池式氨化法　窖池式的氨化设施为壕、池、窖。氨化壕为长方形上壕，投资小，取料方便，一般只能使用1~2年。氨化池是水泥结构，一次性投资大，但可连续使用多。地势高燥、地下水位低的地方适宜挖氨化窖，窖口四周用土坯等砌垒高出地面0.5~1 m，以免雨水、雪水流入。氨化窖可以是传统土窖，也可以是砖和水泥修筑的永久性地下式或半地下式水泥窖。使用土窖进行氨化时，底层铺放塑料膜，且膜在窖的四周要余出1 m左右。水泥窖里可以不铺塑料膜，仅窖顶覆盖塑料膜即可。

适用于该法的氨化剂为尿素和碳酸氢铵。氨化时应清除窖池内的泥土和积水，以防秸秆中混杂泥土。将浓度为15%的氨水按每100 kg秸秆16.5 kg，或浓度为10%的尿素溶液按每100 kg秸秆35~40 kg的比例，均匀地喷洒到切碎的秸秆上，拌匀后装入窖池内，秸秆填装高度以高出窖口30~45 cm为宜。装填时应注意压实靠近窖池壁的秸秆，尽量排出秸秆中的空气。密封时要迅速，注意随时检查，发现漏氨处应及时修补。

（3）袋装氨化法　此法不需建氨化设施，贮藏、取用方便，但每千克秸秆氨化时所需塑料费用较高。氨化用塑料袋以双层为好，一般长度为2.5 m，宽1.5 m。秸秆装袋时应特别小心，以防扎破塑料袋。装完袋后，扎紧袋口，然后放置在安全地点，也可放在屋顶上。贮存期间，应经常检查是否有氨气逸出或塑料袋破损，一旦发现应重新扎紧或及时用胶带等封住。

（4）氨化炉法　秸秆氨化炉是一种密闭的粗饲料氨化设备，它可将秸秆等粗饲料进行快速氨化处理。氨化炉按其构造分为土建式氨化炉、集装箱式氨化炉和拼装式氨化炉。土建式氨化炉即用砖石建成的密闭房舍。集装箱式氨化炉采用废旧的集集箱作为炉体改建而成；拼装式氨化炉由菱苦土板（具有保温性能）等拼装而成。依照加热方式不同，氨化炉又分为电加热式、蒸汽加热式和地炕式。近年来，又研制出一种小型桶式氨化炉，氨化容量小，投资成本低，生产实用性强。

用氨化炉氨化秸秆的操作方法是将秸秆切碎打捆后置于草车中，将相当于风干秸秆质量 8%~12% 的碳酸氢铵或 5% 的尿素溶液均匀喷洒到秸秆上，将秸秆的含水量调整到 45% 左右。草车装满后推进炉内，关上炉门后加热。将炉温控制在 95℃ 左右，加热 14~15 h，再焖 5~6 h，其特点是大大缩短了氨化时间，氨化效果优于其他方法，不受天气和季节的限制。

2．其他碱化处理

（1）湿碱法　传统的湿碱法是在室温条件下，将秸秆在 1%~1.5% 的 NaOH 溶液中浸泡 10~12 h，然后用大量的清水漂洗，去除余碱。经过此法处理的秸秆有机物消化率高于氨化秸秆，如小麦秸秆的消化率较未处理组提高 20% 左右，家畜采食量增加约 17%，但漂洗使干物质损失严重（20% 左右），而且易造成水源浪费和环境污染。

改进的方法是将秸秆置于 1%~1.5% 的 NaOH 溶液中浸泡 0.5~1 h，捞出，不冲洗，空掉多余的液体，再将秸秆垛起来，放置 3~6 天，待其熟化，然后便可饲喂。为了提高秸秆的粗蛋白含量，可向溶液中加入尿素，用量为 30~35 g/kg。

近年来，生产中多采用喷洒碱水的方法，此法简便易行，便于推广，具体如下。

单纯喷洒碱液法：将秸秆切成长 2~3 cm 的小段，每千克秸秆喷洒 1kg5% 的 NaOH 溶液，喷洒均匀，边喷洒边搅拌。用于小规模饲喂生产，可行手工操作；如果大量处理秸秆，可用饲料混合机作业。当天饲喂的饲料最好在前一天进行处理。经喷洒碱化处理的秸秆呈鲜黄色，潮湿有咸味，家畜喜食，自由采食条件下较未处理组采食量提高 10%~20%。

喷洒碱液后堆放处理法：将 25%~45% 的 NaOH 溶液，均匀地喷洒在切碎的秸秆上，使用专门设计、结构类似水泥搅拌机的秸秆处理机，将碱溶液与秸秆充分而又均匀地混合在一起。秸秆经碱化处理后，堆放在通风良好的场所。经堆放发热处理后的秸秆，木质素和半纤维素的降解率可达 60%~80%，消化率提高 15% 左右。此法适用于含水量较低的原料。对于含水量较高的秸秆，常会出现堆垛发热不足、霉烂等现象。

当植株尚青绿或收获时遇雨淋，即行碱化处理的，也可用 25%~45% 的

NaOH 溶液处理，封贮保存一年。

（2）干碱法　20 世纪 70 年代初，英国、丹麦等国利用青草压粒设备，将碱化秸秆制成粒，制作过程中不冲洗氢氧化钠，而是用酸气中和。新的工业法是在一定的温度和压力作用下进行的，反应时间只有 0.5~1 min。干碱法的处理效果与温度、压力、碱的用量和反应时间等因素密切相关。一般处理条件：温度 80~100℃，压力 50~100 Pa。碱的用量以每 100 g 秸秆添加 5 g NaOH 为宜。原料含水量对颗粒坚实度有一定的影响，一般要求在 20% 左右。

（3）石灰处理　石灰处理秸秆的效果不如氢氧化钠，但具有原料来源广、价格低及不需要冲洗等优点。石灰处理可补充秸秆中的钙质，故又称为"钙化"处理。用于处理的石灰要新鲜，氧化钙的含量不能低于 90%。经石灰处理后的秸秆消化率提高 15%~20%，家畜的采食量增加 20%~30%。据 Shreck 等（2011）研究表明，采用 5% CaO 处理含水量调节至 50% 的玉米秸秆效果最好，处理后的玉米秸秆体外干物质消化率较未处理组提高 12.8%。石灰处理后，秸秆中钙的含量增加，钙、磷比例为（4~9）∶1，因此在饲喂时，应注意补充磷。

（4）复合处理法

① 氢氧化钠（或石灰）与氨混合处理。氢氧化钠（或石灰）处理秸秆，消化率提高的幅度较大，但不能增加粗蛋白的含量；氨化处理可提高粗蛋白含量，但消化率提高的幅度较小。为使处理秸秆效果达到最佳，可采用氢氧化钠（或石灰）与氨混合处理，氨源最好用尿素。氢氧化钠（或石灰）和尿素的用量均为干秸秆重的 3% 左右。处理时秸秆的含水量应调整到 35% 左右。处理方法、时间、开窖饲喂方法与秸秆氨化法相同。

有研究表明，采用 4% 尿素处理秸秆，其干物质 48 h 瘤胃消失率提高 23.03%，再添加 5% 的石灰复合处理秸秆，其干物质 48 h 胃消失率提高 70.86%。单一的碱化法或是尿素氨化均能提高干物质、ADF 和 NDF 的瘤胃降解率，但如果将两种方法相结合会取得更加明显的效果。

② 氢氧化钠与石灰混合处理。将切碎的秸秆分层铺装，每层厚 20~30 cm，分层喷洒由 1.5%~2% 氢氧化钠和 1.5%~2% 生石灰配制成的混合液，每 100 kg 干秸秆喷洒 80~120 kg 混合液，压实。经过 7~8 d 后，秸秆堆内的温度达到 35~55℃，这时秸秆呈淡绿、浅棕色，并带有新鲜青贮料的

气味。此法处理后的秸秆，粗纤维消化率可由 40% 提高到 70%。

（三）秸秆的生物学加工方法

秸秆的生物学加工方法是利用乳酸菌、酵母菌、纤维分解菌、细菌和真菌等微生物和酶对秸秆进行处理的方法，它是在秸秆饲料中接种一定量的特有菌种后进行发酵和酶解作用，使其粗纤维部分降解转化成为动物可消化利用的糖类、脂肪和蛋白质，并起到软化秸秆、改善适口性、提高营养价值和消化利用率的一种处理方式。经生物学加工的秸秆，主要用于饲喂猪和育肥牛、羊。

1.微生物处理

（1）秸秆微贮设备　制作微贮秸秆大多利用微贮窖进行。其构造简单，贮料大，成本低，可被各类大、中、小型牧场和一般养殖业所采用，微贮窖可以是地下式或半地下式的，有水泥窖（池）和土窖两种。水泥窖（池）内壁光滑坚固，不易进水漏气，密封性好，经久耐用；土窖的优点是成本低，使用时窖底通常铺一层厚塑料薄膜。从长远考虑，最好用砖和水泥砌成长方形的永久窖。微贮窖应选在土质坚硬、排水良好、地下水位低、距离畜舍近、便于操作及取用方便的处所。微贮窖最好砌成口大底小的梯形窖，斜度一般以 6°~8° 为宜，这样可以保证边角处的秸秆被压实，排气效果更好。微贮窖的贮量与秸秆质地、含水量及压实程度有关，一般小麦秸秆微贮料容量 250~300 kg/m³、水稻秸秆 300~350 kg/m³、玉米秸秆 450~500 kg/m³。

（2）秸秆微贮的微生物菌剂　秸秆微贮过程中所选用的微生物菌剂无论是单一菌种，还是混合菌种，其发酵效果均因地域条件、发酵温度、秸秆类型的不同而存在较大差异，国内外学者的研究结果（如表 7-7）。

表 7-7　不同菌种发酵秸秆效果研究

菌种	秸秆类型	发酵效果
白腐真菌	稻草	木质素的降解率平均可达 37.8%
康氏木霉和热带假丝酵母	稻草	粗蛋白增加量（绝干）达到 18.9%；粗纤维含量下降 14.6%
生化培养剂	稻草	粗蛋白含量提高 2.6%~3.4%，粗纤维含量降低 10.4%~16.6%
多种菌株双重发酵	花生壳和麦草	粗纤维降解率达 46.2%；粗蛋白含量提高 16.9%

（续表）

菌种	秸秆类型	发酵效果
酵母、白地霉和产纤维素酶菌	稻草	纤维素、半纤维素降解率分别为29.4%、17.6%
青霉、白地霉等	玉米秸秆	粗蛋白含量提高，纤维素、半纤维素降解率由38.2%下降到36.1%
海星派秸秆发酵活干菌	小麦秸秆和玉米秸秆	粗蛋白含量提高12.4%
秸秆发酵剂	玉米秸秆	粗蛋白含量11%~14%，粗脂肪含量3%~4%，有机酸提高10倍以上，各类消化酶增加4~5倍
乳酸菌和纤维素酶	早籼稻秸秆	NDF和ADF分别下降了11.7%和19.8%
乳酸菌	水稻秸秆	改善水稻秸秆青贮的发酵品质，提高饲料的营养价值

资料来源：刘海燕等，2012

此外，复合菌种较单一菌种的发酵效果好。例如，在玉米秸秆中添加一定量的纤维素酶和乳酸菌，既可降解玉米秸秆的纤维素，又可将释放的还原性糖转变为乳酸，抑制腐败菌生长，保持作物的鲜嫩和营养，同时改善适口性、提高消化率。

（3）秸秆微贮方法

①制备菌液。首先，菌种复活。将3 g秸秆发酵活干菌溶于2 000 mL水或1%白糖溶液中，经充分溶解后，在常温下放置1~2 h备用。复活菌种的用量，应根据当天所处理秸秆的数量来确定，一般上述菌液可微贮1 000 kg干秸秆。其次，菌液配制：把已经复活好的菌液加入含盐0.7%~1.0%的水溶液中，以备喷洒。

②切短秸秆。选取新鲜无霉变的秸秆，切短，一般玉米秸秆2~3 cm，小麦秸秆和水稻秸秆5~6 cm。这样易于压实，保证微贮料的质量，微贮窖的利用率相应提高。

③装窖。在微贮窖底铺放20~30 cm厚的秸秆，均匀喷洒菌液，压实，再装20~30 cm厚的秸秆，再喷洒菌液压实，如此反复。分层压实的主要目的是排出秸秆中的空气，为菌种繁殖创造厌氧条件。此环节中，秸秆的含水量是决定微贮料品质的关键因子。因此，在分层铺放秸秆的过程中，应随时注意检查、调控秸秆的含水量。一般秸秆含水量以60%~70%为宜。

④封窖。秸秆分层压实直到高出窖口40~50 cm后，在最上层均匀地撒

上一层盐，用量 $250 \ g/m^2$。然后用 $0.2\sim0.5 \ mm$ 的塑料薄膜覆盖，塑料薄膜应比窖口要大一些，薄膜上加干草和泥土，便于密封，周边挖排水沟，防止雨水渗入。

⑤ 开窖。微贮发酵好后，即可开窖取用。开窖时，应从窖的一端开始，揭开塑料薄膜，由上至下逐段垂直取用。取用完后，用塑料薄膜将窖口封严，尽量避免与大量空气接触，引起二次发酵，使秸秆发生腐烂变质。

2. 碱水解处理

酶水解处理是使用纤维素酶、半纤维素酶、葡聚糖酶等酶制剂，降解秸秆中的纤维素、半纤维素、β-葡聚糖等多糖成分为单糖，从而有效提高秸秆饲料利用率。生产中针对性地降解秸秆纤维素的复合纤维素酶通常由多种酶组成，而在酶的水解过程中主要由以下 3 种酶发挥作用。

（1）纤维素内切酶　主要作用于低结晶度的纤维素纤维，随机切断 β-1, 4- 糖苷键，将长链的纤维素分子截短，生成许多非还原性末端的小分子纤维素。

（2）纤维素外切酶　作用于纤维素线状分子末端，产物是纤维二糖。

（3）β- 葡萄糖苷酶　将纤维二糖、纤维寡糖及可溶性纤维糊精水解成葡萄糖。

此外，一些分解半纤维素的附属酶类，包括葡萄糖苷酸酶、乙酰酯酶、木糖酶、葡甘露聚糖酶等经水解作用，将半纤维素转化为一些糖类物质。研究表明，采用复合纤维素酶处理豌豆秸秆 6 h 和 12 h 后，秸秆的营养价值显著提高。为提高大豆秸秆的酶解效率，首先对秸秆进行微波预处理。条件为：微波辐射功率 $400 \ W$，辐射时间 $40 \ min$，辐射温度 $60 \ ℃$，然后进行超声辅助酶解，7 h 后酶解率达到 11.06%，酶解效率显著增加。

参考文献

本书编写委员会.2015.西藏农牧业科技发展史［M］.北京：中国农业出版社.

常根柱，时永杰.2001.优质牧草高产栽培及加工利用技术［M］.北京：中国农业出版社.

陈宝书.2001.牧草饲料作物栽培学［M］.北京：中国农业出版社.

陈桂琛，周国英，孙菁，等.2008.采用垂穗披碱草恢复青藏铁路取土场植被的实验研究［J］.中国铁道科学，29（5）：134.

陈红，王海洋，杜国桢.2003.刈割时间、刈割强度与施肥处理对燕麦补偿的影响［J］.西北植物学报（6）：969-975.

次旺多布杰.2015.西藏农牧业科技发展史［M］.1版.北京：中国农业出版社.

董宽虎，沈益新.2003.饲草生产学［M］.北京：中国农业出版社.

董世魁，蒲小鹏，胡自治，等.2013.青藏高原高寒人工草地生产－生态示范［M］.北京：科学出版社.

杜杰.2017.西藏自治区草原资源与生态统计资料［M］.1版.北京：中国农业出版社.

韩鲁佳，闫巧娟，刘向阳，等.2002.中国农作物秸秆资源及利用现状［J］.农业工程学报，18（2）：87-91.

何峰，李向林.2010.饲草加工［M］.1版.北京：海洋出版社.

胡玮，李桂花，任意，等.2011.不同碳氮比有机肥组合对低肥力土壤小麦生物量和部分土壤因素的影响［J］.中国土壤与肥料（2）：22-27.

贾玉山，玉柱.2018.牧草饲料加工与贮藏学［M］.北京：科学出版社.

李孟儒.2008.草原（草场）科学规划开发利用与改良项目建设管理及监督执法规范实施全书［M］.北京：中国农业出版社.

李新一.2010.主要优良饲草高产栽培技术手册［M］.北京：中国农业出版社.

刘海燕，邱玉朗，魏炳栋，等.2012.秸秆生物学处理研究进展［J］.中国奶牛（4）：22-25.

刘文辉，刘勇，马祥，等.2018.高寒区施肥和混播对燕麦人工草地生物碳储量影响的研究［J］.草地学报，26（5）：1 150-1 158.

刘艳楠，刘晓静，张晓磊，等.2013.施肥与刈割对不同紫花苜蓿品种生产性能的影响［J］.草原与草坪，33（3）：69-73，77.

苗彦军，徐雅梅.2008.西藏野生牧草种质资源现状及利用前景探讨［J］.安徽农业科学，36（25）：10 820.

农业部畜牧业司，国家牧草产业体系.2012.现代畜牧业生产技术手册：青藏高寒草原区［M］.北京：中国农业出版社.

青海省质量技术监督局.DB63/T 820—2009 垂穗披碱草栽培技术规程［S］.

全国畜牧总站.2018.草业生产实用技术 2017［M］.北京：中国农业出版社.

全国畜牧总站.2018.草原生态实用技术 2017［M］.北京：中国农业出版社.

全国畜牧总站编.2018.中国草业统计 2017［M］.北京：中国农业出版社.

任继周，侯扶江，胥刚.2011.放牧管理的现代化转型［J］.草业科学（10）：1 745-1 754.

任继周.2014.草业科学概论［M］.北京：科学出版社.

任清，赵世峰，田益玲.2011.燕麦生产与综合加工利用［M］.北京：中国农业科技出版社.

任长忠，胡跃高.2013.中国燕麦学［M］.北京：中国农业出版社.

日喀则草牧业发展规划（2016—2020 年）

《四川牧区人工种草》编委会编.2012.四川牧区人工种草［M］.成都：四川科学技术出版社.

四川省质量技术监督局.DB51/T 669—2007 垂穗披碱草　种子生产技术规程［S］.

孙吉雄.2000.草地培育学［M］.北京：中国农业出版社.

田宜水，孟海波.2008.农作物秸秆开发利用技术［M］.北京：化学工业出版社.

西藏自治区质量技术监督局 . DB54/T0035—2018 无公害农产品　春青稞生产技术规程［S］.

西藏自治区质量技术监督局 . DB54/T0063—2018 无公害农产品　白菜型油菜生产技术规程［S］.

西藏自治区质量技术监督局 . DB54/T0064—2018 无公害农产品　芥菜型油菜生产技术规程［S］.

西藏自治区质量技术监督局 . DB54/T0087—2015 无公害农产品　蚕豆生产技术规程［S］.

杨春，王国刚，王明利 . 2017. 我国的燕麦草生产和贸易［J］. 草业科学，34（5）：1 129-1 135.

杨世昆，苏正范 . 2009. 饲草生产机械与设备［M］. 北京：中国农业出版社 .

姚爱兴 . 2001. 饲草料加工工艺［M］. 银川：宁夏人民出版社 .

玉柱，贾玉山 . 2010. 牧草饲料加工与贮藏［M］. 北京：中国农业大学出版社 .

翟桂玉 . 2013. 优质饲草生产与利用技术［M］. 济南：山东科学技术出版社 .

张凤菊，陈海霞，何占松，等 . 2012. 9KLP-380 型秸秆饲料压块机设计［J］. 农村牧区机械化，（2）：13-14.

张秀芬 . 1992. 饲草饲料加工与贮藏［M］. 北京：中国农业出版社 .

张英俊，黄顶 . 2013. 草畜平衡模式——研究与示范［M］. 北京：中国农业大学出版社 .

张玉发，刘琳 . 2005. 草产品加工技术［J］. 中国牧业通讯（3）：24.

赵桂琴，慕平，魏黎明 . 2007. 饲用燕麦研究进展［J］. 草业学报，16（4）：116-125.

赵桂琴，师尚礼 . 2004. 青藏高原饲用燕麦研究与生产现状、存在问题与对策［J］. 草业科学（11）：17-21.

赵桂琴 . 2016. 饲用燕麦及其栽培加工［M］. 北京：科学出版社 .

中国畜牧业协会 . T/CAAA 002—2018 燕麦　干草质量分级［S］.

中国畜牧业协会 . T/CAAA 003—2018 青贮和半干青贮饲料　紫花苜蓿［S］.

中华人民共和国农业部 . NY/T 1343—2007 草原划区轮牧技术规程［S］.

中华人民共和国农业部 . 2015. NY/T 635—2015 天然草地合理载畜量的计算

［S］. 北京：中国标准出版社.

周禾，董宽虎，孙洪仁. 2004. 农区种草与草田轮作技术［M］. 北京：化学工业出版社.

周青平. 2014. 高原燕麦的栽培与管理［M］. 南京：江苏凤凰科学技术出版社.

邹平，拉琼，魏军. 2009. 西藏野生披碱草属牧草（*Elymus nutans*）栽培试验研究［J］. 西藏大学学报（自然科学版），24（2）：43.

Shreck A L, Buckner C D, Erickson G E, et al. 2011. Digestibility of Crop Residues After Chemical Treatment and Anaerobic Storage[R].

ICS 65.020.01
B 40

中华人民共和国农业行业标准

NY/T 635—2015
代替 NY/T635—2002

天然草地合理载畜量的计算

Calculation of rangeland carrying capacity

2015-05-21 发布   2015-08-01 实施

中华人民共和国农业部 发布

前　　言

本标准按照 GB/T1.1—2009 给出的规则起草。

本标准代替 NY/T635—2002《天然草地合理载畜扯的计算》。与 NYIT635—2002 相比，除编辑性修改外，主要技术变化如下：

——删除了 8 个术语；

——修改了羊单位定义，将"1 只体重 50kg 并哺半岁以内单羔，日消耗 1.8kg 标准干草的成年母绵羊"为 1 个羊单位，改为"1 只体重 45kg、H 消耗 1.8kg 草地标准干草的成年绵羊"为 1 个羊单位。

——修改了草地产草蓄的测定与计算，增加了遥感估产测定产草扯的内容，删除了产草扯年变率的内容删除了割草地使用率及割草地轮割使用的产草量计算，修改不同草地类荆牧草再生率；

——修改了草地标准干草折算系数，将标准干草折算系数由幅度值修改为固定值。

——优化、合并了计算公式，由原 18 个计算公式缩减、合并为 7 个计算公式。

——删除了由时间单位表示的草地合理载畜扯的计算。

——删除了草地类型的合理承载量计算。

——将附录现存家畜的折算放入正文。修改了绵羊、山羊、黄牛、水牛、马、骆驼等家畜换算成羊单位的折算系数，减少了家畜体重分类档次数，增加了畜种体重级别的代表性品种。

本标准由农业部畜牧业司提出。

本标准由全国畜牧业标准化技术委员会（SAC/TC274）归口。

本标准起草单位：中国科学院地理科学与资源研究所、农业部草原监理中心、全国畜牧总站。

本标准起草人：苏大学、杨智、负旭疆。

本标准的历次版本发布情况为：

—NY/T635—2002。

天然草地合理载畜量的计算

1 范围

本标准规定了天然草地的合理载畜量及其计算指标和方法。

本标准适用于计算各类天然草地的合理载畜量。

2 规范性引用文件

下列文件对于本文件的应用是必不可少的。凡是注日期的引用文件，仅注日期的版本适用于本文件。凡是不注日期的引用文件，其最新版本（包括所有的修改单）适用于本文件。

NY/T1233—2006 草原资源与生态监测规程

3 术语和定义

下列术语和定义适用千本文件。

3.1 可食牧草产量 edible forage yield

除毒草及不可食草以外，草地地上生物量的总和（含饲用灌木和饲用乔木之嫩枝叶）。

3.2 牧草再生率 forage regrowth percentage

草地首次达到盛草期最高产草量进行放牧或刈割后，牧草继续生长的地上生物量占首次盛草期地上最高生物量的百分比。

3.3 草地合理利用率 proper utilization rate of rangeland

为维护草地生态良性循环，在既充分合理利用又不发生草地退化的放牧（或割草）强度下，可供利用的草地牧草产草量占草地牧草年产草量的百分比。

3.4 标准干草 standard hay

禾本科牧草为主的温性草原或山地草甸草地，于盛草期收割后含水量为14%的干草。

3.5　标准干草折算系数 conversion coefficient of standard hay

不同地区、不同品质的草地牧草，折合成含等量营养物质的标准干草的折算比例。

3.6　羊单位 sheep unit

1只体重45kg、日消耗1.8kg标准干草的成年绵羊，或与此相当的其他家畜。

3.7　合理载畜量 carrying capacity

一定的草地面积，在某一利用时段内，在适度放牧（或割草）利用并维持草地可持续生产的前提下，满足家畜正常生长、繁殖、生产的需要，所能承载的最多家畜数量。合理载畜量又称理论载畜量。

3.8　实际载畜量 stocking rate

一定面积的草地，在一定的利用时间段内，实际承养的家畜数量。

4　草地产草量的测定与计算

4.1　草地地上生物量测定

4.1.1　北方草地可以在盛草期产草植达到最高峰时，一次性测定草地地上部生物量。同步使用遥感数据估测草地产草量，测定按 NY/T1233—2006 中的第6.3.1条执行。

4.1.2　南方草地、枯草期草地、低覆盖度草地，使用不同草地类型地上生物量结合草原面积计算。南亚热带和热带草地地上生物量的测定，按表1规定的测定次数和时间测定。

4.2　牧草再生率的确定

再生牧草产草量应计入草地可食产草量，草地牧草再生率见表1。

表1　不同热量带和不同类型草地的牧草再生率

单位为百分率

草地类型	牧草再生率	草地类型	牧草再生率
中亚热带草地	40	温带草原和温带草甸草地	15
北亚热带草地	30	温带荒漠、寒温带草地	5
暖温带次生草地	20	山地亚寒带的高寒草地	0

注1:南亚热带单地牧草再生率,在盛草期首次刈割测产后,于8月末和11月中旬二次刈割实测确定;热带草地牧草再生率,在盛草期首次刈割测产后,于8月上旬、10月上旬、11月末三次刈割实测确定。

注2:生长期内不利用的草地,再生率为0。

4.3 生长季可食牧草产量计算

4.3.1 可食牧草单产计算

可食牧草单产按式(1)计算。

$$Y_1 = Y_m \times (1 + G) \cdots\cdots\cdots\cdots\cdots\cdots\cdots\cdots\cdots (1)$$

式中:

Y_1——可食牧草单产,单位是千克每公顷(kg/hm^2);

Y_m——首次盛草期单产,单位是千克每公顷(kg/hm^2);

G——牧草再生率,单位是百分率(%)。

4.3.2 一定面积草地可食牧草产量计算

一定面积草地可食牧草产量按式(2)计算。

$$Y = Y_1 \times S \cdots\cdots\cdots\cdots\cdots\cdots\cdots\cdots (2)$$

式中:

Y——一定面积草地可食牧草产量,单位是千克(kg);

S——草地面积,单位是公顷(hm^2)。

4.4 枯草期可食牧草产呈的测定与计算

4.4.1 枯草期可食牧草产量的测定

冷季草地地上生物量采用地面样地测定法,在枯草期的中期一次性测定,按 NY/T 1233—2006 中的附录 D 中第 D.1.2 条款执行。

4.4.2 冷季草地可食牧草产量的计算

将一次性测定的枯草期地上生物械扣除毒草和不可食草。

5 草地合理利用率和标准干草的计算

5.1 草地合理利用率

5.1.1 不同草地的合理利用率见表2。

表 2 草地合理利用率

单位为百分率

华地类型	暖季放牧利用率	春秋季放牧利用率	冷季放牧利用率	四季放牧利用率
低地草甸类	50~55	40~50	60~70	50~55
温性山地草甸类、高寒沼泽化草甸亚类	55~60	40~45	60~70	55~60
高寒草甸类	55~65	40~45	60~70	50~55
温性草甸草原类	50~60	30~40	60~70	50~55
温性草原类、高寒草甸草原类	45~50	30~35	55~65	45~50
温性荒漠草原类、高寒草原类	40~45	25~30	50~60	40~45
高寒荒漠草原类	35~40	25~30	45~55	35~40
沙地草原（包括各种沙地温性草原和沙地高寒草原）	20~30	15~25	20~30	20~30
温性荒漠类和温性草原化荒漠类	30~35	15~20	40~45	30~35
沙地荒漠亚类	15~20	10~15	20~30	15~20
高寒荒漠类	0~5	0	0	0~5
暖性草丛、灌草丛草地	50~60	45~55	60~70	50~60
热性草丛、灌草丛草地	55~65	50~60	65~75	55~65
沼泽类	20~30	15~25	40~45	25~30

注 1：采用小区轮牧利用方式的草地，其利用率取利用率上限；采用连续自由放牧利用方式的草地，其利用率取下限。

注 2：轻度退化草地的利用率取表中利用率的 80%；中度退化草地的利用率取表中利用率的 50%；严重退化草地停止利用，实行休割、休牧或禁牧。

5.1.2 割草地的牧草利用率按齐地面剪割实测产草蓄的 85% 计算。

5.2 标准干草的折算

各类型草地牧草的标准干草折算系数见表3。

表3　草地标准干草折算系数

草地类型	折算系数	草地类型	折算系数
禾草温性草原和山地草甸	1.00	禾草高寒草甸	1.05
暖性草丛、灌草丛草地	0.85	禾草低地草甸	0.95
热性草丛、灌草丛草地	0.80	杂类草草甸和杂类草沼泽	0.80
嵩草高寒草甸	1.00	禾草沼泽	0.85
杂类草高寒草地和荒漠草地	0.90	改良草地	1.05
禾草高寒草原	0.95	人工草地	1.20

5.3　可利用标准干草量计算

可利用标准干草量按式（3）计算。

$$F = Y \times U \times H \quad\cdots\cdots\cdots\cdots\cdots\cdots\cdots\cdots（3）$$

式中：

F——一定面积草地可合理利用标准干草蓄，单位是千克（kg）；

U——草地合理利用率，单位是百分率（%）；

H——草地标准干草折算系数。

5.4　单位面积草地可利用标准干草量的计算

单位面积草地可利用标准干草按式（4）计算。

$$F_1 = \frac{F}{S} \quad\cdots\cdots\cdots\cdots\cdots\cdots\cdots\cdots（4）$$

式中：

F_1——单位面积草地可合理利用标准干草量，单位是千克每公顷（kg/hm^2）；

S——草地面积，单位是公顷（hm^2）。

6　草地合理载畜量的计算

6.1　不同利用时期草地合理载畜量的计算

6.1.1　合理载畜量的家畜单位计算

单位面积草地合理载畜量按式（5）计算。

$$A_1 = \frac{F_1}{I \times D} \quad\cdots\cdots\cdots\cdots\cdots\cdots\cdots（5）$$

式中：

A_1——单位面积草地合理载畜量，单位是羊单位每公顷（羊单位 /hm²）；

I——1 羊单位日食量，值为 1.8 kg/（羊单位·日）；

D——放牧天数，或从割草地刈割牧草饲喂家畜的天数，单位是日（d）。

6.1.2　合理载畜量的面积单位计算

1 羊单位合理载畜最所需草地面积按式（6）计算。

$$S_1 = \frac{I \times D}{F_1} \quad\cdots\cdots\cdots\cdots\cdots\cdots\cdots\cdots\cdots\cdots\cdots\cdots\cdots (6)$$

式中：

S_1——1 羊单位合理载畜量所需草地面积，单位是公顷（hm²）。

6.2　区域草地全年总合理载畜量的计算

6.2.1　计算方法

在一定区域、特别是较大区域内，草地类型、利用方式复杂多样，不同地块草地利用时段和利用天数不同，各地块间的合理载畜量不能进行简单相加计算，需要统一到相同放牧时间进行加权计算。区域草地全年总合理载畜量按式（7）计算。

$$A_y = \frac{A_w \times D_w}{365} + \frac{A_s \times D_s}{365} + \frac{A_c \times D_c}{365} + \frac{A_h \times D_h}{365} + A_f \quad\cdots\cdots\cdots (7)$$

式中：

A_y——区域内全部草地全年总合理载畜量，单位是羊单位；

A_w——暖季放牧草地合理载畜量，单位是羊单位；

D_w——暖季放牧草地利用天数，单位是日（d）；

A_s——春秋季放牧草地合理载畜量，单位是羊单位；

D_s——春秋季放牧草地利用天数，单位是日（d）；

A_c——冷季放牧草地合理载畜量，单位是羊单位；

D_c——冷季放牧草地利用天数，单位是日（d）；

A_h——割草地刈割牧草饲喂牲畜数量，单位是羊单位；

D_h——割草地刈割牧草饲喂牲畜天数，单位是日（d）；

A_f——四季放牧利用草地合理载畜量，单位是羊单位。

6.2.2 日期限定

计算全年草地总合理载畜量，对各种草地利用期的取值如下：

a）无割草地、放牧草地按冷、暖二种季节转场放牧的草地区域，其冷季和暖季放牧期之和必须为 365 d；

b）无割草地、放牧草地按冷季、暖季、春秋季二种季节转场放牧的草地区域，其冷季、暖季、春秋季三种季节放牧期之和必须为 365 d；

c）季节放牧草地和割草地的区域，其区域内各季节放牧草地的放牧天数与区域内割草地牧草可投饲的天数之和必须为 365 d。

7 区域草地实际载畜量的计算

7.1 计算方法

按表 4 和表 5 将区域内草地实际承载的不同牲畜折算为标准羊单位相加。暖季草地实际载畜员为当年 6 月 30 日草地家畜存栏数。冷季草地实际载畜琵为当年 12 月 31 日草地家畜存栏数。全年利用草地实际载畜量为冷、暖季实际载畜昼与其放牧时间占全年时间的比例相加。其他利用时期草地的实际载畜量，按该草地利用截止时的草地实际载畜量计算。

7.2 折算系数

成年畜按表 4 的标准家畜单位折算系数换算；幼畜先按表 5 的折算系数换算为同类家畜的成年畜，然后按表 4 换算为标准家畜单位。

表 4　各种成年家畜折合为标准家畜单位的折算系数

畜种	体重 kg	羊单位 折算系数	代表性品种
绵羊	大型： >50	1.2	中国美利奴羊（军垦型、科尔沁型、吉林型、新疆型）、敖汉细毛羊、山西细毛羊、甘肃细毛羊、鄂尔多斯细毛羊、进口细毛羊和半细毛羊及 2 代以上的高代杂种、阿勒泰羊、哈萨克羊、大尾寒羊、小尾寒羊、乌珠穆沁羊、塔什库尔干羊

（续表）

畜种	体重 kg	羊单位 折算系数	代表性品种
绵羊	中型： 40~50	1.0	巴音布鲁克羊、藏北草地型藏羊、中国卡拉库尔羊、兰州大尾羊、广灵大尾羊、蒙古羊、高原型藏羊、滩羊、和田羊、青海高原半细毛羊、欧拉羊、同羊、柯尔克孜羊
	小型： <40	0.8	雅鲁藏布江型藏羊、西藏半细毛羊、贵德黑羔皮羊、云贵高原小型山地型绵羊、湖羊
山羊	大型： >40	0.9	关中奶山羊、捞山奶山羊、雅安奶山羊、辽宁绒山羊
	中型： 35~40	0.8	内蒙古山羊、新疆山羊、亚东山羊、雷州山羊、龙凌山羊、燕山无角山羊、马头山羊、阿里绒山羊
	小型： <35	0.7	中卫山羊、济宁山羊、成都麻羊、西藏山羊、柴达木山羊、太行山山羊、陕西白山羊、槐山羊、贵州白山羊、福青山羊、子午岭黑山羊、东山羊、阿尔巴斯绒山羊
黄牛	大型： >500	8.0	进口纯种肉用型牛、短角牛、西门塔尔牛、黑白花牛、中国草原红牛、三河牛、进口大型肉用型牛和兼用品种的二代以上高代杂种牛
	中型： 400~500	6.5	秦川牛、南阳牛、鲁西牛、晋南牛、延边牛、荡脚牛、进口肉用及兼用型品种低代杂种
	小型： <400	5.0	蒙古牛、哈萨克牛、新疆褐牛、关岭牛、海南高峰牛、大别山牛、邓川牛、湘西黄牛、西藏黄牛、华南黄牛、南方山地黄牛
水牛	大型： >500	8.0	上海水牛、海子水牛、摩拉水牛和尼早水牛及其高代杂种等
	中型： 400~500	7.0	滨湖水牛、江汉水牛、德昌水牛、兴隆水牛、德宏水牛、摩扑水牛和尼里水牛的低代杂种
	小型： <400	6.0	温州水牛、福安水牛、信阳水牛、西林水牛及其他南方山地品种水牛
牦牛	大型： >350	5.0	横断山型牦牛、玉树牦牛、九龙牦牛、大通牦牛
	中型： 300~350	4.5	青海高原型牦牛、西藏牦牛
	小型： <300	4.0	藏北阿里牦牛、新疆牦牛

（续表）

畜种	体重 kg	羊单位折算系数	代表性品种
马	大型：>370	6.0	伊犁马、三河马、山丹马、铁岭马
	中型：300~370	5.5	蒙古马、哈萨克马、河曲马、大通马
	小型：<300	5.0	藏马建昌马、丽江马、乌蒙马、云贵高原小型山地马
驴	大型：>200	4.0	关中驴、德州驴、佳米驴
	中型：130~200	3.0	凉州驴、庆阳驴、汝阳驴、晋南驴
	小型：<130	2.5	西藏驴、新疆驴、内蒙古驴
骆驼	大型：>570	9.0	阿拉善驼、苏尼特驼
	小型：<570	8.0	新疆驼、帕米尔高原驼、柴达木驼

表5　幼畜折合为同类成年畜的折算系数

畜种	幼畜年龄	相当于同类成年家畜当量
绵羊、山羊	断奶前羔羊	0.2
	断奶~1岁	0.6
	1岁~1.5岁	0.8
马、牛、驴	断奶~1岁	0.3
	1岁~2岁	0.7
骆驼	断奶~1岁	0.3
	1岁~2岁	0.6
	2岁~3岁	0.8

ICS 65.020.40
B 61

中华人民共和国农业行业标准

NY/T 1343 — 2007

草原划区轮牧技术规程

Technical Rule for Rangeland Rotational

2007-04-17 发布   2007-07-01 实施

中华人民共和国农业部 发布

前　言

本标准附录 A 和附录 B 是资料性附录。

本标准由中华人民共和国农业部提出。

本标准起草单位：内蒙古草原勘察设计院、全国畜牧兽医总站。

本标准主要起草人：邢旗、员旭疆、双全、黄国安、余鸣、马金星、金玉、倪小光、李晓芳。

草原划区轮牧技术规程

1 范围

本标准规定了草原划区轮牧的相关指标和设计管理方案。

本标准适用于天然草原。

2 规范性引用文件

下列文件中的条款通过本标准的引用而成为本标准的条款。凡是注日期的引用文件，其随后所有的修改单（不包括勘误的内容）或修订版均不适用于本标准，然而，鼓励根据本标准达成协议的各方研究是否可使用这些文件的最新版本。凡是不注日期的引用文件，其最新版本适用于本标准。

NY/T 1237　草原围栏建设技术规程

3 术语和定义

下列术语和定义适应于本标准。

3.1 划区轮牧 Rotational Grazing

草畜平衡前提下，有计划地将季节放牧草原分成若干个轮牧小区，按照一定的顺序逐区放牧采食、轮回利用的放牧制度。

3.2 载畜量 Carrying capacity

在一定的草原面积内，在适度放牧（可配合割草）利用并维持草场可持续生产的条件下，能满足放牧家畜生长、繁殖和生产需要，所能承养的家畜头数和时间。

3.3 轮牧草原利用率 Rotational grassland utilization rate

适宜放牧条件下，草原放牧利用最占牧草产草量的百分比。

3.4 季节放牧草原 Seasonal grazing rangeland

根据放牧原的气候、地形、植被、水源等条件，将其划分为二季、三季或四季放牧草原。

3.5 放牧时期 Grazing period

草原在牧草生长季适宜被家畜放牧利用的开始至终止时间。

3.6 轮牧周期 rotation grazing cycle

一次轮流放牧全部轮牧小区所需要的时间。

3.7 放牧频率 Grazing frequency

各轮牧小区一个放牧时期内可轮回放牧利用的次数。

放牧频率 = 放牧时期（天数）/ 轮牧周期（天数）

3.8 小区放牧天数 Grazing days for each plot

各轮牧小区一个轮牧周期内可放牧利用的天数，根据岸原类型、牧草再生率确定小区放牧天数。

小区放牧天数 = 轮牧周期（d）/ 小区数目（个）

3.9 轮牧小区数目 Number of rotational grazing plots

一个放牧单位划分的轮牧小区数，由放牧周期和小区内放牧天数所决定。

4 轮牧设计

4.1 轮牧面积

以单户或联户已承包到户的草场为单位，利用测量工具勘察标定草场界限并计算面积。

4.2 估算草原载畜量

4.2.1 测定天然放牧草原牧草产量

用样方法描述植物群落特征，测定轮牧区可食牧草产量，确定草原类型和生产力。

4.2.2 测定人工饲草料地和打储草产量

测定人工饲草料地和打草场的单位面积产草量，根据其面积计算饲草料总储量。

4.2.3 调查牧户家畜数量、畜种、畜群结构

详细调查牧户饲养家畜种类、畜群数量及幼畜、成年畜、母畜的数量和比例。

4.2.4　划分季节放牧场及计算载畜量

根据牧户放牧草场、人工饲草料地、打储草提供的饲草总产量划分季节放牧草场，计算草场总载畜量，并计算轮牧草场的载畜量（加该类型草场通过划区轮牧后提高的载畜量）。按不同季节牧草产量及打储草所提供的饲草散，与牧户现有载畜量所需饲草进行比较，达到草畜平衡。

4.3　季节放牧草场面积计算

$$各季节放牧阜场所需面积 = \frac{羊单位（AU）\times 日食量（kg/d \cdot AU）\times 放牧天数（d）}{牧草产量（kg/hm^2）\times 草原利用率（\%）}$$

4.4　轮牧小区的确定

4.4.1　小区数目

季节放牧草原面积确定后，根据轮牧周期、放牧天数计算轮牧小区数目。

4.4.2　后备小区

另设 1 个 ~3 个后备小区，以备灾年放牧，平年、丰年放牧或打草，或用于草原改良。

4.4.3　小区面积

$$小区面积 = \frac{季节放牧草场面积（hm^2）}{小区数目（个）}$$

4.4.4　小区形状

小区形状是在小区面积确定的前提下，为长方形或正方形，其长宽比例为 3∶1、2∶1 或 1∶1。

4.4.5　确定轮牧终牧、始牧期

始牧期是指牧草返青后，单位面积牧草产量达到单位面积草场产草鼠的 15%~20% 时为始牧期。

终牧期是指牧草停止生长，单位面积草场现存量占单位面积草场产草量的 20%~25% 时为终牧期。

4.5　活动轮牧小区

牧草再生率高时，轮牧小区内可设活动围栏，在活动轮牧小区内进行日粮放牧。

5 编制划区轮牧设计图

利用大比例尺地形图、全球定位仪（GPS）或其他测撼工具确定草原边界，测出轮牧区内建筑物及水井等固定基础设施的准确位置，并在实地绘制草图。在室内用几何法等分各小区面积，并将基础设施布设于合理的位置，同时编制出大比例尺设计图。

6 轮牧草原基础设施设计

6.1 围栏

轮牧区围栏建设采用 NY/T 1237 草原围栏建设技术规程。

6.2 牧道及门位

牧道宽度根据放牧家畜种类、数量而定，宽度为（5m~15m），尽量缩短牧道长度。

门位的设置要尽量减少家畜进出轮牧区游走时间，既不可绕道进入轮牧区，同时也要考虑水源的位置。

6.3 饮水设施

6.3.1 供水

轮牧小区内可设置管道供水系统或车辆供水，轮牧小区内根据家畜数量设置饮水槽。

6.3.2 饮水

给轮牧家畜供水要按时按点，保证水槽内有足蜇的水，保证家畜夏季每天饮水 3 次 ~2 次，冬季每天 2 次 ~1 次。

6.4 布设营养娇砖、擦痒架、遮阳设施

轮牧小区布设适量营养舔砖，畜群及时补盐。根据实际情况及家畜数量每小区内可设置擦痒架及遮阳棚。

7 轮牧管理方案

7.1 制定畜群轮牧计划

依照放牧草原轮牧设计方案，根据草原类型、牧草再生率，确定轮牧周期、轮牧频率、小区放牧天数、始终轮牧期、轮牧畜群的饮水、补盐及疾病

防治等日常管理方案。以单户或联户为一个单位，制定畜群轮牧计划。草原返青后开始轮牧时地上生物最少，因此，第一个轮牧周期放牧天数适当缩短。

7.2 制定放牧小区轮换计划

放牧小区轮换是按每一放牧单位中的各轮牧小区，每年的利用时间、利用方式按一定规律顺序变动，周期轮换，使其保持长期的均衡利用。

7.3 制定饲草料生产及储备计划

根据饲养家畜存栏数量、畜群结构来计算冷季需饲草料量。按冷季草场、打草场及人工饲草料地提供饲草料，及时足额储备。储备饲草料时充分考虑灾年及春季休牧时的饲草料供给。

7.4 不同季节、年份畜群补饲计划

平年只在冬春季补饲，根据冬春季草场的牧草保存量，精、粗料搭配补饲。灾年冷季、暖季都需要补饲，据灾情轻、重调整草畜关系，统筹计划补饲量。

7.5 制定畜群保健计划

畜群保健以疾病预防为主，采取防治并重的原则。春秋两季驱虫、药浴各一次，发现畜群中病畜及时治疗对症下药。

7.6 轮牧基础设施管护制度

对围栏及饮水设施要定期检查，围栏松动或损坏时要及时进行维修，防止畜群放牧时穿越围栏。饮水设施有破损要及时检修，轮牧区休牧时排空管道供水系统中的存水，饮水槽等设施妥善保管以备来年使用。

7.7 轮牧草原利用情况公示制度

将轮牧草原类型、产草量、适宜载畜量、放牧天数、各小区轮牧日期、草原所有者等基本情况制牌公示，便于监督管理。

附　录 A
（资料性附录）

表 A.1　不同类型草原划区轮牧设计主要技术参数

草地类型	放牧频率（次）	小区放牧天数（d）	轮牧周期（d）
温性草甸草原类	3~4	3~5	30~40
温性典型草原类	2~3	5~8	50~75
温性荒漠草原类	2	6~12	75~80
高寒草原类	2	6~10	75~90
温性草原化荒漠类	2	6~10	75~90
低地草甸类	3~4	3~5	30~40
山地草甸类	3~4	3~5	30~40
高寒草甸类	2	6~12	75~80
热性草丛、灌草丛	9~12	2~4	30~40
暖性草丛、灌草丛	8~11	2~4	35~45

附　录 B
（资料性附录）

表 B.1　不同类型草原牧草生长时期利用率

草地类型	牧草利用率（%）	草地类型	牧草利用率（%）
温性草甸草原类	65~70	低地草甸类	60~65
温性典型草原类	60~65	山地草甸类	65~70
温性荒漠草原类	50~55	高寒草甸类	50~55
高寒草原类	50~55	热性草丛、灌草丛	70~75
温性草原化荒漠类	45~50	暖性草丛、灌草丛	65~70

ICS 65.120
B 25

团 体 标 准

T/CAAA 002—2018

燕麦　干草质量分级

Oats　Hay Quality Grade

2018-04-16发布 　　　　　　　　　　　　2018-04-16实施

中国畜牧业协会　发布

前　言

本标准按照 GB/T 1.1—2009 给出的规则起草。本标准由中国畜牧业协会提出并归口。

本标准起草单位：中国农业大学、中国畜牧业协会草业分会。本标准主要起草人：李志强、艾琳、张海南。

本标准为首次发布。

燕麦 干草质量分级

1 范围

本标准规定了燕麦干草的质量标准、检测方法以及质量分级判定规则。
本标准适用于国产和进口燕麦干草。

2 规范性引用文件

下列文件对于本文件的应用是必不可少的。凡是注日期的引用文件，仅
注日期的版本适用于本文件。凡是不注日期的引用文件，其最新版本（包括
所有的修改单）适用于本文件。

GB/T 6432 饲料中粗蛋白测定方法

GB/T 6435 饲料中水分和其他挥发性物质含量的测定

GB/T 20806 饲料中中性洗涤纤维（NDF）的测定

NY/T 1459 饲料中酸性洗涤纤维的测定

NY/T 2129 饲草产品抽样技术规程

3 术语和定义

下列术语和定义适用于本文件。

3.1 燕麦干草 oat hay

以单播燕麦草（包括皮燕麦和裸燕麦）为原料，经刈割干燥和打捆后形
成的捆形产品。

3.2 A型燕麦干草 A type oat hay

一种燕麦干草产品类型。特点是含有8%以上的粗蛋白质（干物质基
础），部分可达到14%以上。主要产自我国内蒙古阿鲁科尔沁旗、内蒙古通
辽市、内蒙古乌兰察布市、河北坝上地区、吉林省白城市、黑龙江省、甘肃
省定西市等产区以及美国、加拿大等国。

3.3　B 型燕麦干草 B type oat hay

一种燕麦干草产品类型。特点是含有 15% 以上的水溶性碳水化合物（即 Water Soluble Carbohydrate，WSC，干物质基础），部分可达到 30% 以上。主要产自我国甘肃省山丹县、青海省黄南州等产区以及澳大利亚等国。

4　技术要求

4.1　感官要求

燕麦干草要求表面绿色或浅绿色，因日晒、雨淋或贮藏等原因导致干草表面发黄或失绿的，其内部应为绿色或浅绿色。无异味或有干草芳香味。无霉变。

4.2　化学指标

A 型和 B 型燕麦干草化学指标应分别符合表 1 和表 2 的要求。

表 1　A 型燕麦干草质量分级

化学指标	等级			
	特级	一级	二级	三级
中性洗涤纤维，%	< 55.0	≥ 55.0，< 59.0	≥ 59.0，< 62.0	≥ 62.0，< 65.0
酸性洗涤纤维，%	< 33.0	≥ 33.0，< 36.0	≥ 36.0，< 38.0	≥ 38.0，< 40.0
粗蛋白质，%	≥ 14.0	≥ 12.0，< 14.0	≥ 10.0，< 12.0	≥ 8.0，< 10.0
水分，%	≤ 14.0			
注：中性洗涤纤维、酸性洗涤纤维、粗蛋白质含量均为干物质基础。				

表 2　B 型燕麦干草质量分级

化学指标	等级			
	特级	一级	二级	三级
中性洗涤纤维，%	< 50.0	≥ 50，< 54.0	≥ 54.0，< 57.0	≥ 57.0，< 60.0
酸性洗涤纤维，%	< 30.0	≥ 30.0，< 33.0	≥ 33.0，< 35.0	≥ 35.0，< 37.0
水溶性碳水化合物，%	≥ 30.0	≥ 25.0，< 30.0	≥ 20.0，< 25.0	≥ 15.0，< 20.0
水分，%	≤ 14.0			
注：中性洗涤纤维、酸性洗涤纤维、水溶性碳水化合物均为干物质基础。				

5 检测方法

5.1 抽样

按 NY/T 2129 的规定执行。

5.2 水分含量

按 GB/T 6435 的规定执行。

5.3 粗蛋白含量

按 GB/T 6432 的规定执行。

5.4 中性洗涤纤维含量

按 GB/T 20806 的规定执行。

5.5 酸性洗涤纤维含量

按 NY/T 1459 的规定执行。

5.6 水溶性碳水化合物含量

参考附录 A 执行。

6 质量分级判定规则

6.1 符合感官要求后，再根据化学指标定级。不符合感官要求的为不合格产品。

6.2 A 型燕麦干草以中性洗涤纤维、酸性洗涤纤维、粗蛋白质三个指标确定等级。三个指标分别找对应等级，样品等级以三者中较低等级为准。

6.3 B 型燕麦干草以中性洗涤纤维、酸性洗涤纤维、水溶性碳水化合物三个指标确定等级。三个指标分别找对应等级，样品等级以三者中较低等级为准。

附录 A
（资料性附录）

水溶性碳水化合物的测定方法

蒽酮－硫酸法。在浓硫酸溶液中，水溶性碳水化合物先脱水为糖醛或羟基糖醛，再与蒽酮反应生成蓝绿色化合物。其颜色与含糖量成正比，吸收峰波长为 640 nm。

操作步骤：

1 标准曲线的建立

取葡萄糖配制成 0.0、20.0、30.0、40.0、60.0、80.0、100μg/mL 七种不同浓度梯度的标准液。向每支试管中加入 2 mL 标准液，空白为 2 mL 蒸馏水；向每支试管中加入 6.0 mL 的蒽酮试剂，摇匀，迅速浸于冰水浴中冷却；各管加完后一起浸于沸水浴中，管口加盖，防止蒸发。将混合液混匀，在 100℃水浴中加热显色反应 5min；冷却后，640 nm 波长下比色。

以吸光度和标准液浓度为坐标轴建立标准曲线，拟合计算方程。

2 样品处理

称取磨碎燕麦干草粉样品 0.5g，用少量 80％乙醇冲入带塞试管中，使体积在 7 mL 左右，盖上塞子，置于 80℃水浴中提取 30 min，取出冷却后转入 50 mL 容量瓶中，稀释至刻度，摇匀后静置，取上清液稀释合适倍数至 2 mL，置于 100℃水浴中 5 min 做待测液；

3 测定

640 nm 下比色，按标准曲线所述步骤，测定沸水显色后溶液的吸光度。用标准曲线获得每 2 mL 待测液中的微克数，再计算出水溶性碳水化合物的含量。

ICS 65.120
B 25

团 体 标 准

T/CAAA 002—2018

青贮和半干青贮饲料　紫花苜蓿

Silage and Haylage　Alfalfa

2018-04-16 发布　　　　　　　　　　　　　2018-04-16 实施

中国畜牧业协会　发布

前　　言

本标准按照 GB/T 1.1—2009 给出的规则起草。本标准由中国畜牧业协会提出并归口。

本标准起草单位：中国农业大学、沈阳农业大学、中国畜牧业协会草业分会。本标准主要起草人：玉柱、吴哲、白春生、张英俊、杨富裕、艾琳、张海南。本标准为首次发布。

青贮和半干青贮饲料 紫花苜蓿

1 范围

本标准规定了紫花苜蓿青贮和半干青贮饲料的质量标准、检测方法以及质量分级判定规则。

本标准适用于以紫花苜蓿为原料调制的青贮饲料和半干青贮饲料。

2 规范性引用文件

下列文件对于本文件的应用是必不可少的。凡是注日期的引用文件，仅注日期的版本适用于本文件。凡是不注日期的引用文件，其最新版本（包括所有的修改单）适用于本文件。

GB/T 6432 饲料中粗蛋白测定方法

GB/T6435 饲料中水分和其他挥发性物质含量的测定

GB/T 6438—2007 饲料中粗灰分的测定

GB/T 6682 分析实验室用水规格和试验方法

GB 10468 水果和蔬菜产品 pH 值的测定方法

GB/T 20195 动物饲料 试样的制备

GB/T 20806 饲料中中性洗涤纤维（NDF）的测定

NY/T 1459 饲料中酸性洗涤纤维的测定

NY/T 2129 饲草产品抽样技术规程

中华人民共和国农业部公告第 318 号 饲料添加剂品种目录

3 术语和定义

3.1 青贮饲料 silage

将饲草原料放置在密闭缺氧条件下贮藏，通过乳酸菌的发酵作用，抑制各种有害微生物的繁殖形成的饲草产品。

3.2 半干青贮饲料 haylage

通过将饲草水分降低到 45%~55%，将饲草原料放置在密闭缺氧条件下贮藏，抑制各种有害微生物的繁殖形成的饲草产品。

3.3 干物质含量 dry mattercontent

鲜样 60℃烘干处理 48h，再于 103℃烘至恒重，称得质量占试样原质量的百分比。

3.4 pH 值 pH

青贮饲料试样浸提液所含氢离子浓度的常用对数的负值，用于表示试样浸提液酸碱程度的数值。

3.5 氨态氮 ammonianitrogen

青贮饲料中以游离铵离子形态存在的氮，以其占青贮饲料总氮的百分比表示，是衡量青贮过程中蛋白质降解程度的指标。

3.6 总氮 totalnitrogen

青贮饲料中各种含氮物质的总称，包括真蛋白质和其他含氮物。

3.7 青贮添加剂 silageadditives

用于改善青贮饲料发酵品质，减少养分损失的添加剂。

4 技术要求

4.1 感官要求

4.1.1 颜色为亮黄绿色、黄绿色或黄褐色，无褐色和黑色。

4.1.2 气味为酸香味或柔和酸味，无臭味、氨味和霉味。

4.1.3 质地干净清爽，茎叶结构完整，柔软物质不易脱落，无黏性或干硬，无霉斑。

4.2 发酵原料要求

紫花苜蓿青贮饲料原料干物质含量不低于 30%。

紫花苜蓿半干青贮饲料原料干物质含量不低于 45%。

4.3 苜蓿青贮及半干青贮质量分级

紫花苜蓿青贮饲料和半干青贮饲料的营养化学指标应符合表 1、表 2 的要求。

表 1　紫花苜蓿青贮饲料质量分级

指标	等级			
	一级	二级	三级	四级
pH	≤ 4.4	> 4.4，≤ 4.6	> 4.6，≤ 4.8	> 4.8，≤ 5.2
氨态氮 / 总氮，%	≤ 10	> 10，≤ 20	> 20，≤ 25	> 25，≤ 30
乙酸，%	≤ 20	> 20，≤ 30	> 30，≤ 40	> 40，≤ 50
丁酸，%	0	≤ 5	> 5，≤ 10	> 10
粗蛋白，%	≥ 20	< 20，≥ 18	< 18，≥ 16	< 16，≥ 15
中性洗涤纤维，%	≤ 36	> 36，≤ 40	> 40，≤ 44	> 44，≤ 45
酸性洗涤纤维，%	≤ 30	> 30，≤ 33	> 33，≤ 36	> 36，≤ 37
粗灰分，%	< 12			

　　注：乙酸、丁酸以占总酸的质量比表示；粗蛋白、中性洗涤纤维、酸性洗涤纤维、粗灰分以占干物质的量表示。

表 2　紫花苜蓿半干青贮饲料质量分级

指标	等级			
	一级	二级	三级	四级
pH	≤ 4.8	> 4.8，≤ 5.1	> 5.1，≤ 5.4	> 5.4，≤ 5.7
氨态氮 / 总氮，%	≤ 10	> 10，≤ 20	> 20，≤ 25	> 25，≤ 30
乙酸，%	≤ 20	> 20，≤ 30	> 30，≤ 40	> 40，≤ 50
丁酸，%	0	≤ 5	> 5，≤ 10	> 10
粗蛋白，%	≥ 20	< 20，≥ 18	< 18，≥ 16	< 16，≥ 15
中性洗涤纤维，%	≤ 36	> 36，≤ 40	> 40，≤ 44	> 44，≤ 45
酸性洗涤纤维，%	≤ 30	> 30，≤ 33	> 33，≤ 36	> 36，≤ 37
粗灰分，%	< 12			

　　注：乙酸、丁酸以占总酸的质量比表示；粗蛋白、中性洗涤纤维、酸性洗涤纤维、粗灰分以占干物质的量表示。

4.4　青贮添加剂

　　对使用的青贮添加剂做相应说明。标明添加剂的名称、数量等。添加剂须符合中华人民共和国农业部公告第 318 号的有关规定。

5 检测方法

5.1 感官指标检测方法

5.1.1 颜色，在明亮的自然光条件下，肉眼目测。

5.1.2 气味，在青贮饲料常态下，贴近鼻尖嗅气味。

5.1.3 质地，用手指搓捻，感受青贮饲料的组织完整性以及是否发生霉变。

5.2 抽样

按 NY/T 2129 的规定执行。

5.3 试样制备

紫花苜蓿青贮、半干青贮饲料化学指标分析样品制备，按照 GB/T 20195 的规定执行。发酵品质指标分析样品的制备，分取紫花苜蓿青贮、半干青贮饲料试样 20 g，加入 180 mL 蒸馏水，搅拌 1 min，用粗纱布和滤纸过滤，得到试样浸提液。

5.4 pH 值检测步骤

将制备的紫花苜蓿青贮饲料试样浸提液，参照 GB 10468 规定执行。

5.5 有机酸

采用液相色谱法测定，参考附录 A。

5.6 氨态氮

采用比色法测定，参考附录 B。

5.7 干物质含量

参照 GB/T 6435 的规定执行。

5.8 粗蛋白含量

按照 GB/T 6432 的规定执行。

5.9 中性洗涤纤维含量

按照 GB/T 20806 的规定执行。

5.10 酸性洗涤纤维含量

按照 NY/T 1459 的规定执行。

5.11 粗灰分含量

按照 GB/T 6438—2007 的规定执行。

6 质量评价

6.1 经感官评定，颜色、气味和质地符合品质要求判定为合格产品，否则判定为不合格产品。

6.2 苜蓿青贮和半干青贮饲料的质量分级指标均同时符合某一等级时，则判定所代表的批次产品为该等级；当有任意一项指标低于该等级指标时，则按单项指标最低值所在条块等级定级。

附录 A
（资料性附录）

液相色谱法测定青贮饲料有机酸含量

A.1　试剂和材料

乳酸、乙酸、丙酸、丁酸标准品，超纯水，色谱纯高氯酸。

A.2　仪器

高效液相色谱仪配备紫外检测器和工作站。

A.3　测定程序

A.3.1　色谱条件

Shodex KC-811 色谱柱，3 mmol/L 高氯酸为流动相，流速 1 mL/min，SPD 检测器波长 210 nm，柱温 50℃，进样量 20 μL。

A.3.2　色谱测定

采用外标法，用乳酸、乙酸、丙酸、丁酸标准液制作标准工作曲线。根据试样浸提液中被测物含量情况，选定浓度相近的标准工作曲线，对标准工作溶液与试样浸提液等体积参插进样测定，标准工作溶液和试样浸提液乳酸、乙酸、丙酸、丁酸的响应值均应在仪器检测的线性范围内。按照色谱条件分析标准品，乳酸、乙酸、丙酸、丁酸的保留时间分别约为 8.1 min、9.6 min、11.2 min、13.8 min，标准品的液相色谱图见图 1。

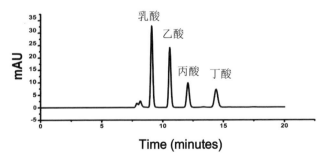

图 1　乳酸、乙酸、丙酸、丁酸混合标准品的液相色谱图

注：mAU，毫吸光度；minutes，分钟

A.3.3　空白试验

将制备的玉米青贮饲料试样浸提液，通过 $0.22\,\mu m$ 微孔滤膜过滤后，采用高效液相色谱法测定乳酸、乙酸、丙酸和丁酸含量。

A.3.4　结果计算

用色谱工作站计算试样浸提液被测物的含量，计算中扣除空白值。再通过换算浸提液制备过程中对应的样品量，获得乳酸、乙酸、丙酸、丁酸在样品中的比例。

附录 B
（资料性附录）

氨态氮含量的测定

B.1 试剂

B.1.1 亚硝基铁氰化钠（$Na_2[Fe(CN)_5 \cdot NO]_2H_2O$）。

B.1.2 结晶苯酚（C6H5O）

B.1.3 氢氧化钠（NaOH）

B.1.4 磷酸氢二钠（$Na_2HPO_6 \cdot 7H_2O$）

B.1.5 次氯酸钠（NaClO）：含活性氯 8.5%

B.1.6 硫酸铵 $[(NH_4)_2SO_4]$

B.1.7 苯酚试剂

将 0.15 g 亚硝基铁氰化钠溶解在 1.5 L 蒸馏水中，再加入 29.7 g 结晶苯酚，定容到 3 L 后贮存在棕色玻璃试剂瓶中，低温保存。

B.1.8 次氯酸钠试剂

将 15 g 氢氧化钠溶解在 2 L 蒸馏水中，再加入 113.6 g 磷酸氢二钠，中火加热并不断搅拌至完全溶解。冷却后加入 44.1 mL 含 8.5% 活性氯的次氯酸钠溶液并混匀，定容到 3 L，贮藏于棕色试剂瓶中，低温保存。

B.1.9 标准铵贮备液

称取 0.6607 g 经 100℃烘干 24 h 的硫酸铵溶于蒸馏水中，并定容至 100 mL，配制成 100 mmol/L 的标准铵贮备液。

B.2 仪器与设备

B.2.1 分光光度计：630 nm，1 cm 玻璃比色皿；

B.2.2 水浴锅；

B.2.3 移液器：50 μL；

B.2.4 移液管：2 mL，5 mL；

B.2.5 玻璃器皿：试管，所需器皿用稀盐酸浸泡，依次用自来水、蒸馏水洗净。

B.3 测定步骤

B.3.1 标准曲线的建立

取标准铵贮备液稀释配制成 1.0、2.0、3.0、4.0、5.0 mmol/L 五种不同浓度梯度的标准液。向每支试管中加入 50 μL 标准液,空白为 50 μL 蒸馏水;向每支试管中加入 2.5 mL 的苯酚试剂,摇匀;再向每支试管中加入 2 mL 次氯酸钠试剂,并混匀;将混合液在 95℃水浴中加热显色反应 5 min;冷却后,630nm 波长下比色。以吸光度和标准液浓度为坐标轴建立标准曲线。

B.3.2 样品的检测

向每支试管中加入 50 μL 正文中所述制备青贮浸出液,按正文中的检测步骤测定样本液的吸光度。

B.3.3 水分测定

按 GB/T 6435 的规定执行。

B.3.4 总氮的检测

按 GB/T 6432 的规定执行。

B.3.5 结果计算

氨态氮的含量按式(1)进行计算。

$$X = \frac{\rho \times D \times (180 + 20 \times M/100) \times 14}{20 \times N \times 10^2} \quad \cdots\cdots\cdots (1)$$

式中:

X:氨态氮含量,单位为占总氮的质量百分比(% 总氮)。

ρ:样液的浓度,单位为毫摩尔每升(mmol/L)。

D:样液的总稀释倍数。

M:样品的水分含量,单位为百分比(%)。

N:试样的总氮含量,单位为占鲜样的质量百分比(% 鲜样)。